全国机械行业职业教育优质规划教材（高职高专）
经全国机械职业教育教学指导委员会审定

“十二五”江苏省高等学校重点教材

高等职业教育机电类专业规划教材
高等职业教育双证制项目教学改革用书

数控车削编程与加工

第3版

主　编　张宁菊
副主编　唐　霞　赵美林
参　编　孙　坚　颜科红　黄　成（企业）

机械工业出版社

本书是全国机械行业职业教育优质规划教材、“十二五”江苏省高等学校重点教材，是经校企“双元”合作开发的教材，也是高等职业教育双证制项目教学改革用书，它是以国家职业标准《车工》数控部分的相关内容为依据编写的。全书分为七个项目，主要有数控车床的基本操作、轴类零件的加工、盘套类零件的加工、槽类零件的加工、螺纹类零件的加工、非圆曲面零件的加工、配合零件的加工。

本书以成果为导向，以任务驱动的方式使理论融入实践教学之中，突出“教、学、做、评”一体、工学结合的高职教学模式。多数项目通过项目目标、项目任务、相关知识、项目实施、拓展知识、项目实践、项目自测等几个部分来实施，融零件的数控工艺、编程、加工和检测为一体，项目由简单到复杂，由单一到综合，具有很强的可操作性。

本书可作为高职高专院校机械制造与自动化、数控技术等机电类专业和五年制高职数控技术和加工制造技术等专业的教学用书，也可供职业培训使用。

“十二五”江苏省高等学校重点教材（编号：2013-1-145）

图书在版编目（CIP）数据

数控车削编程与加工/张宁菊主编. —3版. —北京：机械工业出版社，2019.9（2022.6重印）

ISBN 978-7-111-63945-9

Ⅰ.①数… Ⅱ.①张… Ⅲ.①数控机床-车床-车削-程序设计-高等职业教育-教材②数控机床-车床-加工-高等职业教育-教材 Ⅳ.①TG519.1

中国版本图书馆CIP数据核字（2019）第214772号

机械工业出版社（北京市百万庄大街22号 邮政编码100037）

策划编辑：王英杰 责任编辑：王英杰

责任校对：肖 琳 封面设计：鞠 杨

责任印制：常天培

固安县铭成印刷有限公司印刷

2022年6月第3版第4次印刷

184mm×260mm · 16.25印张 · 398千字

标准书号：ISBN 978-7-111-63945-9

定价：48.00元

电话服务

客服电话：010-88361066

010-88379833

010-68326294

网络服务

机 工 官 网：www.cmpbook.com

机 工 官 博：weibo.com/cmp1952

金 书 网：www.golden-book.com

机工教育服务网：www.cmpedu.com

前言

本书内容按照高等职业院校机械制造与自动化专业和数控技术专业的专业标准，并兼顾五年制高职加工技术类专业要求进行设置，按照专业核心课程“数控加工编程”的内容进行修订，书中融入了国家职业资格标准《车工》中有关数控加工的内容和数控领域的“1+X”等职业技能标准的内容。本书与企业联合开发，其特点是：

(1) 以学习成果为导向，课证融通，进行课程反向设计。

确定四大基本类学习成果（轴、盘套、槽、螺纹零件的编程加工）、两大提升类学习成果（非圆曲面零件、配合零件的编程加工），按照企业规范设置零件的评分标准，并把职业标准要求融入教材体系，助推学生获得中级或以上职业资格证书，注重提高学生的实践能力和岗位就业竞争能力。

(2) 融校企优质资源，产教融合，进行项目精准设计。

本书的修订提纲经过江苏省企业首席技师等企业专家多次会审，本书由专任教师和企业专家共同编写。项目内容根据知识点和技能的可操作性，对源于企业的车削零件进行细化和设计，删除烦琐结构，增加满足考证要求的内容，将标准化的数控工艺、编程、加工和检测规范引入书中，将工匠精神的要求贯穿在整个项目实施中，提升学生的职业素养。

(3) 以学习者为中心，理实一体，进行项目式教学。

以任务驱动的方式将理论融入实践教学，突出“教、学、做、评”一体的高职教学模式。教学体系通过项目目标、项目任务、相关知识、项目实施、拓展知识、项目实践、项目自测等几个环节来构建；项目由简单到复杂、由单一到综合，通过完成项目使学生的认知水平、操作技能和工作能力得到螺旋式的提升。

(4) 实施“互联网+教育”，资源丰富，探索新形态教材的开发。

本书配有精品课程资源库网站，其动画、录像、课件、典型企业案例等资源丰富，直观性和示范性强。根据企业实际生产设备和高等职业学校教学实训设备的配备，兼顾两种主流的数控系统（以 FANUC 为主、SIEMENS 为辅），很好地满足了不同类型的学生的需求。

本书由长期从事数控技术研究的无锡职业技术学院张宁菊教授任主编并统稿，无锡科技职业学院唐霞、赵美林任副主编，孙坚、颜料红参与编写。另外，江苏省企业首席技师、中国第一汽车集团有限公司高级专家黄成对本书提出了建设性的修改意见，并参与编写。

本书的编写得到了无锡职业技术学院工业中心、无锡科技职业学院实训中心同仁的大力支持，也得到了无锡威孚高科技股份有限公司、一汽解放汽车有限公司无锡柴油机厂、无锡京华重工装备制造厂等企业的大力协助，在此一并致谢。

由于编者水平和经验所限，书中不妥之处在所难免，敬请读者批评指正。

教材的配套资源（课件、动画、录像、典型企业案例等）可在无锡市精品课程资源库网（http://www.skbcjg.cn 查阅）。

编　者

二维码索引

（续）

页码	名　　称	图　　形	页码	名　　称	图　　形
113	4-1　任务一		122	4-2　任务拓展	
125	4-3　切窄槽		125	4-4　切宽槽	
131	5-1　外螺纹加工		131	5-2　内螺纹加工	
142	5-3　任务一		157	5-4　任务拓展	
160	5-5　机床操作		168	6-1　宏编程	
180	6-2　虚拟加工				

目录

CONTENTS

CONTENTS

项目一 数控车床的基本操作

项目目标

1. 了解数控车床的用途、分类和基本结构。
2. 了解数控车削的主要加工对象。
3. 正确建立机床坐标系与工件坐标系之间的联系，并能设定工件坐标系。
4. 能正确选用和安装刀具，掌握数控车床的对刀。
5. 能合理使用车床的夹具并正确进行工件的装夹。
6. 掌握数控车床的基本操作方法。
7. 了解数控车床的安全生产规程和日常维护保养。
8. 熟悉数控车削加工工艺过程。

相关知识

1-1 认知数控车床

一、认知数控车床

1. 数控车床的用途

数控车床与普通车床一样，主要用于加工零件的回转表面。其加工工艺类型主要包括车外圆、车端面、车锥面、车成形面、钻孔、镗孔、铰孔、切槽、车螺纹、滚花等。

2. 数控车床的主要加工对象

数控车床具有加工精度高、有直线和圆弧插补功能以及在加工过程中能自动变速等特点，因此其加工范围比普通车床宽得多。数控车床比较适合车削具有以下要求和特点的回转体零件：

（1）精度要求高的零件　零件的精度要求主要指尺寸、形状、位置和表面质量等精度要求，其中的表面质量精度主要指表面粗糙度。由于数控车床刚性好，制造和对刀精度高，并能方便、精确地进行人工补偿和自动补偿，所以能加工精度较高的零件，有些场合能达到以车代磨的效果。一般数控车床的加工精度可达 0.001mm，表面粗糙度值可达 Ra0.16μm（精密数控车床可达 Ra0.02μm）。

（2）表面轮廓形状复杂的零件　由于数控车床具有直线和圆弧插补功能（部分数控车床还有某些非圆弧曲线插补功能），所以它可以车削由任意直线和各类平面曲线组成的形状复杂的回转体零件，包括通过拟合计算处理后的、不能用方程式描述的列表曲线。

（3）带一些特殊类型螺纹的零件　数控车床不但能车削任何等导程的直、锥螺纹和端面螺纹，而且能车削增导程、减导程，以及要求等导程与变导程之间平滑过渡的螺纹、高精度的模数螺旋零件（如圆柱、圆弧蜗杆）和端面（盘形）螺旋零件等。

3. 数控车床的分类

（1）按照数控系统分类　目前，常用的数控系统有发那科（FANUC）数控系统、西门子（SIEMENS）数控系统、华中数控系统、广州数控系统、三菱数控系统等，每种数控系统又有多种型号。不同数控系统，指令各不相同。即使同一系统，型号不同，其数控指令也不尽相同，使用时应以数控系统说明书为准。本书以 FANUC 0i 数控系统和西门子的 SINUMERIK 802S 数控系统为例进行讲解。

（2）按照车床主轴位置分类

1）立式数控车床。立式数控车床主轴轴线垂直于水平面，主要用于加工径向尺寸大、轴向尺寸相对较小的大型复杂零件。

2）卧式数控车床。卧式数控车床主轴轴线处于水平位置，它的床身和导轨有多种布局形式，是目前应用最广泛的数控车床。

（3）按照车床功能分类

1）经济型数控车床。经济型数控车床一般采用开环或半闭环控制系统，如图 1-1 所示。此类数控车床结构简单，价格低廉，但无刀尖圆弧半径补偿和恒线速切削等功能，适合加工精度要求不高的回转类零件。

2）全功能型数控车床。全功能型数控车床一般采用半闭环或闭环控制系统，如图 1-2 所示。它具有高刚度、高精度和加工高速度等特点。此类数控车床具备刀尖圆弧半径补偿和恒线速切削等功能，应用较广，适合于一般回转类零件的加工。

3）车削中心。车削中心以全功能型数控车床为主体，并配置刀库和换刀机构等。这类数控车床的功能更全面，可实现多工序的复合加工。

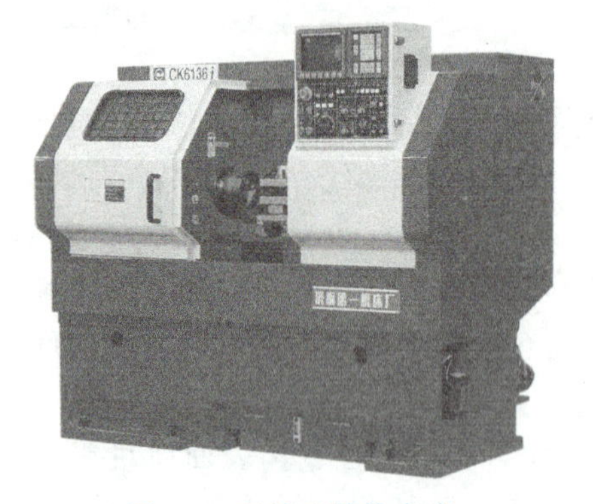

图 1-1　经济型数控车床

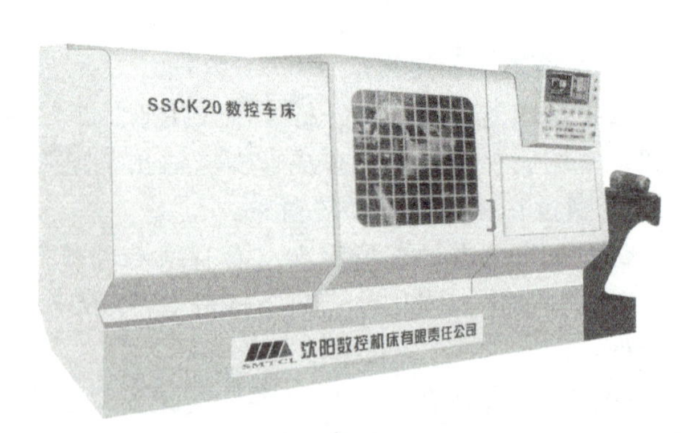

图 1-2　全功能型数控车床

4. 数控车床的结构及型号

数控车床与普通车床相比较，其结构仍然由床身、主轴箱、进给传动系统、刀架以及液压、冷却、润滑系统等部分组成，只是数控车床的进给系统与普通车床有着本质上的差别。数控车床进给系统大为简化，仅保留了由伺服电动机控制的纵向、横向进给滚珠螺旋传动机构。数控车床的主轴脉冲发生器发出脉冲信号给数控装置控制长丝杠，使长丝杠的转速与主轴的转速成一定比例，以加工出所需螺距的螺纹。

图 1-3 所示为数控车床的典型结构，该车床是两轴联动的全功能型卧式数控车床。

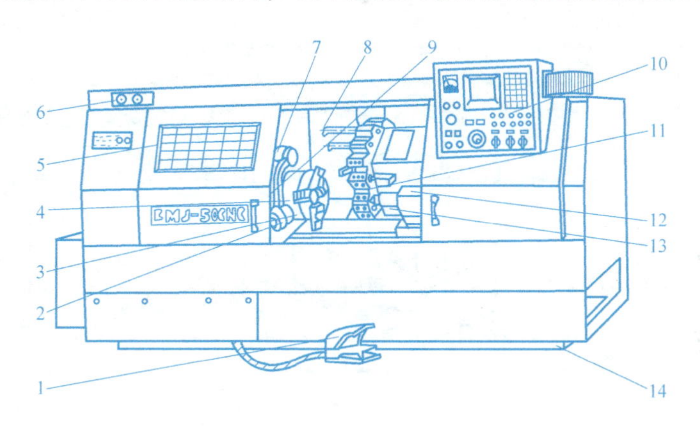

图 1-3　数控车床的典型结构

1—脚踏开关　2—对刀仪　3—主轴卡盘　4—主轴　5—机床防护门　6—压力表
7—对刀仪防护罩　8—导轨防护罩　9—对刀仪转臂　10—操作面板
11—回转刀架　12—尾座　13—滑板　14—床身

根据 GB/T 15375—2008《金属切削机床　型号编制方法》的规定，我国机床型号由汉语拼音字母和一组数字组成。

例如，数控车床 CKA6140，型号含义如下：

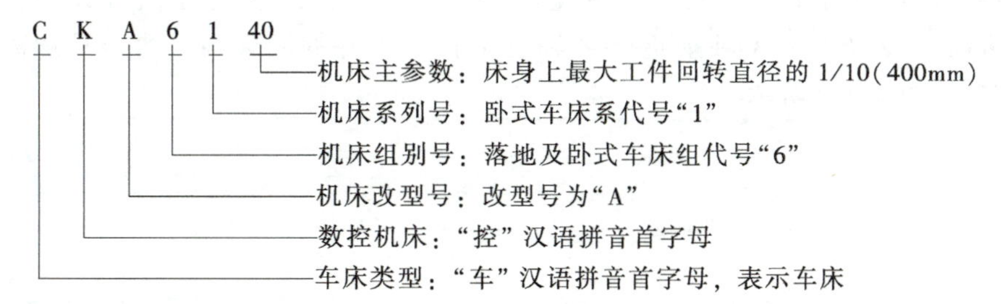

5. 数控车床的布局

（1）床身和导轨的布局　数控车床的床身和导轨有多种布局形式，如图 1-4 所示，主要有平床身、斜床身、平床身斜滑板及立床身等。

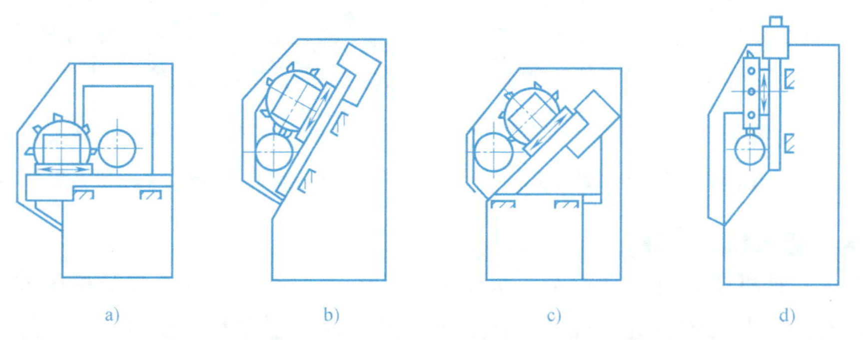

图 1-4　数控车床的布局形式

a）平床身　b）斜床身　c）平床身斜滑板　d）立床身

（2）刀架的布局　数控车床配置自动换刀的四刀位回转刀架或多刀位转塔刀架等，如图 1-5 所示。这类刀架具有运动灵活、重复定位精度高、夹紧力大等特点。

1-2　四方刀架换刀

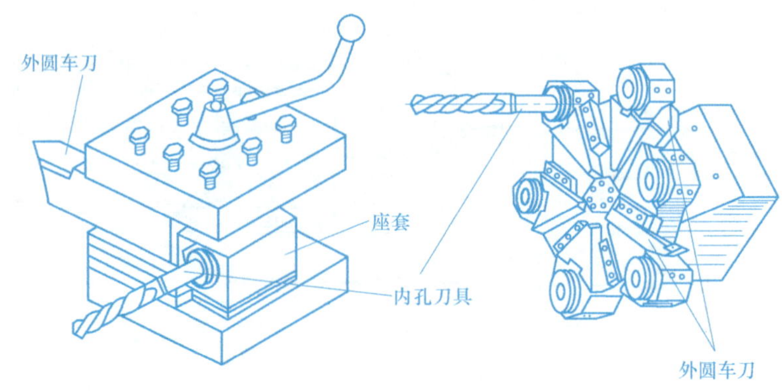

图 1-5　刀架的布局

二、车床坐标系

目前我国执行的标准《工业自动化系统与集成　机床数值控制　坐标系和运动命名》（GB/T 19660—2005）与国际标准 ISO 841：2001 等效。标准坐标系采用右手直角坐标系，如图 1-6 所示。

1. 车床坐标轴

标准规定：平行于车床主轴（传递切削力）的刀具运动坐标轴为 *Z* 轴，且取刀具远离工件方向为+*Z* 方向；*X* 轴垂直于 *Z* 轴且平行于工件的装夹面，取刀具远离工件的方向为+*X* 方向，如图 1-7 所示。

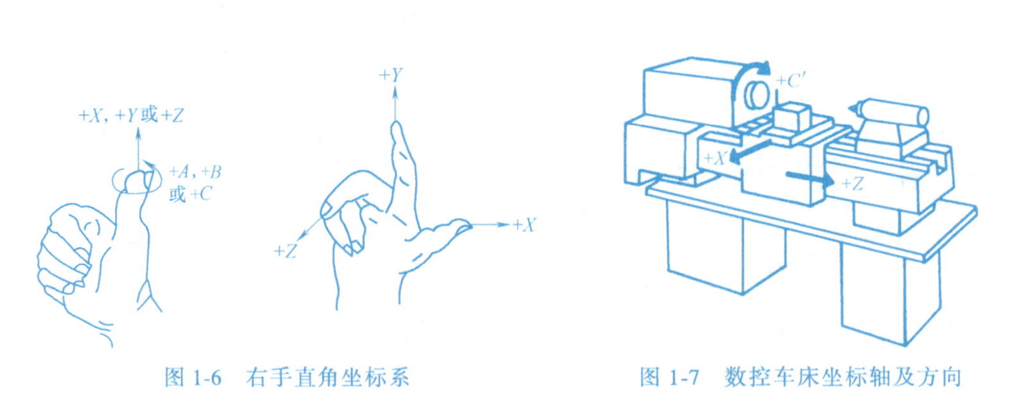

图 1-6　右手直角坐标系　　　图 1-7　数控车床坐标轴及方向

2. 机床坐标系和机床原点

机床坐标系是机床固有的坐标系，机床坐标系的原点称为机床原点或机床零点。机床坐标系的原点位置应由机床制造厂规定。在机床经过设计、制造和调整后，这个原点便被确定下来，它是机床上固定的一个点。数控车床一般将机床原点定义在卡盘后端面与主轴旋转中心的交点上，如图 1-8 所示的 *O* 点。

机床坐标系一般有两种建立方法。第一种坐标系建立的方法是：X 轴的正方向朝上建立，如图 1-8a 所示，适用于斜床身和平床身斜滑板（斜导轨）的卧式数控车床，这种类型的数控车床，刀架处于操作者的外侧，俗称后置刀架。另一种坐标系建立的方法是：X 轴的正方向朝下建立，如图 1-8b 所示，适用于平床身（水平导轨）的卧式数控车床，这种类型的数控车床，刀架处于操作者的内侧，俗称前置刀架。机床坐标系 X 轴的正方向是朝上或朝下，主要是根据刀架处于机床的位置而定，这两种刀架位置的机床，其程序及相应设置相同。

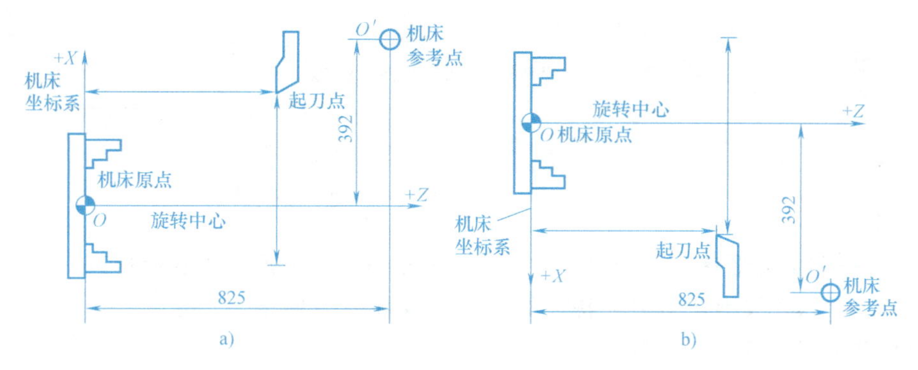

图 1-8 数控车床的机床坐标系

a）后置刀架，刀架在操作者外侧 b）前置刀架，刀架在操作者内侧

3. 机床参考点

数控装置通电时并不知道机床原点位置，为了正确地在机床工作时建立机床坐标系，通常在每个坐标轴的移动范围内（一般在 X 轴和 Z 轴的正向最大行程处）设置一个机床参考点（测量起点）。机床参考点可以与机床原点重合，也可以不重合。机床回到了参考点位置，CNC 就建立起了机床坐标系。图 1-8 中 O'点为数控车床参考点。

通常在以下三种情况下，数控系统会失去对机床参考点的记忆，必须进行返回机床参考点的操作：

1）机床超程报警信号解除后。

2）机床关机以后重新接通电源开关时。

3）机床解除急停状态后。

4. 编程坐标系和工件坐标系

编程坐标系是编程人员根据零件图样及加工工艺等建立的坐标系，数控程序中的坐标值均以此坐标系为依据。编程坐标系中各轴的方向应该与所使用的数控机床相应的机床坐标轴方向一致，它们一旦确定，数控加工时零件的安装方向也就确定了。编程原点应尽量选择在零件的设计基准或工艺基准上，如图 1-9a 所示。

编程坐标系也称工件坐标系，实际上工件原点是指零件被装夹好后，相应的编程原点在机床坐标系中的位置，如图 1-9b 所示。

编程人员在编制程序时，只要根据零件图样就可以选定编程原点、建立编程坐标系、计算坐标数值，而不必考虑工件毛坯装夹的实际位置。对于加工人员来说，则应在装夹工件、调试程序时，通过对刀将编程原点转换为工件原点，并确定工件原点的位置，在数控系统中给予设定。

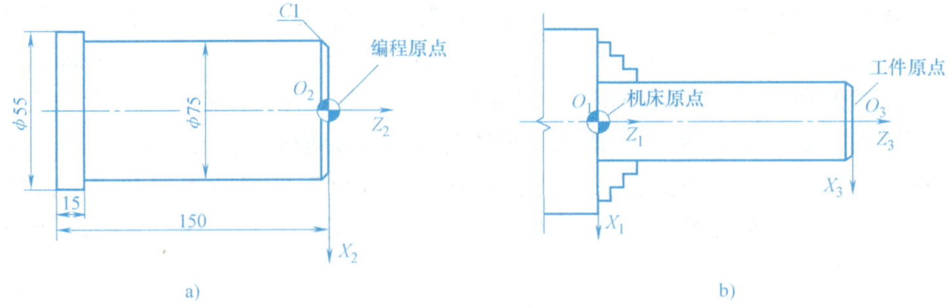

图 1-9　数控车床的编程坐标系和工件坐标系

a）编程坐标系　b）工件坐标系

三、车刀的选用

1. 车刀分类

1）车刀按切削刃形状一般分为三类，即尖形车刀、圆弧形车刀和成形车刀。

尖形车刀：以直线形切削刃为特征的车刀一般称为尖形车刀。它的刀尖同时也是刀位点（图 1-10）。

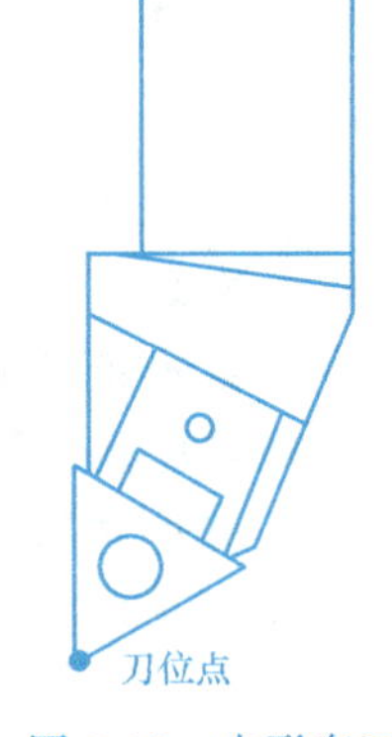

图 1-10　尖形车刀及刀位点

圆弧形车刀：构成主切削刃的刃形为圆弧，刀位点在圆弧的圆心上。

成形车刀：俗称样板车刀，其加工零件的轮廓形状完全由车刀切削刃的形状和尺寸决定。

2）车刀按结构分为整体式车刀、焊接式车刀、机夹式车刀和可转位式车刀四种类型，如图 1-11 所示。

3）车刀按特征可分为：外圆车刀、切槽刀、内孔车刀、螺纹刀、麻花钻等，如图 1-12 所示。

2. 车刀的选用

车刀的选用需遵循效率原则和精度原则，在数控车床上应尽可能使用机夹式可转位车刀。此类车刀按刀片紧固方法的不同又可分为杠杆式、楔块式、螺钉式、上压式等。其典型结构如图 1-13 所示，用机械夹固的方式将可转位刀片固定在刀槽中，当刀片上一条切削刃磨钝后，松开夹紧机构，将

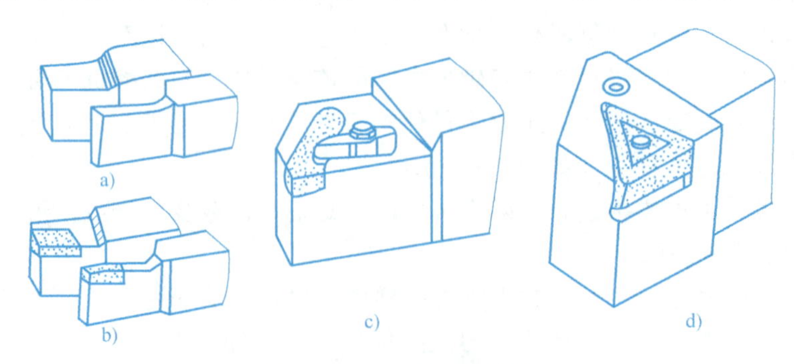

图 1-11　车刀的四种结构

a）整体式　b）焊接式　c）机夹式　d）可转位式

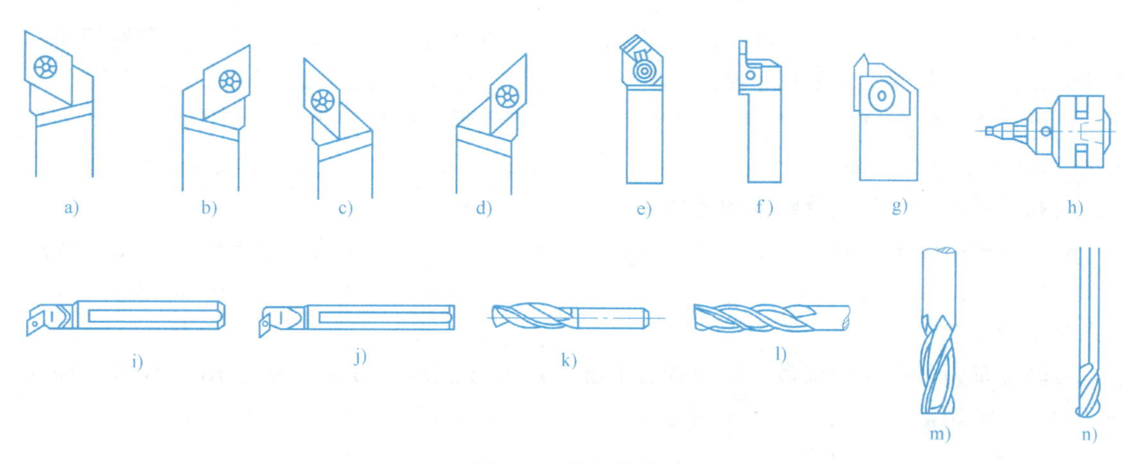

图 1-12　常用的车刀

a)～e) 外圆车刀　f) 切槽刀　g) 螺纹刀　h) 钻孔刀　i)、j) 内孔车刀　k)～n) 麻花钻

刀片转过一个角度，调换一个新的切削刃，夹紧后即可继续进行切削。和焊接式车刀相比，机夹式可转位车刀有如下优点：

1）刀片未经焊接，无热应力，可充分发挥刀具材料性能，刀具寿命长。

2）刀片更换迅速、方便，节省辅助时间，提高生产率。

3）刀杆可多次使用，降低刀具费用。

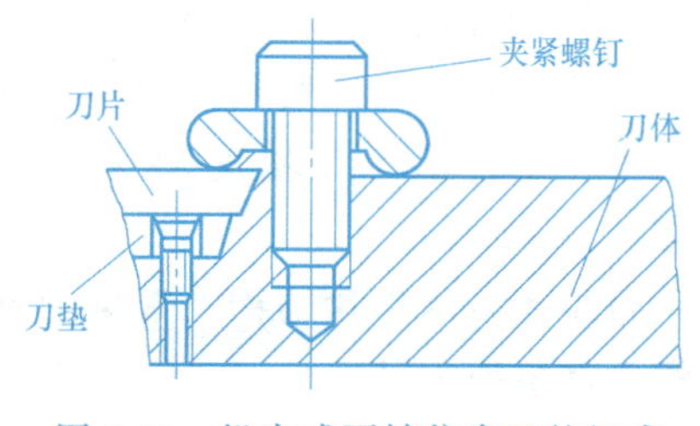

图 1-13　机夹式可转位车刀的组成

可转位车刀刀片的尺寸精度较高，刀片转位后，一般不需要进行较大的刀具尺寸补偿与调整，仅需少量的位置补偿。

常用的可转位机夹车刀刀片形状如图 1-14 所示。刀片的选用主要是根据加工工艺的具体情况决定，一般选用通用性较高的及在同一刀片上切削刃数较多的刀片。各种刀片的形状特点如下。

R 形刀片：圆形刃口，用于特殊圆弧面的加工，刀片利用率高，但径向力大。

S 形刀片：四个刃口，刃口较短（指同等内切圆直径），刀尖强度较高，主要用于 75°、45°车刀，在内孔车刀中用于加工通孔。

C 形刀片：有两种刀尖角。100°刀尖角的两个刀尖强度高，一般做成 75°车刀，用来粗车外圆、端面；80°刀尖角的两个刃口强度较高，使用时不用换刀即可加工端面或圆柱面，在内孔车刀中一般用于加工台阶孔。

W 形刀片：三个刃口且较短，刀尖角为 80°，刀尖强度较高，主要用在普通车床上加工圆柱面和台阶面。

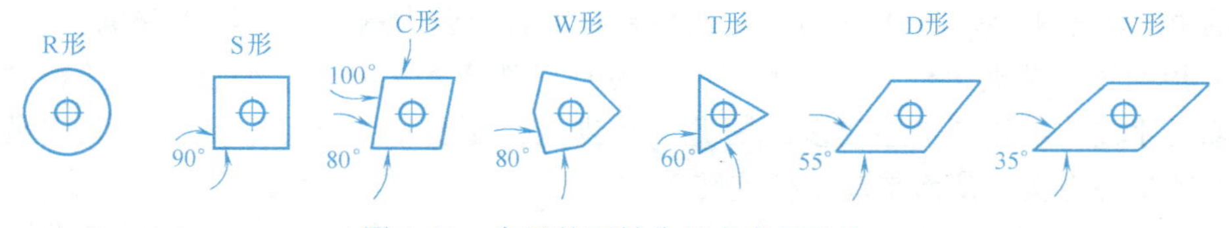

图 1-14　常用的可转位机夹车刀刀片

1 PROJECT

T 形刀片：三个刃口，刃口较长，刀尖强度低，在普通车床上使用时常采用带副偏角的刀片以提高刀尖强度，主要用于90°车刀，在内孔车刀中主要用于加工不通孔、台阶孔。

D 形刀片：两个刃口且较长，刀尖角为55°，刀尖强度较低，主要用于仿形加工。当做成93°车刀时，切入角不得大于27°~30°；做成62.5°车刀时，切入角不得大于57°~60°。在加工内孔时可用于台阶孔及较浅的清根。

V 形刀片：两个刃口并且刃口长，刀尖角为35°，刀尖强度低，用于仿形加工。做成93°车刀时，切入角不大于50°；做成72.5°车刀时，切入角不大于70°；做成107.5°车刀时，切入角不大于35°。

可转位车刀刀片类型很多，使用者需了解刀片型号组成。刀片型号有10个代号，任何一个型号必须用前七位代号。不管是否有第8或第9位代号，第10位代号必须用短划线“-”与前面代号隔开，例如：

T N U M 16 04 08 -A2

号位1表示刀片形状。其中正三角形刀片（T）和正方形刀片（S）为最常用，而菱形刀片（V、D）适用于仿形和数控加工。

号位2表示刀片后角。后角为0°（N）的刀片使用最广。

号位3表示刀片精度。刀片精度共分11级，其中U为普通级，M为中等级，使用较多。

号位4表示刀片结构。常见的有带孔和不带孔的，主要与采用的夹紧机构有关。M是代表螺孔和单面刀片。

号位5、6、7表示切削刃长度、刀片厚度、刀尖圆弧半径。

号位8表示刃口形式。如F表示锐刃等，E表示刃口倒圆，无特殊要求可省略。

号位9表示切削方向。R表示右切刀片，L表示左切刀片，N表示左右均可（省略）。

号位10表示断屑槽宽，A2表示槽宽为2mm。

一般粗车刀具选择刀尖角较大、强度较高的刀具；精车刀具选择刀尖角较小、切削刃较锋利的刀具。

3. 车刀刀片的材料

除高速钢制造的整体刀具外，其他车刀刀片均采用与刀体不同的材料制作。数控车刀的刀片材料有硬质合金、涂层硬质合金、陶瓷、立方氮化硼（CBN）和聚晶金刚石（PCD）等，常用的是硬质合金刀片。硬质合金又分为钨钴类（YG）和钨钴钛类（YT），其中YG类适合于加工铸铁及有色金属材料，YT类适合于加工碳钢或合金钢类材料。

四、夹具及工件的装夹

（1）用自定心卡盘装夹工件　自定心卡盘如图1-15所示，用它装夹工件方便、省时，自动定心性好，但夹紧力较小。自定心卡盘可装成正爪或反爪两种形式，正爪适用于装夹外形规则的中、小型工件（图1-16a），反爪用来装夹直径较大的工件（图1-16b）。

（2）用两顶尖装夹工件　用这种方法装夹时工件不需要找正，每次装夹的精度高，适用于长度尺寸较大或加工工序较多的轴类工件装夹，如图1-17所示。其工作原理是用拨盘或卡爪拨动鸡心夹头，从而带动工件旋转。

（3）用卡盘和顶尖装夹工件　用这种方法装夹，工件刚性好，轴向定位准确，能承受

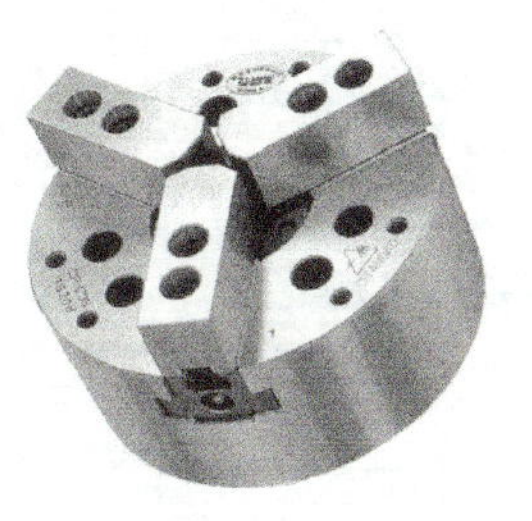

图 1-15　自定心卡盘

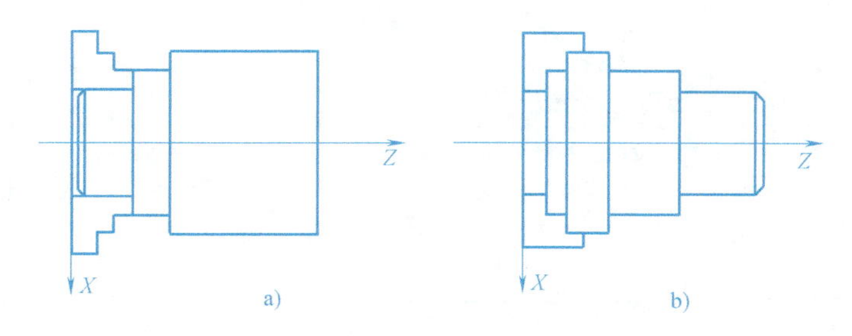

图 1-16　自定心卡盘装夹工件的方式

a）正爪装夹　b）反爪装夹

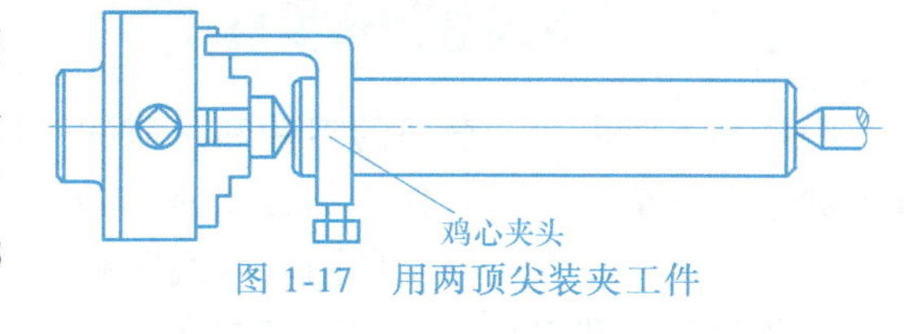

图 1-17　用两顶尖装夹工件

较大的轴向切削力，加工安全性较好，适用于车削质量较大的工件。一般在卡盘内装一限位支承或利用工件台阶限位，防止工件由于切削力的作用而产生轴向位移，如图 1-18 所示。

（4）用花盘装夹工件　当加工表面的回转轴线与基准垂直时，外形复杂的零件可以装夹在花盘上加工，图 1-19 所示为用花盘装夹双孔连杆。

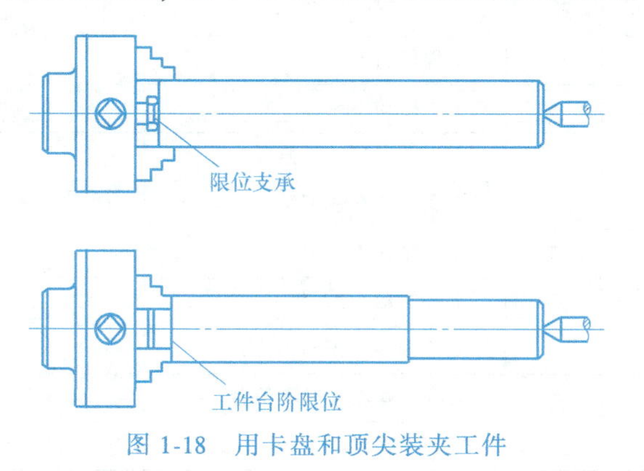

图 1-18　用卡盘和顶尖装夹工件

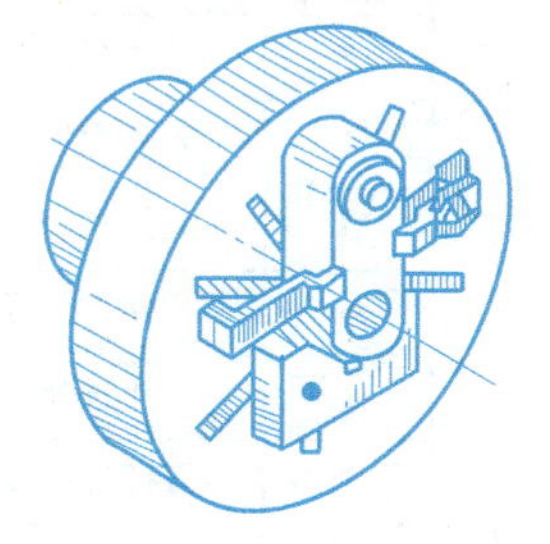

图 1-19　用花盘装夹双孔连杆

一、回转类工件的装夹和定位

1. 工件的装夹

回转类工件在数控车床上装夹时，一般采用自定心卡盘装夹。由于能自动定心，工件装夹后一般不需要找正，但在装夹较长的工件时，需要对工件位置进行找正。

2. 工件的找正

工件的找正（图 1-20）一般是找正 *A*、*B* 两点即可。先找正 *A* 点外圆，再找正 *B* 点外圆，反复进行，直至找正为止。车削精度要求较高的工件时，采用百分表找正。如图 1-21 所示，粗找正结束后，把百分表安放在中滑板上，将百分表测杆调整至与工件回转轴线垂直，用手转动卡盘读出最大值和最小值，按照其差值的一半调整卡爪，直至读数一致，则工件旋转中心与轴线相重合。

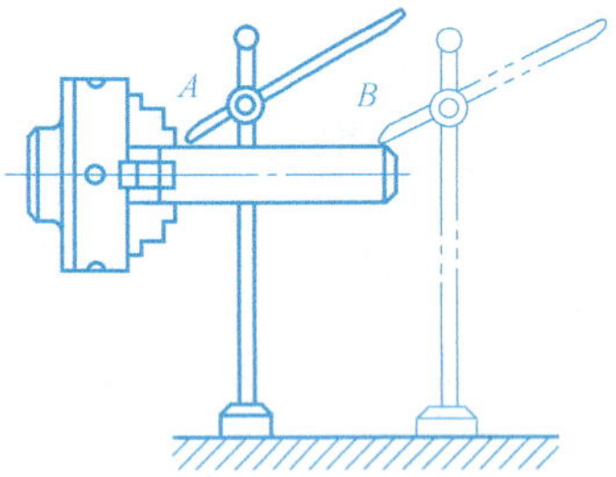

图 1-20 一般找正

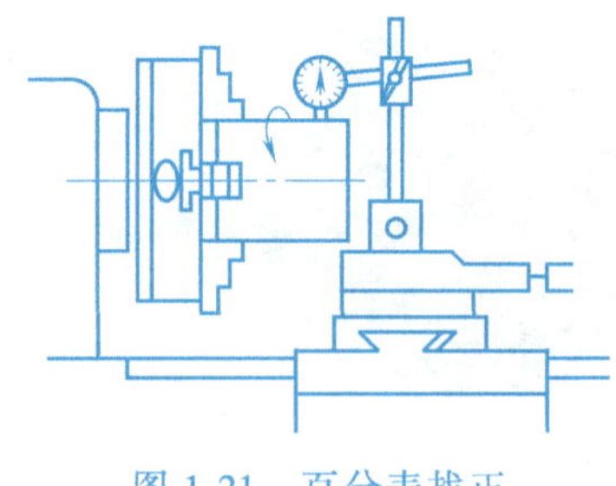

图 1-21 百分表找正

二、常用刀具的选用和安装

根据加工要求选择合适的刀片和相应的刀杆，安装时，将刀杆安装在刀架上，并保证刀杆方向正确。车刀安装时伸出部分不宜过长，一般为刀杆高度的 1~1.5 倍，否则切削时易产生振动；车刀刀尖应与工件回转轴线等高。

工件的装夹和刀具的安装要求与标准见表 1-1。

表 1-1 工件的装夹和刀具的安装要求与标准

考核项目	序号	考核内容与要求	配分	评 分 标 准	自检	他检
工件的装夹	1	工件与主轴轴线是否重合	5	工件偏斜不给分		
	2	工件安装是否牢固	5	工件松动不给分		
	3	工件悬伸量是否合适	5	工件伸出过长不给分		
	4	夹紧力大小是否合适	5	夹紧力不合适不给分		
	5	工件是否有跳动	5	工件跳动不给分		
	6	工件旋转是否产生振动	5	工件振动不给分		
刀具的安装	1	刀片选择是否正确	5	刀片选择不正确不给分		
	2	刀杆选择是否正确	5	刀杆选择不正确不给分		
	3	刀片安装是否正确	5	安装不正确不给分		
	4	刀杆安装是否正确	5	安装不正确不给分		
	5	刀垫安装是否正确	5	安装不正确不给分		
	6	刀具伸出长度是否合理	5	刀具伸出过长不给分		
	7	刀尖高度是否合理	5	刀尖过低或过高不给分		
	8	刀具安装是否偏斜	5	刀具安装偏斜不给分		
	9	刀具是否有干涉	5	刀具产生干涉不给分		
安全操作规范	1	工件装夹操作是否规范	10	—		
	2	刀具安装操作是否规范	15	—		

项目实践

一、FANUC 0i T 系统数控车床的基本操作

不同厂家生产的数控机床，机床面板是不同的。现以图 1-22 和图 1-23 所示的 FANUC 0i

T 机床操作、控制面板为例进行简单介绍。

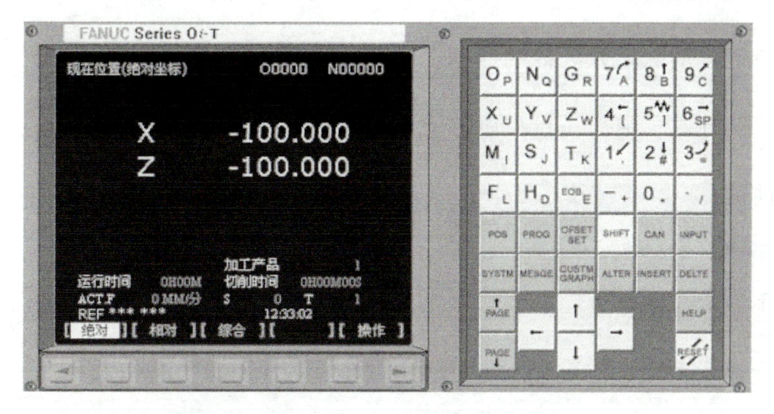

图 1-22　FANUC 0i T CRT/MDI 操作面板

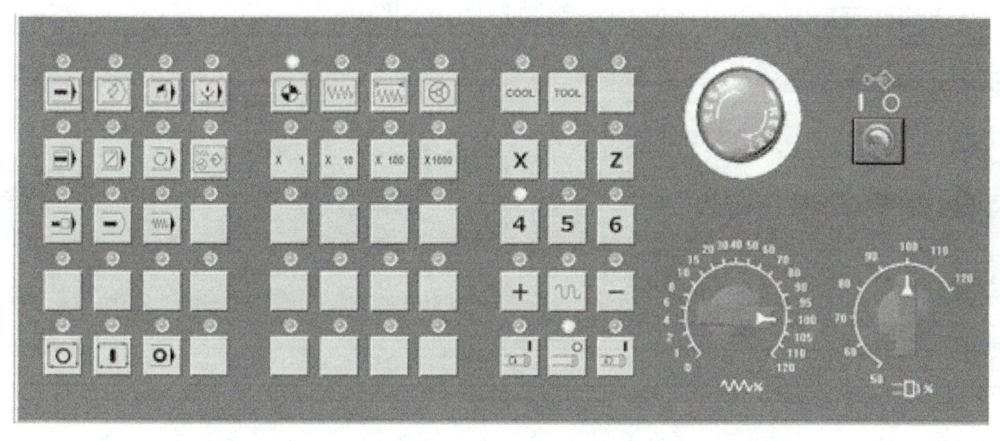

图 1-23　FANUC 0i T 控制面板

（一）CRT/MDI 操作面板按键介绍

1. 数字/字母键

O_P	N_Q	G_R	7_A	8_B	9_C
X_U	Y_V	Z_W	$4_[$	$5_]$	6_{SP}
M_I	S_J	T_K	1	2	3
F_L	H_D	EOB_E	$-_+$	0 .	· /

数字/字母键用于将数据输入到输入区域，字母和数字键通过上档键 SHIFT 切换输入，如：O—P，7—A。

2. 编辑键

ALTER　替换键　用输入的数据替换光标所在的数据。

DELTE　删除键　删除光标所在的数据；删除一个程序或全部程序。

INSERT 插入键　把输入区之中的数据插入到当前光标之后的位置。

CAN 取消键　消除输入区内的数据。

EOB E 回车换行键　结束一行程序的输入并且换行。

SHIFT 上档键。

3. 页面切换键

PROG 程序显示与编辑页面。

POS 位置显示页面。位置显示有三种方式，用“PAGE”按钮选择。

OFSET SET 参数输入页面。按第一次进入坐标系设置页面，按第二次进入刀具补偿参数页面。进入不同的页面以后，用“PAGE”按钮切换。

SYSTM 系统参数页面。

MESGE 信息页面，如“报警”。

CUSTM GRAPH 图形参数设置页面。

HELP 系统帮助页面。

RESET 复位键。

4. 翻页键（PAGE）

↑ PAGE 向上翻页。

PAGE ↓ 向下翻页。

5. 光标移动键（CURSOR）

↑ 向上移动光标。

← 向左移动光标。

↓ 向下移动光标。

→ 向右移动光标。

6. 输入键

INPUT 输入键　把输入区内的数据输入参数页面。

（二）基本操作

1. 开机

1）打开机床后侧的电源开关。

2）旋转控制面板下的钥匙开关，接通 CNC 电源。

3）急停解除，等待系统启动。

2. 回参考点

1）置模式旋钮在位置。

2）选择 X、Z 轴，按住按钮，即回参考点。

3. 移动

手动移动机床轴的方法有三种：

［方法一］　用快速移动键。这种方法用于较长距离的工作台移动。

1）置模式旋钮在（“JOG”模式）位置。

2）选择各轴，按方向键 + 　−，机床各轴移动，松开后停止移动。

3）按快速移动键，各轴快速移动。

［方法二］　用增量移动键。这种方法用于微量调整，如用在对基准的操作中。

1）置模式旋钮在位置，选择 X 1　X 10　X 100　X1000 步进量。

2）选择各轴，每按一次，机床各轴移动一步。

［方法三］　操纵“手轮”。这种方法用于微量调整。在实际生产中，使用手轮可以让操作者容易控制和观察机床移动。“手轮”按钮位于软件界面右上角，单击即出现。

4. 开、关主轴

1）置模式旋钮在（“JOG”模式）。

2）按键或键，机床主轴正转或反转；按键，主轴停转。

5. 启动程序以加工零件

1）置模式旋钮在（“AUTO”位置）。

2）选择一个程序。

3）按程序启动键。

6. 试运行程序

试运行程序时，机床和刀具不切削工件，仅运行程序。

1）置模式旋钮在位置。

2）选择一个程序，如 O0001 后，按 ↓ 键调出程序。

3）按程序启动键。

7. 单步运行

1）置单步开关于“ON”位置。

2）程序运行过程中，每按一次键，执行一条指令。

8. 选择一个程序

［方法一］ 按程序号搜索。

1）选择模式放在（“EDIT”位置）。

2）按PROG键，输入字母“O”。

3）按7键，输入数字“7”，即输入搜索的号码“O7”。

4）按光标移动键↓开始搜索；找到后，“O7”显示在屏幕右上角程序号位置，“O7”的数控程序显示在屏幕上。

［方法二］ 选择模式放在（“AUTO”位置）。

1）按PROG键，输入字母“O”。

2）按7键，输入数字“7”，即输入搜索的号码“O7”。

3）按

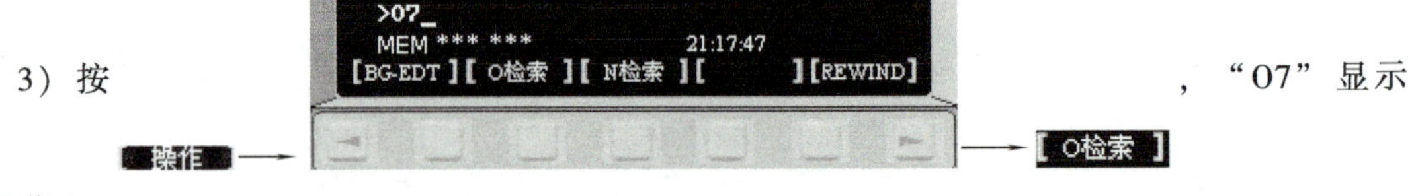

，“O7”显示在屏幕上。

4）可输入程序段号“N30”，然后按N检索键搜索程序段。

9. 删除一个程序

1）选择模式放在（“EDIT”位置”）。

2）按PROG键，输入字母“O”。

3）按7键，输入数字“7”，即输入要删除的程序的号码“O7”。

4）按DELTE键，“O7”的数控程序被删除。

10. 删除全部程序

1）选择模式放在（“EDIT”位置）。

2）按PROG键，输入字母“O”。

3）输入“-9999”。

4）按DELTE键，全部程序被删除。

11. 编辑数控程序（删除、插入、替换操作）

1）选择模式置于（"EDIT"位置）。

2）按PROG键。

3）输入被编辑的数控程序名，如"O7"，按插入键INSERT即可编辑。

按删除键DELTE，删除光标所在的代码。

按插入键INSERT，把输入区的内容插入到光标所在代码后面。

按替换键ALTER，使输入区的内容替代光标所在的代码。

12. 通过操作面板手工输入数控程序

1）置模式旋钮在（"EDIT"位置）。

2）按PROG键，再按[DIR]软键进入程序页面。

3）按7A键，输入"O7"程序名（输入的程序名不可以与已有程序名重复）。

4）按EOB E键、INSERT键，开始输入程序。

5）按EOB E、INSERT键，换行后继续输入。

13. 输入刀具补偿参数

1）按OFSET SET键进入参数设定页面，按[补正]软键。

2）用PAGE↓键和↑PAGE键选择刀具补偿，如图1-24所示。

3）用光标移动键↓和↑选择补偿参数编号。

4）输入补偿值到长度补偿H或半径补偿D。

5）按INPUT键，把输入的补偿值输入到指定的位置。

14. 位置显示

按POS键，切换到位置显示页面，用翻页键PAGE↓和↑PAGE或者软键切换。

15. MDI手动数据输入

1）按键，切换到"MDI"模式。

2）按PROG键，再按[MDI]→EOB E和分程序段号"N10"，输入程序如"G0 X50"。

3）按插入键INSERT，则"N10 G0 X50"程序被输入。

4）按程序启动键[ ]，则执行该段程序。

16. 零件坐标系位置（图 1-25）

BEIJING-FANUC Series 0*i* Mate-TB

刀具补正/几何　　O0000　N00000

番号	X	Z	R	T
G001	0.000	0.000	0.000	0.000
G002	0.000	0.000	0.000	0.000
G003	0.000	0.000	0.000	0.000
G004	-220.000	140.000	0.000	0.000
G005	-232.000	140.000	0.000	0.000
G006	0.000	0.000	0.000	0.000
G007	-242.000	140.000	0.000	0.000
G008	-238.464	139.000	0.000	0.000

现在位置（相对坐标）
U -100.000 W -100.000
>_
REF *** ***　15:40:18
[磨耗][形状][ ][ ][操作]

图 1-24　FANUC 0i T 刀具补正页面

BEIJING-FANUC Series 0*i* Mate-TB

现在位置　O0000　N00000

（相对坐标）　（绝对坐标）
U -100.000　X -100.000
W -100.000　Z -100.000
（机械坐标）　（余移动量）
X -100.000　X 0.000
Z -100.000　Z 0.000
加工产品 1
运行时间 0H00M　切削时间 0H00M00S
ACT.F 0 MM/分　S 0　T 1
REF *** ***　15:42:27
[绝对][相对][综合][ ][操作]

图 1-25　坐标系位置

绝对坐标系 ABSOLUTE：显示机床在当前坐标系中的位置。

相对坐标系 RELATIVE：显示机床坐标相对于前一位置的坐标。

综合显示 MACHINE：同时显示机床在以下坐标系中的位置。

当前运动指令的剩余移动量（DISTANCE TO GO）。

1-3　车床的对刀

（三）车床的对刀

假设刀架上装有四把刀：T0101 外圆粗车刀，T0202 外圆精车刀，T0303 切槽刀，T0404 螺纹刀，则对刀步骤如下：

1. 外圆粗车刀对刀

1）按控制面板上的“JOG”键[ ]，选择手动模式对刀。手动选择 T0101 外圆粗车刀，并使主轴正转。刀具车削工件端面后，刀具 *Z* 向不动并沿 *X* 向退出，如图 1-26a 所示。

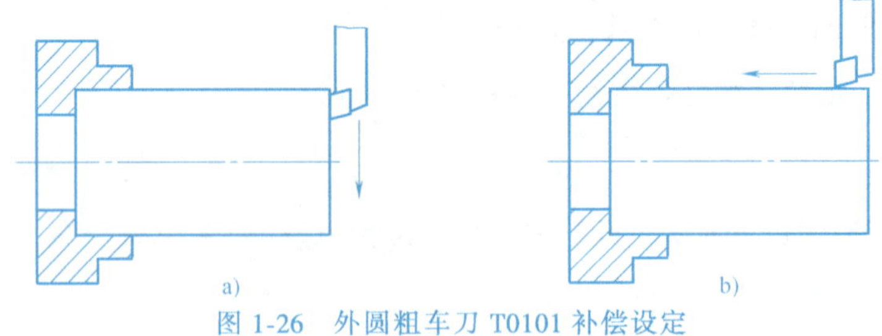

图 1-26　外圆粗车刀 T0101 补偿设定

a）*Z* 轴补偿　b）*X* 轴补偿

2）按“OFS/SET”功能键，进入参数输入界面，按“补正”和“形状”软键，则显示图 1-27 所示的画面，将光标移至设置补偿的刀号位置，即番号 G001 行 Z 列，输入 Z0，按“测量”软键，进行 *Z* 轴补偿设定。

3）刀具车削工件外圆后，刀具 X 向不动并沿 Z 轴方向退出（图 1-26b），测量工件车削后的直径（假设测量直径 ϕ29.5mm）。按“OFS/SET”键进入参数输入界面，按“补正”和“形状”软键，则显示图 1-24 所示画面，将光标移至设置补偿的刀号位置，即番号 G001 行 X 列，输入测量所示画面的直径（例 X29.5），按“测量”软键，进行 X 轴补偿设定。

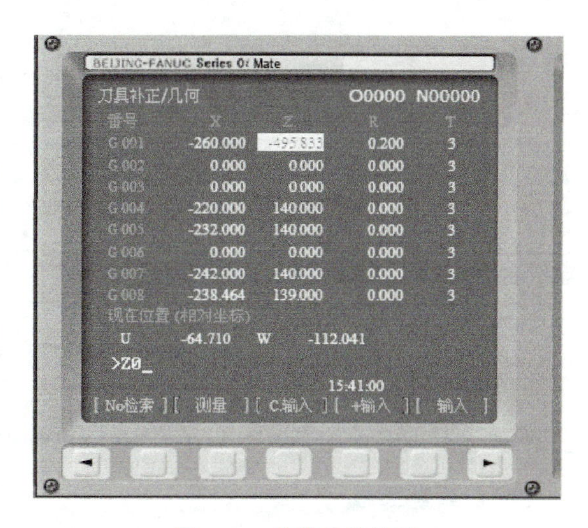

图 1-27　补偿参数界面

2. 外圆精车刀对刀

外圆精车刀对刀与外圆粗车刀对刀步骤基本相似。

1）车削工件端面（图 1-28a），设定 Z 轴补偿值。

2）车削工件外圆（图 1-28b），设定 X 轴补偿值。

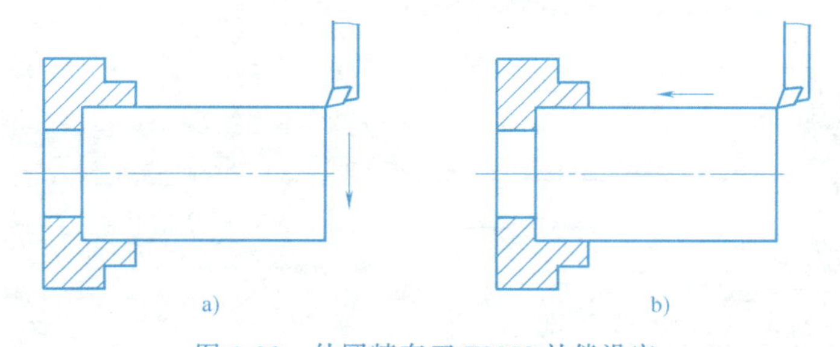

图 1-28　外圆精车刀 T0202 补偿设定

a）Z 轴补偿　b）X 轴补偿

3. 切槽刀对刀

1）接触工件端面（图 1-29a），设定 Z 轴补偿值。

2）接触工件外圆（图 1-29b），设定 X 轴补偿值。

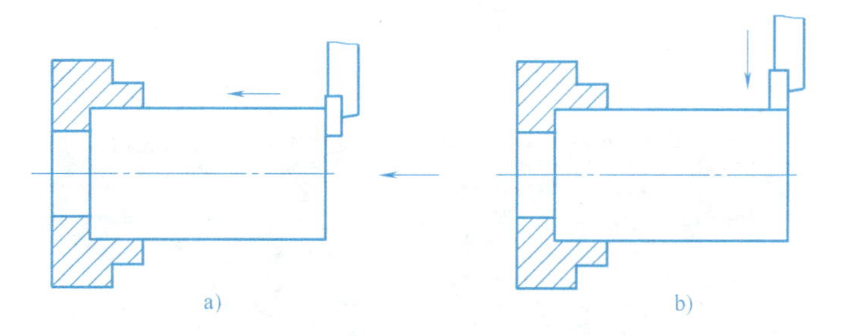

图 1-29　切槽刀 T0303 补偿设定

a）Z 轴补偿　b）X 轴补偿

4. 螺纹刀对刀

1）接触工件端面（图 1-30a），设定 Z 轴补偿值。

2）接触工件外圆（图 1-30b），设定 X 轴补偿值。

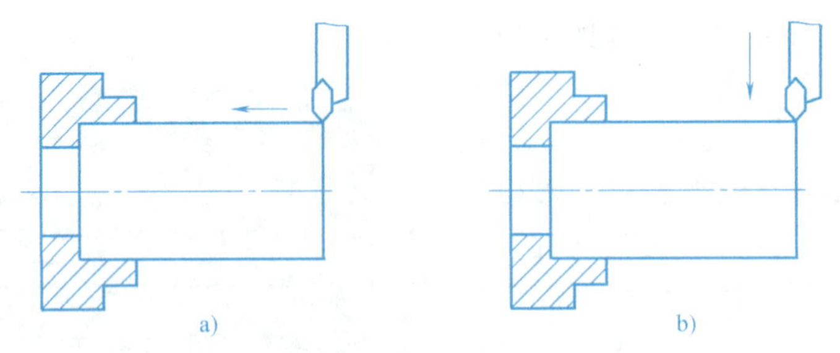

a)　　　　　　　　b)

图 1-30　螺纹刀 T0404 补偿设定

a）*Z* 轴补偿　b）*X* 轴补偿

二、SIEMENS 802S T 系统数控车床的基本操作

（一）系统面板

图 1-31 所示为 SIEMENS 802S T 系统面板示意图。系统面板分为三个区：LCD 显示区、NC 键盘区和机床控制面板区。NC 键盘区如图 1-32 所示，机床控制面板区如图 1-33 所示。

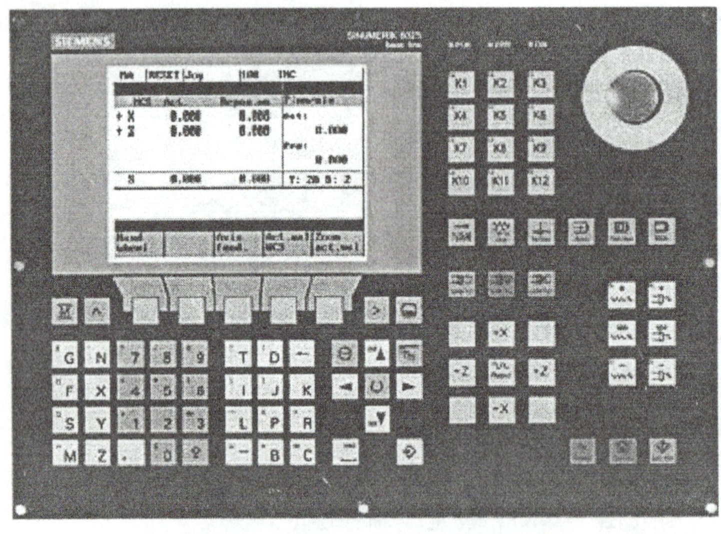

图 1-31　SIEMENS 802S T 系统面板

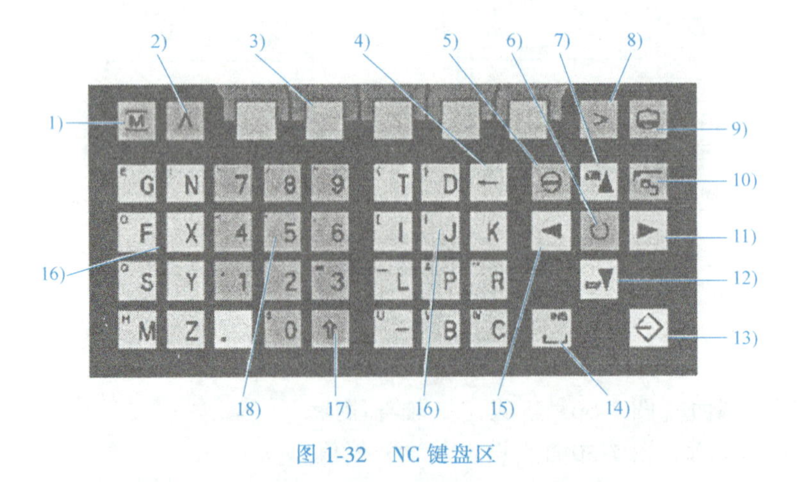

图 1-32　NC 键盘区

1. NC键盘区各功能键说明

(1) 加工显示键　按此键后，屏幕立即回到加工显示的画面，在此画面可以看到当前各轴的加工状态。

(2) 返回键　返回到上一级菜单。

(3) 软键　在不同的屏幕状态下操作对应的软键，可以调用相应的画面。

(4) 删除/退格键　在程序编辑画面时，按此键可删除（退格）前一字符。

(5) 报警应答键　报警出现时，按此键可以消除报警（取决于报警级别）。

(6) 选择/转换键　在设定参数时，按此键可以选择或转换参数。

(7) 光标向上键/上档　向上翻页键。

(8) 菜单扩展键　进入同一级的其他菜单画面。

(9) 区域转换键　不管目前处于何画面，按此键后都可以立即回到主画面。

(10) 垂直菜单键　在某些特殊画面，按此键可以垂直显示选项。

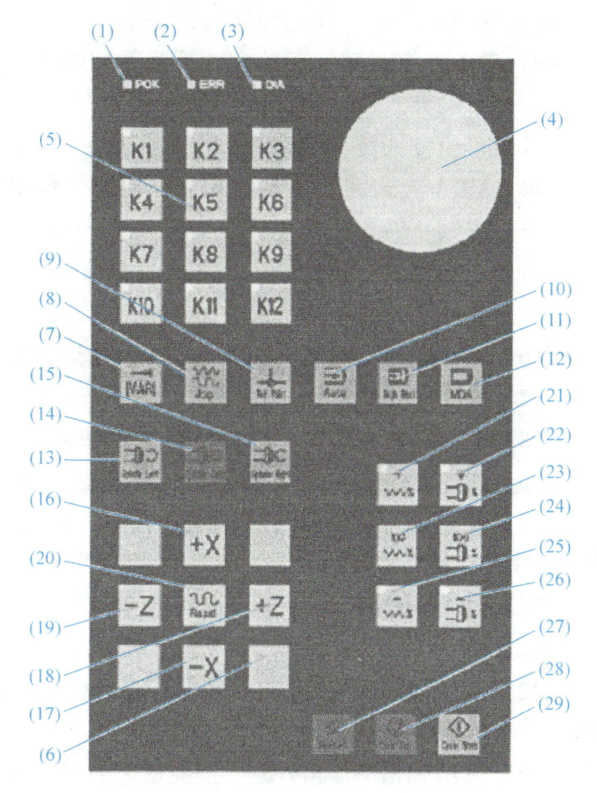

图 1-33　机床控制面板区

(11) 光标向右键。按此键，光标向右移动。

(12) 光标向下键/上档　向下翻页键。

(13) 回车/输入键　按此键确认所输入的参数或换行。

(14) 空格键　在编辑程序时，按此键可插入空格。

(15) 光标向左键。按此键，光标向左移动。

(16) 字符键　用于字符输入，如按下上档键，可转换对应字符。

(17) 上档键　按数字键或字符键时，同时按此键可以使该数字键/字符键的左上角字符生效。

(18) 数字键　用于数字输入。

2. 机床控制面板区各按键功能说明

(1) POK（绿灯）　电源上电，灯亮表示电源正常供电。

(2) ERR（红灯）　系统故障，此灯亮表示 CNC 出现故障。

(3) DIA（黄灯）　诊断。该灯显示不同的诊断状态，正常状态时闪烁频率为 1 : 1。

(4) 急停开关（选件）。

(5) K1～K12 用户自定义键（带 LED）　用户可以编写 PLC 程序进行键的定义。

(6) 用户定义键（不带 LED）。

(7) 增量选择键　在“JOG”方式（手动运行方式）下，按此键可以进行增量方式的选择，范围为×1、×10、×100、×1000。

（8）点动方式键　按此键切换到手动方式。

（9）参考点方式键　在此方式下运行回参考点。

（10）自动方式键　按此键切换到自动方式，系统按照加工程序自动运行。

（11）单段方式键　自动方式下复位后，可以按此键设定单段方式，程序按单段运行。

（12）MDA 方式键　在此方式下手动编写程序，然后自动执行。

（13）主轴正转键　按此键，主轴正方向旋转。

（14）主轴停键　按此键，主轴停止转动。

（15）主轴反转键　按此键，主轴反方向旋转。

（16）X 轴点动正向键　在手动方式下按此键，X 轴在正方向点动。

（17）X 轴点动负向键　在手动方式下按此键，X 轴在负方向点动。

（18）Z 轴点动正向键　在手动方式下按此键，Z 轴在正方向点动。

（19）Z 轴点动负向键　在手动方式下按此键，Z 轴在负方向点动。

（20）快速运行叠加键　在手动方式下，同时按此键和一个坐标轴点动键，坐标轴按快速进给速度点动。

（21）进给轴倍率增加键　进给轴倍率大于 100%时 LED 亮，达到 120%（最大）时 LED 闪烁。

（22）主轴倍率增加键　主轴倍率大于 100%时 LED 亮，达到 120%（最大）时 LED 闪烁。

（23）进给轴倍率 100%键　按此键超过系统所设定的时间值（默认值为 1.5s）时，进给轴倍率直接变为 100%。

（24）主轴倍率 100%键　按此键超过系统所设定的时间值（默认值为 1.5s）时，主轴倍率直接变为 100%。

（25）进给轴倍率减少键　按此键超过系统所设定的时间值（默认值为 1.5s）时，主轴倍率直接变为 0，进给轴倍率在 0～100%时进给轴倍率减少键 LED 亮，降为 0（最小）时 LED 闪烁。

（26）主轴倍率减少键　按此键超过系统所设定的时间值（默认值为 1.5s）时，主轴倍率直接变为 50%，主轴倍率在 50%～100%时主轴倍率减少键 LED 亮，降为 50%（最小）时 LED 闪烁。

（27）复位键　按此键，系统复位，当前程序中断执行。

（28）数控停止键　按此键，当前程序中断执行，系统停止运行。

（29）循环启动键　按此键，系统开始执行程序，进行加工。

1-4　数控车床的基本操作

（二）基本操作

1. 开机

1）打开机床后侧的电源开关。

2）旋转控制面板下的钥匙开关，接通 CNC 电源。

3）急停解除，等待系统启动。

2. 回参考点（回零）

1）系统启动以后进入“加工”操作区“JOG”运行方式，出现“回参考点”窗口。

2）X 轴回零：按住“+X”键，直至屏幕 X 轴后显示出现◐。

Z 轴回零：按住“+Z”键，直至屏幕 *Z* 轴后显示出现。

在加工过程中如需回参考点，可按键。

3. 手动进给

1）手轮进给。

① 选择（JOG 模式），单击软键“加工”，单击“手轮”。

② 按键，选择进给倍率，按一次为 1 INC（即 0.001mm），按两次为 10 INC（即 0.01mm），依次类推。

③ 按“X”或“Z”软键，选择进给轴方向。

④ 转动手轮，移动刀架（逆时针转为负、顺时针转为正）。

2）点动（快动）。选择（JOG 模式），直接按“-X”或“-Z”键，使刀具接近工件；或者按“+X”或“+Z”键，使刀具远离工件。按快速移动键，各轴可快速移动。进给时旋转进给速度调节按钮，可以调节进给速度。

4. 主轴旋转、停止

［方法一］

1）按键（JOG 模式）。

2）分别按 SPIN START 键、SPIN STOP 键、SPIN START 键，可使主轴低速正转、停止、反转。

［方法二］

1）选择手动输入、自动执行（MDA）模式，按加工显示键 M 。

2）输入一个转速（如“M03 S800”），按回车/输入键，再按循环启动键。

注意：主轴旋转时，通过旋转主轴速度调节按钮可调节转速。

5. 对刀

假设刀架上装有三把刀：T1 车刀，T2 切槽刀，T3 螺纹刀，则对刀步骤如下：

1）选择（JOG 模式），按 换刀 键，手动选择 T1 车刀。

2）选择（MDA 模式），按加工显示键 M ，输入主轴转速（如“M03　S1000”），按回车/输入键→按循环启动键，则主轴开始正转。

3）选择（JOG 模式），刀具车削工件端面后，*Z* 向不动，沿 *X* 向退出，如图 1-34a 所示。

4）按区域转换键，进入参数输入界面，按软键 参数 ，再按 刀具补偿 键，出现图 1-35a 所示画面。按菜单扩展键 > ，按 对刀 软键，再按 轴+ 键，出现图 1-35b 所示画面，输入“0”。按软键 计算 ，再按 确认 键，T1 刀 *Z* 轴方向对刀完毕。

5）刀具车削工件外圆后，*X* 向不动，沿 *Z* 方向退出（图 1-34b），测量工件车削后的直径（假设测量直径 ϕ29.5mm）。按区域转换键，进入参数输入画面，按 参数 软键，再

1 PROJECT

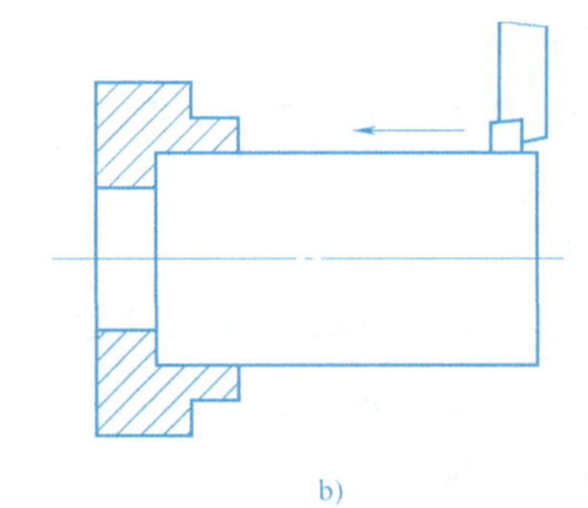

a)　　b)

图 1-34　T1 刀具补偿设定

a）*Z* 轴补偿　b）*X* 轴补偿

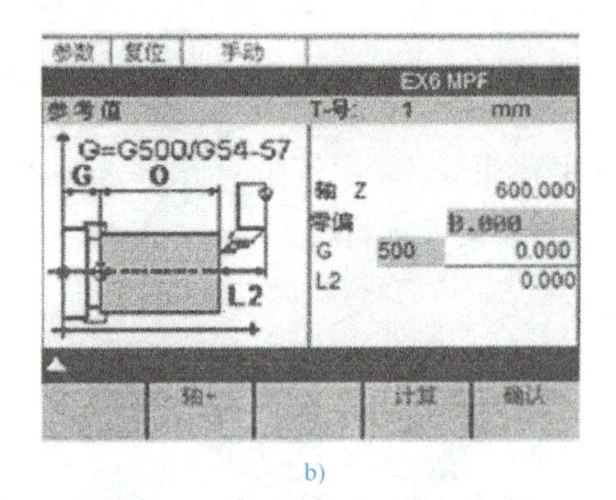

a)　　b)

图 1-35　补偿参数界面

a）刀补画面　b）*Z* 轴对刀参数的输入

按 刀具补偿 键，出现图 1-35a 所示画面。按菜单扩展键 > ，按 对刀 软键，出现图 1-36 所示画面，输入“29. 5”，按 计算 软键，再按 确认 键，T1 刀 *X* 轴方向对刀完毕。

6）用类似的方法对 T2、T3 刀具进行对刀，刀具运动方式如图 1-29、1-30 所示。

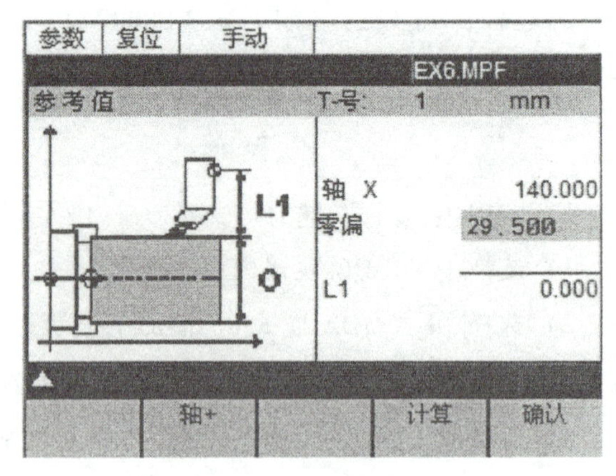

图 1-36　*X* 轴对刀参数的输入

三、数控车床安全生产规程

1. 工作前

1）穿好工作服、安全鞋，并戴上安全帽等，不允许戴手套操作数控车床。

2）检查操纵手柄、开关、旋钮等是否在正确的位置，操纵是否灵活，安全装置是否齐全、可靠。

3）观察油标指示，检查油量是否合适，油路是否畅通，在规定部位加足润滑油、切削液。

4）确认润滑、电气、机械各部位是否正常。

2. 工作中

1）数控车床的开机、关机顺序，要按照机床说明书的规定操作。

2）在每次接通电源后，必须先完成各轴的返回参考点操作，然后再进入其他运行方式，以确保各轴坐标的正确性。

3）手动对刀时，应注意选择合适的进给速度。手动换刀时，刀架距工件要有足够的转位距离，不至于发生碰撞。

4）对新的工件，在输入加工程序后，必须先用“试运行键”检查程序编制是否正确，再用“单程序段操作键”检查程序运行情况，此时手指放在停止按钮上，随时准备进行停止操作。未经试验的程序，不允许进行自动加工，以防机床发生故障。

5）主轴起动开始切削之前要关好防护门，程序正常运行中严禁开启防护门。

6）机床在正常运行时，不允许打开电气柜的门。

7）加工过程中如出现异常情况，可按下“急停”按钮，以确保人身和设备的安全。

8）禁止用手或其他任何方式接触正在旋转的主轴、工件或其他运动部位。

9）禁止用手接触刀尖和切屑，必须要用铁钩或毛刷来清理。

10）机床运行时，操作者不能离开车床，当程序出错或机床性能不稳定时，应立即关机，消除故障后方能重新开机。

3. 工作后

1）必须将各操纵手柄、开关、旋钮置于“停机”位置，并切断电源。

2）将刀具、工具、量具、材料等物品整理好，并做好设备日常维护保养工作。

四、数控车床的日常维护保养

坚持做好机床的日常维护保养工作，可以延长机床元器件的使用寿命，延长机械部件的磨损周期，防止意外恶性事故的发生，争取机床能长时间稳定工作。数控车床的日常维护保养见表 1-2。

表 1-2 数控车床的日常维护保养

序号	检查周期	检查部位	检查要求
1	每天	导轨润滑油箱	检查油量，及时添加润滑油，润滑泵是否定时起动打油及停止
2	每天	主轴润滑恒温油箱	工作是否正常，油量是否充足，温度范围是否合适
3	每天	机床液压系统	油箱液压泵有无异常噪声，工作油面是否合适，压力表指示是否正常，管路及各接头有无泄漏
4	每天	压缩空气气源压力	气动控制系统压力是否在正常范围之内
5	每天	气源自动分水滤气器、自动空气干燥器	及时清理分水器中滤出的水分，保证自动空气干燥器工作正常
6	每天	气液转换器和增压器油面	油量不够时要及时补足
7	每天	X、Y、Z 轴导轨面	清除切屑和脏物，检查导轨面有无划伤损坏，润滑油是否充足
8	每天	液压平衡系统	平衡压力指示是否正常，快速移动时平衡阀工作是否正常
9	每天	CNC 输入/输出单元	如光电阅读机的清洁，机械润滑是否良好
10	每天	各防护装置	导轨、机床防护罩等是否齐全有效
11	每天	电气柜各散热通风装置	各电气柜中散热风扇是否工作正常，风道过滤网有无堵塞，及时清洗过滤器

（续）

序号	检查周期	检 查 部 位	检 查 要 求
12	每周	各电气柜过滤网	清洗粘附的尘土
13	不定期	冷却油箱、水箱	随时检查液面高度，及时添加油（或水），太脏时需更换清洗油箱（水箱）和过滤器
14	不定期	废油池	及时取走存积的废油，避免溢出
15	不定期	排屑器	经常清理切屑，检查有无卡住等现象
16	半年	检查主轴传动带	按机床说明书要求调整传动带的松紧程度
17	半年	各轴导轨上的镶条、压紧滚轮	按机床说明书要求调整其松紧状态
18	一年	直流伺服电动机电刷	检查换向器表面，去除毛刺，吹净碳粉，及时更换磨损过短的电刷
19	一年	液压油路	清洗溢流阀、减压阀、过滤器、油箱，过滤或更换液压油
20	一年	主轴润滑恒温油箱	清洗过滤器、油箱，更换润滑油
21	一年	润滑油泵、过滤器	清洗润滑油池
22	一年	滚珠丝杠	清洗丝杠上旧的润滑脂，涂上新油脂

使用数控车床时应注意下列问题：

（1）提高操作人员的综合素质　数控车床的使用难度比普通车床的大，因为数控车床是典型的机电一体化产品，涉及的知识面较宽，即操作者应具有机、电、液、气等更宽广的专业知识，因此对操作人员提出的要求是很高的。

（2）遵循正确的操作规程　不管什么车床，它都有一套自己的操作规程。这既是保证操作人员安全的重要措施之一，也是保证设备安全和产品质量等的重要措施。使用者必须按照操作规程正确操作，如果车床第一次使用或长期没有使用时，应先空转几分钟。使用中注意开机、关机的顺序和注意事项。

（3）创造一个良好的使用环境　数控车床中含有大量的电子元件，最怕阳光直接照射，也怕潮湿和粉尘、振动等，因为这些均可导致电子元件被腐蚀或造成元件间的短路，引起数控车床运行不正常。数控车床的使用环境应保持清洁、干燥、恒温、无振动，电源应保持稳压，一般只允许在±10%的范围内波动。

（4）尽可能提高数控车床的开动率　新购置的数控车床应尽快投入使用，因为设备在使用初期故障率相对来说往往大一些，用户应在保修期内充分使用，使其薄弱环节尽早暴露出来，在保修期内得以解决。在缺少生产任务时，也不能闲置不用，要定期通电，每次空运行 1h 左右，利用车床运行时的发热量来去除或降低机内的湿度。

（5）冷静对待机床故障　数控车床在使用中不可避免地会出现一些故障，此时操作者要冷静对待，不可盲目处理，以免产生更为严重的后果。要注意保留现场，待维修人员来后如实说明故障前后的情况，并参与分析问题，尽早排除故障。故障若属于因操作不当导致，操作人员要及时吸取经验，避免下次重犯。

拓展知识

一、生产类型和生产纲领

生产过程是将原材料转变为成品的过程，包括产品开发、生产和技术准备、毛坯制造、机械加工和装配。

1. 生产类型

企业（或车间、工段、班组、工作地）生产专业化程度的分类称为生产类型。生产类型一般可分为单件生产、大量生产和成批生产三种类型。

（1）单件生产　少量地制造不同结构和尺寸的产品，且很少重复。如新产品试制、专用设备和修配件的制造等。

（2）大量生产　一种零件或产品数量很大，大多数工作地点经常是重复性地进行相同的工序。如轴承等产品的制造。

（3）成批生产　产品数量较大，一年中分批制造相同的产品，生产呈周期性重复。成批生产又可按其批量大小分为小批生产、中批生产、大批生产三种类型。其中，小批生产接近于单件生产，大批生产接近于大量生产。

生产类型不同，则产品制造的工艺方法、所用的设备和工艺装备及生产的组织形式等均不同。大批大量生产应尽可能采用高效率的设备和工艺方法，以提高生产率；单件小批生产应采用通用设备和工艺装备，以降低生产成本。数控机床不仅具有生产效率高的特点，更具有生产结构复杂、精度要求较高零件的能力，因此，数控机床能灵活适应单件生产和大量生产。

生产类型的划分应考虑生产纲领，还应考虑产品的大小及复杂程度。

2. 生产纲领

产品的年生产纲领就是产品的年生产量。生产类型和生产纲领的关系见表1-3。

表1-3　生产类型与生产纲领的关系

生产类型		零件生产纲领（件/年）		
		重型机械	中型机械	轻型机械
单件生产		≤5	≤20	≤100
成批生产	小批生产	>5~100	>20~200	>100~500
	中批生产	>100~300	>200~500	>500~5000
	大批生产	>300~1000	>500~5000	>5000~50000
大量生产		>1000	>5000	>50000

生产纲领计算公式为

$$N=Qn(1+a)(1+b) \tag{1-1}$$

式中　N——零件的年产量（件/年）；

Q——产品的年产量（台/年）；

n——每台产品中该零件的数量（件/台）；

a——该零件的备品率（%）；

b——该零件的废品率（%）。

例：某轴是一种机器上的零件，每台机器上的该轴数量为1件，该机器年产量为100台，备品率为15%，机械加工废品率大约为2%，则该轴的生产纲领为

$$N=Qn(1+a+b)$$
$$=100\times1\times(1+15\%+2\%)\text{件/年}$$

=117件/年

该轴的年产量为117件，根据生产类型与生产纲领的关系，可以确定其生产类型为成批生产（小批生产）。

生产纲领对生产组织形式和零件加工过程起着重要的作用，它决定了各工序所需专业化和自动化的程度，决定了所应选用的工艺方法和工艺装备。

二、数控车削加工文件的编制

1. 数控车削工艺的制订

（1）零件图样分析　零件图样分析是制订数控车削工艺的首要工作，主要包括以下内容。

1）尺寸标注应适应数控车床加工的特点。零件图应以同一基准标注尺寸或直接给出坐标尺寸，既便于编程，又有利于设计基准、工艺基准、测量基准和编程原点的统一。

2）轮廓几何要素应完整、准确。在手工编程时，要计算每个节点坐标；在自动编程时，要对构成零件轮廓的所有几何元素进行定义。因此，在分析零件图时，要分析几何元素的给定条件是否充分。

3）正确分析精度及技术要求。对零件的精度及技术要求进行分析，是零件工艺性分析的重要内容，分析的主要内容如下：

① 分析精度及各项技术要求是否齐全、合理。

② 分析本工序的数控车削加工精度能否达到图样要求，若达不到，需采取其他措施（如磨削）弥补时，则应给后续工序留有余量。

③ 找出图样上有位置精度要求的表面，这些表面应在一次安装下完成。

④ 对表面粗糙度要求较高的表面，应确定用恒线速切削。

4）结构工艺的合理性分析。零件的结构工艺性是指零件对加工方法的适应性，即所设计的零件结构应便于加工成形。在数控车床上加工零件时，应根据数控车削的特点，认真审视零件结构的合理性。

（2）加工方案的选择　选择加工方案要考虑零件表面的技术要求、工件材料的性质及加工性、生产类型等。

1）数控车削外圆柱面的加工方法。根据毛坯的制造精度和工件的加工要求，外圆柱面车削一般可分为粗车、半精车、精车、精细车。

① 粗车的目的是切去毛坯硬皮和大部分余量。加工后工件可达IT11~IT13，表面粗糙度值可达*Ra*12.5~50μm。

② 半精车的尺寸公差等级可达IT8~IT10，表面粗糙度值可达*Ra*3.2~6.3μm。半精车可作为中等精度表面的终加工，也可作为磨削或精加工的预加工。

③ 精车后的尺寸公差等级可达IT7~IT8，表面粗糙度值可达*Ra*0.8~1.6μm。

④ 精细车后的尺寸公差等级可达IT6~IT7，表面粗糙度值可达*Ra*0.025~0.4μm。精细车尤其适合于有色金属加工，有色金属一般不宜采用磨削，所以常用精细车代替磨削。

2）数控车削外圆柱面的加工方案。

① 尺寸公差等级为IT8~IT10、表面粗糙度值为*Ra*3.2~6.3μm的除淬火钢以外的常用金属零件，可采用普通数控车床加工，其切削用量可按粗车、半精车方案选择。

② 尺寸公差等级为 IT7～IT8、表面粗糙度值为 $Ra0.8 \sim 1.6\mu m$ 的除淬火钢以外的常用金属零件，可采用普通数控车床加工，其切削用量按粗车、半精车、精车的方案选择。

③ 尺寸公差等级为 IT6～IT7、表面粗糙度值为 $Ra0.025 \sim 0.4\mu m$ 的除淬火钢以外的常用金属零件，可采用精密型数控车床加工，其切削用量按粗车、半精车、精车、精细车的方案选择。

④ 尺寸公差等级高于 IT5、表面粗糙度值为 $Ra<0.08\mu m$ 的除淬火钢以外的常用金属零件，可采用高档精密型数控车床加工，其切削用量按粗车、半精车、精车、精细车的方案选择。

⑤ 对淬火钢等难车削材料，淬火前可采用粗车、半精车的方法，淬火后安排磨削加工；对最终工序有必要用数控车削方法加工的难切削材料，可参考有关难加工材料的数控车削方法进行加工。

(3) 工序的划分

1) 按安装次数划分。对于加工内容较少的零件，加工完后就能达到待检状态，可以一次安装、加工，作为一道工序。

2) 按刀具划分。有些零件虽然能在一次安装中加工出很多待加工表面，但考虑到程序太长，会受到某些限制，如控制系统的限制（主要是内存容量）、机床连续工作时间的限制（如一道工序在一个工作班内不能结束）等，可以按同一把刀具加工的内容划分工序。

3) 按加工部位划分。对于加工内容很多的工件，可按其结构特点将加工部位分成几个部分，如内腔、外形、曲面或平面，并将每一部分的加工作为一道工序。

4) 按粗、精加工划分。对于加工后易发生变形的工件，由于需要对粗加工后可能发生的变形进行校形，故一般来说，凡要进行粗、精加工的过程，都要将工序分开。

下面以车削图 1-37a 所示的手柄零件为例，说明工序的划分方法。该零件加工所用坯料为 $\phi32mm$ 棒料，批量生产，加工时用一台数控车床。

第一道工序如图 1-37b 所示，工序内容有：先车出 $\phi12mm$ 和 $\phi20mm$ 两圆柱面及 20°圆锥面（粗车去掉 $R42mm$ 圆弧的部分余量），换刀后按总长要求留下加工余量，然后切断。

第二道工序（调头）如图 1-37c 所示，用 $\phi12mm$ 外圆及 $\phi20mm$ 端面装夹工件，工序内容有：先车削包络 $SR7mm$ 球面的 30°圆锥面，然后对全部圆弧表面进行半精车（留少量的精车余量），最后换精车刀，将全部圆弧表面一刀精车成形。

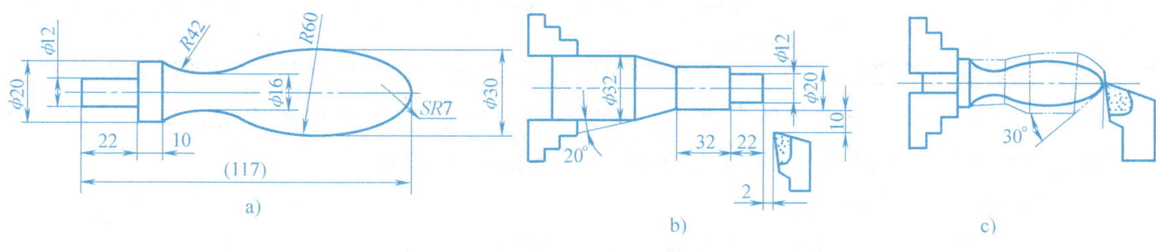

图 1-37　手柄零件及其加工工序图

a) 零件图　b) 工序一　c) 工序二

(4) 工序顺序的安排

1) 基面先行。先加工定位基准面，减少后面工序的装夹误差。例如轴类零件，先加工中心孔，再以中心孔为精基准加工外圆表面和端面。

2）先粗后精。先对各表面进行粗加工，然后再进行半精加工和精加工，逐步提高加工精度。

3）先近后远。离对刀点近的部位先加工，离对刀点远的部位后加工，以便缩短刀具移动距离，减少空行程时间；同时有利于保持工件的刚性，改善切削条件。如图 1-38 所示，对于直径相差不大的阶梯轴，当第一刀的背吃刀量未超限时，应按 ϕ26mm→ϕ28mm→ϕ30mm 的顺序由近及远进行切削。

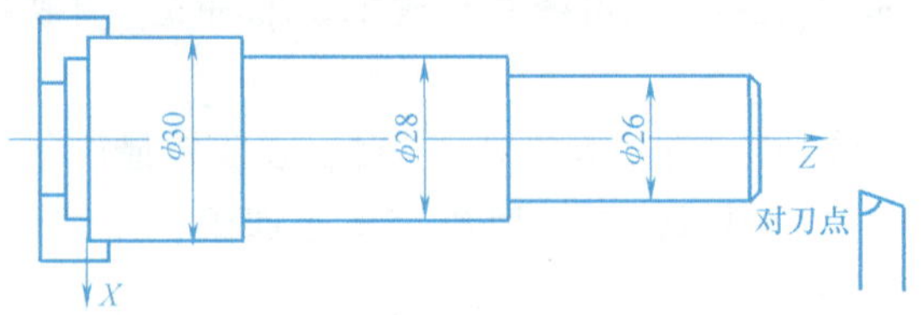

图 1-38　先近后远的加工方式

4）内外交叉。先进行内、外表面的粗加工，后进行内、外表面的精加工。不能加工完内（或外）表面后，再加工外（或内）表面。

（5）进给路线的确定　进给路线是刀具在加工过程中相对于工件的运动轨迹，也称走刀路线。它既包括切削加工的路线，又包括刀具切入、切出的空行程。进给路线不但包括了工步的内容，也反映出工步的顺序，是编写程序的依据之一。因此，以图形的方式表示进给路线，可为编程带来很大方便。

1）确定粗加工进给路线。

① 矩形循环进给路线。利用数控系统的矩形循环功能，确定矩形循环进给路线，如图 1-39a 所示。这种进给路线刀具切削时间最短，刀具损耗最小，为常用的粗加工时进给路线。

② 三角形循环进给路线。利用数控系统的三角形循环功能，确定三角形循环进给路线，如图 1-39b 所示。

③ 沿工件轮廓循环进给路线。利用数控系统的复合循环功能，确定沿工件轮廓循环进给路线，如图 1-39c 所示。这种进给路线的刀具切削总行程最长，一般只适用于单件小批量生产。

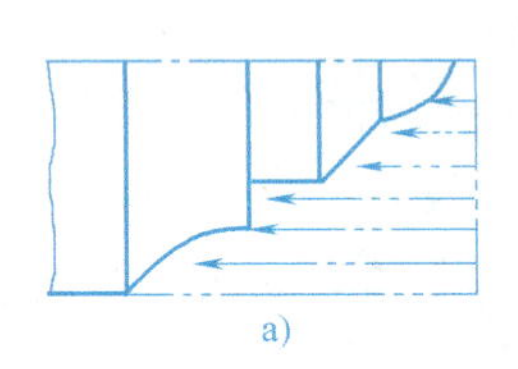
a)

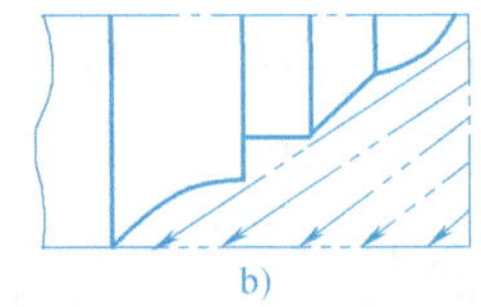
b)

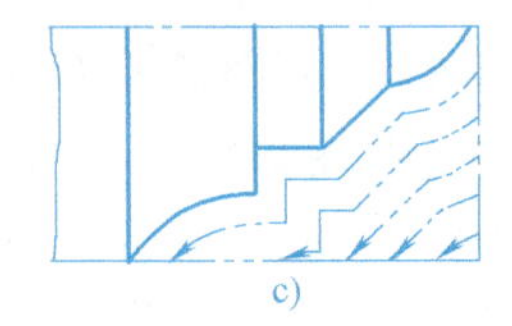
c)

图 1-39　粗加工进给路线

④ 阶梯切削进给路线。当零件毛坯的切削余量较大时，可采用阶梯切削进给路线，如图 1-40 所示。在同样背吃刀量的条件下，按图 1-40a 序号 1～6 的顺序切削，加工后剩余余量过多，不宜采用。应采用图 1-40b 所示序号 1～6 的顺序切削。

2）确定精加工进给路线。

① 各部位精度要求一致的进给路线。在多刀进行精加工时，最后一刀要连续加工，并且要合理确定进刀、退刀位置，尽量不要在光滑连接的轮廓上安排切入和切出或换刀及停顿，以免因切削力变化造成弹性变形，产生表面划伤、形状突变或滞留刀痕等缺陷。

② 各部位精度要求不一致的进给路线。当各部位精度要求相差不大时，要以精度高的部位为准，连续加工所有部位；当各部位精度要求相差很大时，可将精度相近的部位安排在

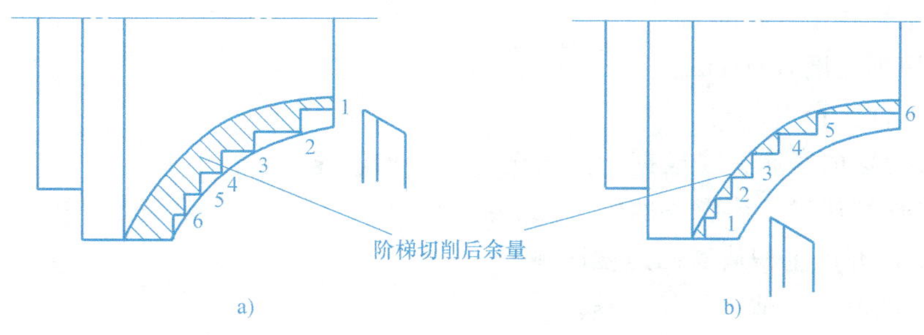

图 1-40　阶梯切削进给路线

同一进给路线，并且先加工精度低的部位，再加工精度高的部位。

③ 切入、切出及接刀点位置的选择。应选在工件上有空刀槽或表面间有拐点、转角的位置，不应选在曲线相切或光滑连接的部位。

（6）切削用量的选择　切削用量的选择原则是：粗车时，首先考虑选择尽可能大的背吃刀量 a_p，其次选择较大的进给量 f 或进给速度 v_f，最后确定一个合适的切削速度 v_c。增大背吃刀量 a_p 可使进给次数减少，增大进给量 f 或进给速度 v_f 则有利于断屑。精车时，加工精度和表面粗糙度要求较高，加工余量不大且较均匀，选择切削用量时应着重考虑如何保证加工质量，并在此基础上尽量提高生产率。因此，精车时应选用较小（但不能太小）的背吃刀量 a_p 和进给量 f 或进给速度 v_f，并选用性能高的刀具材料和合理的几何参数，以尽可能提高切削速度 v_c。表 1-4 是推荐的切削用量数据，供参考。

1）确定背吃刀量 a_p。背吃刀量的选择应根据加工余量确定，主要受机床、刀具和工件系统刚度的制约，在系统刚度允许的情况下，尽量选择较大的背吃刀量。粗加工时，在不影响加工精度的条件下，可使背吃刀量等于零件的加工余量，这样可以减少进给次数。在工件毛坯加工余量很大或余量不均匀的情况下，粗加工要分几次进给，这时前几次进给的背吃刀量应取得大一些。

表 1-4　数控车削切削用量推荐表

工件材料	加工内容	背吃刀量 a_p/mm	切削速度 v_c/(m/min) 或主轴转速 n	进给量 f/(mm/r)	刀具材料
碳素钢 σ_b>600MPa	粗加工	5~7	60~80	0.2~0.4	YT 类
	粗加工	2~3	80~120	0.2~0.4	
	精加工	2~6	120~150	0.1~0.2	
	钻中心孔	—	n=500~800r/min	—	W18Cr4V
	钻孔	—	20~30	0.1~0.2	
	切断(宽度<5mm)	—	70~110	0.1~0.2	YT 类

2）确定主轴转速 n。

① 光车时的主轴转速。主轴转速要根据机床和刀具允许的切削速度来确定，可以用计算法或查表法来选取。切削速度确定之后，用式（1-2）计算主轴转速

$$n=\frac{1000v_c}{\pi d} \tag{1-2}$$

式中 n——主轴转速（r/min）；

v_c——切削速度（m/min）；

d——工件直径（mm）。

对于有级变速的车床，要根据计算值选择相近的转速。

在确定主轴转速时，还应考虑以下几点：

a. 应尽量避开产生积屑瘤的速度区域。

b. 间断切削时，应适当降低转速。

c. 加工大件、细长件和薄壁件时，应选较低转速。

d. 加工带外皮的工件时，应适当降低转速。

② 车螺纹时主轴转速。在切削螺纹时，车床主轴的转速将受螺纹的螺距、电动机调速和螺纹插补运算等因素的影响，转速不能过高。通常按式（1-3）计算主轴转速

$$n \leqslant \frac{1200}{P} - K \tag{1-3}$$

式中 n——主轴转速（r/min）；

P——螺纹的导程（mm）；

K——安全系数，一般取80。

3）确定进给速度 v_f。进给速度是指在单位时间内，刀具沿进给方向移动的距离，单位为mm/min。进给速度要根据零件的加工精度、表面粗糙度、刀具和工件的材料来选择，受机床、刀具、工件系统刚度和进给驱动及控制系统的限制。

① 确定进给速度的原则。在保证工件质量和运行安全的条件下，尽量选择较高的进给速度，一般不超过2000mm/min；切断、车削深孔或精车时，宜选择较低的进给速度；刀具空行程时，可选择较高的进给速度。

② 进给速度的确定。进给速度可根据进给量和主轴转速按式（1-4）计算

$$v_f = nf \tag{1-4}$$

式中 v_f——进给速度（mm/min）；

n——工件或刀具的转速（r/min）；

f——进给量（mm/r）。

2. 数控车削工艺文件

工艺文件既是数控加工、产品验收的依据，也是操作者遵守、执行的规程。其目的是让操作者更明确加工程序的内容、装夹方式、各个加工部位所选用的刀具及其他技术问题。以下提供了常用工艺文件格式，也可以根据企业实际情况自行设计工艺文件。

（1）数控编程任务书　数控编程任务书阐明了工艺人员对数控加工工序的技术要求和工序说明，以及数控加工前应保证的加工余量，是编程人员和工艺人员协调工作和编制数控程序的重要依据之一。数控编程任务书见表1-5。

（2）数控加工工序卡　数控加工工序卡与普通机械加工工序卡有较大的区别。数控加工一般采用工序集中方式，每一加工工序可划分为多个工步，工序卡不仅应包含每一工步的加工内容，还应包含其所用刀具号、刀具规格、主轴转速、进给速度及切削用量等内容。标准的数控加工工序卡见表1-6。

表 1-5　数控编程任务书

<table>
<tr><td rowspan="3">工艺处</td><td rowspan="3">数控编程任务书</td><td>产品零件图号</td><td></td><td>任务书编号</td></tr>
<tr><td>零件名称</td><td></td><td></td></tr>
<tr><td>使用数控设备</td><td></td><td>共　页第　页</td></tr>
<tr><td colspan="5">主要工序说明及技术要求：</td></tr>
</table>

<table>
<tr><td colspan="6"></td><td colspan="2">编程收到日期</td><td></td><td>经手人</td><td></td></tr>
<tr><td>编制</td><td></td><td>审核</td><td></td><td>编程</td><td></td><td>审核</td><td></td><td>批准</td><td colspan="2"></td></tr>
</table>

表 1-6　数控加工工序卡

<table>
<tr><td rowspan="2">单位</td><td rowspan="2">数控加工工序卡片</td><td>产品型号</td><td></td><td>零件图号</td><td colspan="2"></td></tr>
<tr><td>产品名称</td><td></td><td>零件名称</td><td></td><td>共　页</td><td>第　页</td></tr>
</table>

<table>
<tr><td rowspan="10"></td><td>车间</td><td>工序号</td><td>工序名称</td><td colspan="2">材料牌号</td></tr>
<tr><td></td><td></td><td></td><td colspan="2"></td></tr>
<tr><td>毛坯种类</td><td>毛坯外形尺寸</td><td>毛坯件数</td><td colspan="2">每台件数</td></tr>
<tr><td></td><td></td><td></td><td colspan="2"></td></tr>
<tr><td>设备名称</td><td>设备型号</td><td>设备编号</td><td colspan="2">同时加工件数</td></tr>
<tr><td></td><td></td><td></td><td colspan="2"></td></tr>
<tr><td colspan="3">夹具编号</td><td>夹具名称</td><td>切削液</td></tr>
<tr><td colspan="3"></td><td></td><td></td></tr>
</table>

<table>
<tr><td rowspan="2">工步号</td><td rowspan="2">工步内容</td><td rowspan="2">工艺装备</td><td rowspan="2">主轴转速/(r/min)</td><td rowspan="2">切削速度/(m/min)</td><td rowspan="2">进给量/(mm/r)</td><td rowspan="2">背吃刀量/(mm)</td><td rowspan="2">进给次数</td><td colspan="2">时间定额</td></tr>
<tr><td>机动</td><td>辅助</td></tr>
<tr><td>1</td><td></td><td></td><td></td><td></td><td></td><td></td><td></td><td></td><td></td></tr>
<tr><td>2</td><td></td><td></td><td></td><td></td><td></td><td></td><td></td><td></td><td></td></tr>
<tr><td></td><td></td><td></td><td></td><td></td><td></td><td></td><td></td><td></td><td></td></tr>
</table>

<table>
<tr><td></td><td></td><td></td><td></td><td></td><td></td><td></td><td></td><td></td><td></td><td rowspan="2">编制(日期)</td><td rowspan="2">审核(日期)</td><td rowspan="2">会签(日期)</td><td rowspan="2">备注</td></tr>
<tr><td></td><td></td><td></td><td></td><td></td><td></td><td></td><td></td><td></td><td></td></tr>
<tr><td>标记</td><td>处数</td><td>更改文件号</td><td>签字</td><td>日期</td><td>标记</td><td>处记</td><td>更改文件号</td><td>签字</td><td>日期</td><td></td><td></td><td></td><td></td></tr>
</table>

本书采用简化的数控加工工序卡（表 1-7）。

（3）数控加工刀具卡　数控加工刀具卡主要反映使用刀具的规格、名称、编号和刀尖圆弧半径补偿值等内容，它是调刀人员准备刀具、机床操作人员输入刀补参数的主要依据。数控加工刀具卡见表 1-8。

表 1-7　简化数控加工工序卡

工序号		工序内容				
零件名称		零件图号	材料	夹具名称		使用设备
工步号	工步内容	刀具号	主轴转速 n/(r/min)	进给量 f/(mm/r)	背吃刀量 a_p/mm	备注
1						
2						
编制		审核		批准		第　页　共　页

表 1-8　数控加工刀具卡

<table>
<tr><td colspan="2">产品名称或代号</td><td colspan="2"></td><td colspan="2">零件名称</td><td colspan="2"></td><td colspan="2">零件图号</td><td></td></tr>
<tr><td>序号</td><td>刀具号</td><td colspan="2">刀具名称及规格</td><td>数量</td><td colspan="3">加工表面</td><td colspan="2">刀尖圆弧半径/mm</td><td>备注</td></tr>
<tr><td>1</td><td></td><td colspan="2"></td><td></td><td colspan="3"></td><td colspan="2"></td><td></td></tr>
<tr><td>2</td><td></td><td colspan="2"></td><td></td><td colspan="3"></td><td colspan="2"></td><td></td></tr>
<tr><td></td><td></td><td colspan="2"></td><td></td><td colspan="3"></td><td colspan="2"></td><td></td></tr>
<tr><td>编制</td><td></td><td>审核</td><td></td><td>批准</td><td colspan="2"></td><td colspan="2">年　月　日</td><td>共　页</td><td>第　页</td></tr>
</table>

项目自测题

一、填空题

1. 数控车床可以完成______、______、______、______、______、______、______、______、______、______等表面的加工。

2. 数控车床主要用于________零件的加工，比较适合加工______、______、______等工艺类型的零件。

3. 常用的数控系统有________、________、________、________、________等。

4. 按数控车床主轴的配置形式分类，数控车床有____________、____________两种。

5. 按数控车床的功能分类，数控车床有____________、____________、____________三类。

6. 车削中心是在普通数控车床基础上增加了______________、______________。

7. 数控车床床身和导轨的布局形式有________、________、________、________。

8. 常用数控车床有________个坐标轴，分别指________、______。

9. 常用车刀结构有______、______、______、______，数控车床最适合________车刀。

10. 车刀按切削刃形状可分为________、________、________。最常用数控车刀刀位点是________。

二、选择题

1.（ ）零件最适合使用数控车床加工。

A. 硬度特别高的 B. 形状复杂的 C. 批量特别大的 D. 精度特别低的

2. 根据加工零件图样选定的编制零件程序的原点是（ ）。

A. 机床原点 B. 编程原点 C. 加工原点 D. 刀具原点

3. 刀具远离工件的运动方向为坐标的（ ）方向。

A. 左 B. 右 C. 正 D. 负

4. 精加工时，切削速度选择的主要依据是（ ）。

A. 刀具寿命 B. 加工表面质量 C. 工件材料 D. 主轴转速

5. 在安排工步时，应先安排（ ）工步。

A. 简单的 B. 对工件刚性破坏较小的

C. 对工件刚性破坏较大的 D. 复杂的

6. 数控车削工件时，一般按（ ）划分工序。

A. 零件装夹定位方式 B. 刀具

C. 工件形状 D. 加工部位

7. 数控车床（ ）时模式选择开关应放在“MDI”位置。

A. 快速进给 B. 手动数据输入 C. 回零 D. 手动进给

8. 如仅执行一个程序段“M03 S1000”起动主轴运转，可采用（ ）模式。

A. JOG B. MDI C. AUTOMATIC D. EDIT

9. 数控车床（ ）时模式选择开关应放在“AUTO”位置。

A. 自动状态 B. 手动数据输入 C. 回零 D. 手动进给

10. 当数控车床的手动脉冲发生器的选择开关位置在（ ）时，手轮的进给单位是0.1mm/格。

A. ×100 B. ×10 C. ×1 D. ×1000

*11. 当模式选择开关在“JOG”位置时，数控车床的（ ）有效。

A. 主轴速度控制盘 B. 刀具指定开关

C. 尾座套筒运动 D. 手轮速度

*12. 数控车床的切削液开关在“COOLANT ON”位置时，是由（ ）控制切削液的开关。

A. 自动 B. 程序 C. 手动 D. M08

*13. 数控车床的程序保护开关处于“ON”位置时，不能对程序进行（ ）。

A. 输入 B. 修改 C. 删除 D. 以上均对

*14. 数控车床的单段执行开关扳到“SINGLE BLOCK”时，程序（ ）执行。

A. 单段 B. 连续 C. 选择 D. 不能判断

*15. 数控车床的块删除开关扳到（ ）时，程序执行没有“/”的语句。

A. OFF B. ON C. BLOCK DELETE D. 不能判断

*16. 数控车床开机后不动作，可能的原因之一是（ ）。

A. 润滑中断 B. 冷却中断 C. 未进行对刀 D. 未解除急停状态

*17. 以下哪种情况发生时，数控机床通常并不报警（　　）？

A. 润滑液不足　　B. 指令错误　　C. 机床振动　　D. 超程

*18. 若要消除报警，需按（　　）键。

A. RESET　　B. HELP　　C. INPUT　　D. CAN

*19. 回参考点操作后，切换成手动操作模式时，若按坐标轴正方向移动键，则（　　）。

A. 刀具将沿正方向移动　　B. 刀具将沿负方向移动

C. 将发生超程报警　　D. 刀具不动

*20. 下列机床部件中，（　　）需要每天进行检查。

A. 排屑器　　B. 滚珠丝杠　　C. 液压油路　　D. 防护装置

三、判断题

1. 数控车床与普通车床用的可转位车刀有本质的区别，其基本结构、功能特点都是不相同的。（　　）
2. 选择数控车床用的可转位车刀时，钢和不锈钢属于同一工件材料组。（　　）
3. 机械回零操作时，必须原点指示灯亮才算完成。（　　）
4. 当电源开关处于“ON”时，可同时按 CRT 面板上的任何键。（　　）
5. 手动数据输入（MDI）时，模式选择按钮应置于自动（AUTO）位置上。（　　）
6. 由于数控车床的先进性，因此任何零件均适合在数控车床上加工。（　　）
7. 为保证工件轮廓表面粗糙度，最终轮廓应在一次走刀中连续加工出来。（　　）
8. 对刀是指刀位点和对刀点重合的操作。（　　）
9. 数控工序前后一定没有穿插其他普通工序。（　　）
10. 机床断电后重新接通电源时，必须进行返回参考点操作。（　　）

四、简答题

1. 对刀的目的是什么？
2. 编程时为什么首先要确定编程坐标系？编程坐标系与机床坐标系有何关系？
3. 开机前为什么回参考点？什么情况回参考点？
4. 数控车床日常维护保养的内容有哪些？
5. 如果操作中发生意外事故，应采取哪些措施解决？

项目二 轴类零件的加工

轴类零件是回转类零件，根据其结构形状不同，可分为光轴、阶梯轴、空心轴和异形轴（包括曲轴、凸轮轴和偏心轴等）。长径比小于5的轴称为短轴，长径比大于20的轴称为细长轴，大多数轴介于这两者之间。轴类零件的技术要求除尺寸精度和表面粗糙度外，还有圆度、圆柱度、直线度、同轴度、垂直度、圆跳动等几何公差要求。

项目目标

1. 了解简单轴类零件的数控车削工艺，会制订轴类零件的数控加工工艺。
2. 正确选择和安装刀具，掌握对刀的方法并能进行对刀正确性的检验。
3. 合理安排数控加工工艺路线，正确选择轴类零件加工的常用切削参数。
4. 了解数控程序的基本结构，正确运用编程指令编制轴类零件的数控加工程序。
5. 掌握数控车床的操作流程，培养操作技能和文明生产的习惯。
6. 初步掌握检测量具的使用，能对轴类零件作简单的质量分析。

项目任务一　简单阶梯轴的加工

加工图2-1所示的简单阶梯轴零件，零件材料为45钢。

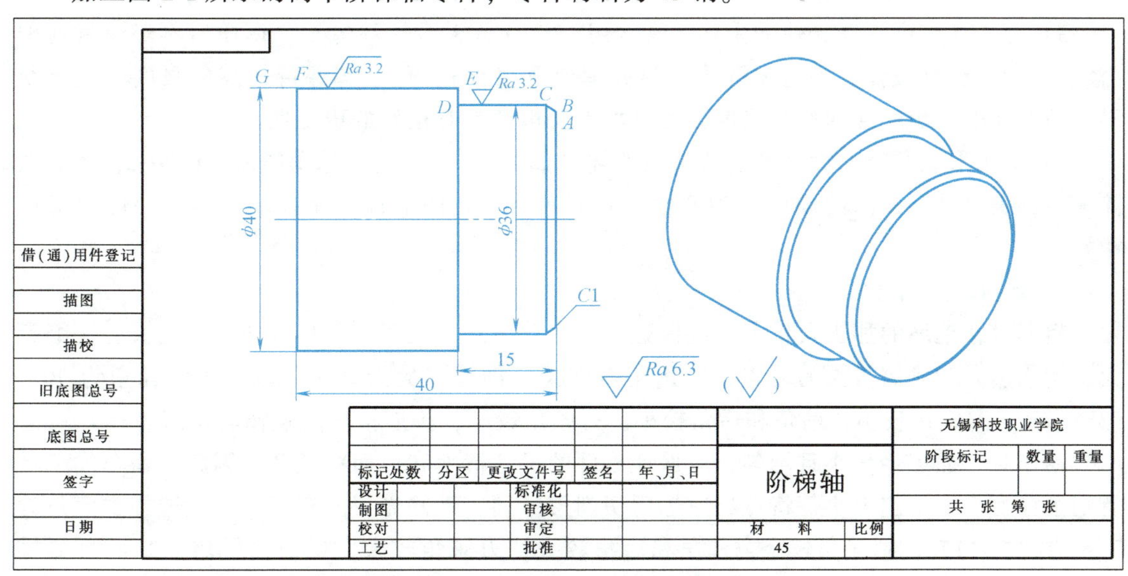

图2-1　简单阶梯轴零件图

一、轴类零件的加工工艺

1. 轴类零件的技术要求

轴类零件主要用来支承传动零部件，传递转矩并承受载荷。其技术要求如下：

（1）尺寸精度　起支承作用的轴颈通常尺寸公差等级要求较高，一般为 IT5～IT7；装配传动件的轴颈尺寸公差等级要求较低，一般为 IT6～IT9。

（2）几何精度　轴表面的圆度、圆柱度，一般要求控制在其尺寸公差范围内。配合轴段对支承轴颈的径向圆跳动一般为 0.01～0.03mm，对高精度轴通常要求为 0.001～0.005mm。

（3）表面粗糙度　一般与传动件配合的轴颈表面粗糙度值为 Ra0.63～2.5μm，与轴承相配合的支承轴颈的表面粗糙度值为 Ra0.16～0.63μm。

2. 轴类零件的常用材料

轴类零件常用的材料有碳钢、合金钢及球墨铸铁，生产中应根据不同的要求来选择，并采用相应的热处理方法。下面是一般情况下轴类零件的材料及相应的热处理。

1）一般轴类零件常用 45 钢，根据不同的工作条件采用不同的热处理（如正火、调质、淬火等），从而获得相应的强度、韧性和耐磨性。但 45 钢的淬透性较差，淬火后易产生较大的内应力。

2）对于中等精度且转速较高的轴，可选用 40Cr 等合金结构钢。这类钢淬火时用油冷却即可，热处理后的内应力小，并具有良好的韧性。

3）精度较高的轴，可选用轴承钢 GCr15 和弹簧钢 65Mn 等。这类材料经调质和表面处理后，具有较高的耐磨性和疲劳强度，但韧性较差。

4）对于在高转速、重载荷等条件下工作的轴，可选用 20CrMnTi、20Mn2B、20Cr 等渗碳钢，经渗碳淬火后，表层具有很高的硬度和耐磨性，而心部又有较高的强度和韧性。

5）对于高精度、高转速的主轴，常选用 38CrMoAlA 专用渗氮钢，调质后再经渗氮处理（渗氮处理的温度较低且不需要淬火，热处理变形很小），使心部保持较高的强度，表层获得较高的硬度、耐磨性和疲劳强度，而且加工后精度具有很好的稳定性。

6）对于形状复杂、力学性能要求高的轴（如曲轴），可选用球墨铸铁 QT900-2，经等温淬火后，表层具有很高的硬度和耐磨性，心部具有一定的韧性，而且球墨铸铁的可加工性很好。

3. 外圆车刀的选择

粗车时，毛坯的加工余量大，应保证生产率。因此，粗车加工具有切削深度大、进给量大、切削热大和排屑量大的特点，应选用强度大、排屑好的刀具。一般选择主偏角为 90°、93°、95°，副偏角较小，前角和后角较小，刃倾角较小，排屑槽排屑顺畅的车刀。

精车时，加工余量小且均匀，应保证零件的尺寸精度和表面粗糙度。因此，精车加工具有切削深度小、切削力小等特点，应选用切削刃锋利、带修光刃的车刀。一般选择主偏角为 95°、107°、117°，副偏角较小，前角和后角较大，刃倾角较大，排屑槽排屑顺畅而且要排向工件待加工表面的车刀。

4. 轴类零件的加工方法

1）车短小的零件时，一般先车某一端面，以便确定长度方向的尺寸；毛坯为铸锻件时，最好先适当倒角，然后再车削，以免刀尖碰到型砂和硬皮而使车刀损坏。

2）轴类零件的定位基准通常选用中心孔。加工中心孔时，应先车端面后钻中心孔，以保证中心孔的加工精度。

3）工件车削后还需磨削时，只需粗车或半精车，并注意留磨削余量。

5. 切削液的选用

切削液有冷却、润滑、冲洗、防锈的作用，常用的有乳化液和切削油。切削液选用原则如下：

（1）根据加工要求　粗加工应选用乳化液，主要作用是冷却；精加工应选用高浓度的极压乳化液或切削油，主要作用是润滑。

（2）根据工件材料　对于一般钢件，应选用乳化液；对于铸铁件等脆性材料，一般不用切削液，精车时可采用体积浓度为7%～10%的乳化液；车削镁合金时，严禁使用切削液，以免起火。

（3）根据刀具材料　高速钢粗加工选用乳化液，精加工采用极压切削油或高浓度的极压乳化液；加工硬质合金时一般不用切削液，但在加工硬度高、强度好、导热性差的材料或细长轴时，应选用切削液。

二、程序结构

数控系统的种类繁多，它们使用的数控程序语言的规则和格式也不尽相同。因此，编程人员在针对某一台数控机床编制加工程序时，应该严格按照机床编程手册中的规定进行程序编制。

1. 程序的组成

一个完整的程序由程序号、程序内容和程序结束三部分组成，如下所示：

```
O0002;                                        程序号
N0010  G00  G90  G54  X0  Y0  M03  S800;  ┐
N0020  Z30  M08;                           │  程序内容
N0030  G01  X40.2  Y88.3  F0.2;            │
…                                          ┘
N0100  M30;                                   程序结束
```

1）程序号写在程序的最前面，FANUC系统的程序号由英文字母O和1～4位正整数组成，如“O0002”。程序号一般要求单列一段。

2）程序内容是由若干个程序段组成的，每个程序段一般占一行。

3）程序结束指令可以用M02或M30，它必须写在程序的最后。一般要求单列一段。

2. 程序段的组成

一个数控加工程序是由若干个程序段组成的。现在一般使用的地址符程序段格式中，每个程序段又由若干个程序字组成，各个程序段的长度和字的个数都是可变的。

地址符程序段格式：N__G__X__Y__Z__F__S__T__M__

在这种格式中，字的排列顺序无严格的要求，字的位数可多可少，与上段相同的续效数

2 PROJECT

字可以省略。

例如：N0030 G00 X10 Y20 F0.2；

N0040 G01 X20 （Y20） （F0.2）；

其中，N0040 程序段中的 Y20 和 F0.2 可省略，可写为：

N0040 G01 X20；

3. 字的功能

组成程序段的每一个字都有其特定的功能含义，以下是以 FANUC 0i T 数控系统的规范来介绍的。实际工作中，请遵照机床数控系统说明书使用各个功能字。

（1）顺序号字 N　顺序号又称程序段号，位于程序段之首。顺序号字 N 是地址符，后续数字一般为 1~4 位的正整数。数控加工中的顺序号实际上是程序段的名称，与程序执行的先后次序无关。

顺序号的作用：对程序进行校对和检索修改；作为条件转向的目标，即作为转向目的程序段的名称。

（2）准备功能字 G　准备功能字 G 又称为 G 功能或 G 指令，是用于建立机床或控制系统工作方式的一种指令，其后续数字一般为 1~3 位正整数，数控车床常用的 G 功能字见表 2-1。

表 2-1　G 功能字

G 功能字	FANUC 系统	SIEMENS 系统	G 功能字	FANUC 系统	SIEMENS 系统
G00	快速移动点定位	快速移动点定位	G70	精车循环	英制
G01	直线插补	直线插补	G71	内、外圆粗车切削循环	米制
G02	顺时针圆弧插补	顺时针圆弧插补	G72	端面粗车切削循环	—
G03	逆时针圆弧插补	逆时针圆弧插补	G73	成形粗车切削循环	—
G04	暂停	暂停	G74	钻孔循环	—
G05	—	通过中间点圆弧插补	G75	切槽循环	—
G32	螺纹切削	—	G76	复合螺纹切削循环	—
G33	—	恒螺距螺纹切削	G90	内(外)圆车削循环	—
G40	刀具补偿注销	刀具补偿注销	G94	每分钟进给量	进给率(mm/min)
G41	刀具补偿——左	刀具补偿——左	G95	每转进给量	主轴进给率(mm/r)
G42	刀具补偿——右	刀具补偿——右	G96	恒线速控制	主轴转速限制
G50	最大主轴转速设定	—	G97	恒线速取消	恒定切削速度取消
G54~G59	加工坐标系设定	零点偏置			

（3）尺寸字　尺寸字用于确定机床上刀具运动终点的坐标位置，共有三组。其中，第一组为 X，Y，Z，U，V，W，P，Q，R，用于确定终点的直线坐标尺寸；第二组为 A，B，C，D，E，用于确定角度坐标尺寸；第三组为 I，J，K，用于确定圆弧轮廓的圆心坐标尺寸。在一些数控系统中，还可以用 P 指定暂停时间，用 R 指定圆弧的半径等。

（4）进给功能字 F　进给功能字 F 又称为 F 功能或 F 指令，用于指定切削的进给速度。

（5）主轴转速功能字 S　主轴转速功能字 S 又称为 S 功能或 S 指令，用于指定主轴转速。

(6) 刀具功能字 T　刀具功能字 T 又称为 T 功能或 T 指令，用于指定加工时选刀。

(7) 辅助功能字 M　辅助功能字 M 的后续数字一般为 1~3 位正整数，又称为 M 功能或 M 指令，用于指定数控机床辅助装置的开关动作。数控车床常用的 M 功能字见表 2-2。

表 2-2　M 功能字

M 功能字	含　义	M 功能字	含　义
M00	程序停止	M07	2 号切削液开
M01	计划停止	M08	1 号切削液开
M02	程序停止	M09	切削液关
M03	主轴顺时针旋转	M30	程序停止并返回开始处
M04	主轴逆时针旋转	M98	调用子程序
M05	主轴旋转停止	M99	返回子程序
M06	换刀		

三、英制指令和米制指令

指令格式：G20/G21；

说明：1) G20 为英制尺寸，单位为英寸（in），G21 为米制尺寸，单位为毫米（mm）。

2) G20 和 G21 都是模态（续效）指令，可以互相注销。一般数控机床默认为米制指令。

四、直径编程和半径编程

数控车床加工回转体零件时，其 X 坐标可采用直径编程和半径编程两种方式加以指定。目前，数控车床出厂时一般设置为直径编程方式，这是由于直径编程与图样中的尺寸标注一致，可以避免尺寸换算及换算可能造成的错误。FANUC 0i 数控系统直径编程或半径编程由 1006 号参数的第三位（DIA）设定，使用直径编程或半径编程时注意表 2-3 所列的事项。

表 2-3　直径编程或半径编程注意事项

项　目	注 意 事 项
X 轴指令	用直径值指定
增量指令	用直径值指定
固定循环中的参数，如 X 轴切削深度 Δd	用半径值指定
圆弧插补中的半径（R、I、K 等）	用半径值指定
X 轴位置的显示	按直径值显示

五、F、S、T 指令

1. F 指令

指令格式：F __；例 G01　X0　Y0　F0.2；

说明：1) F 指令表示工件被加工时刀具相对于工件的进给速度或进给量，其单位取决于 G94 指令（每分钟进给量，单位为 mm/min）或 G95 指令（主轴每转一转时刀具的进给量，单位为 mm/r）。

2）F 指令在螺纹切削程序段中常用来指定螺纹的导程。

3）F 指令为模态指令，在工作时 F 指令指定的值一直有效，直到被新指定的值所取代，但在工件快速定位时（如 G00 方式下），速度与 F 指令指定的值无关，只能通过机床控制面板上的快进倍率键来调整。当执行攻螺纹切削指令（如 G32、G76 等）时，倍率开关失效，进给倍率固定在 100%。

4）在数控车削加工中一般采用每转进给模式（mm/r），当主轴速度较低时会出现进给率波动。主轴转速越低，波动发生越频繁。

2. S 指令

指令格式：S __；例 M03　S500；

说明：1）控制车床主轴转速，其后的数值表示主轴速度，在数控车床中单位一般为 r/min。

2）S 指令为模态指令，并且 S 功能只有在主轴速度可调节时有效。S 指令所编程的主轴转速可以借助机床控制面板上的主轴倍率开关进行修调。

3. T 指令

指令格式：T __；例 T0101；

说明：用于选刀，其后的 4 位数字中，前 2 位表示选择的刀具号，后 2 位表示刀具补偿号。T 指令后面的数字与刀架上刀号的关系是由机床制造厂规定的。

六、绝对编程和增量编程指令

指令格式：G90/G91；

说明：1）G90 绝对编程方式下，每个编程坐标轴上的编程值是相对于编程原点的值。

2）G91 增量编程方式下，每个编程坐标轴上的编程值是相对于前一位置而言的值，该值等于轴移动的距离。

3）机床刚开机时默认 G90 状态。

4）G90 和 G91 都是模态（续效）指令。

例：如图 2-2 所示，用 G90、G91 指令编程。刀具已经到达 A 点，要求刀具从 A 点移动到 B 点。

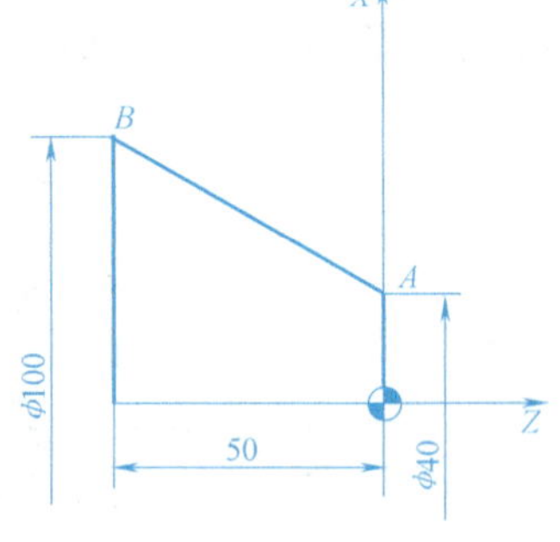

图 2-2　G90、G91 编程

绝对编程方式：G90　X100　Z-50；

增量编程方式：G91　X60　Z-50；

在某些数控车床上，用 X、Z 表示绝对编程，用 U、W 表示增量编程，并允许在同一程序段中混合使用绝对和增量编程方法，如图 2-2 所示的刀具移动编程指令可写为如下格式。

混合编程方式：X100　W-50；

注意：混合编程时程序段前的 G90/G91 可省略。

七、点位控制和直线插补指令

指令格式：G00　X(U)__ Z（W）__；

G01　X(U)__ Z（W）__ F __；

说明：1）执行 G00 指令时，刀具以点位控制方式快速移动到目标位置，其移动速度由系统来设定。指令执行开始后，刀具沿着各个坐标方向同时按参数设定的速度移动，最后减速到达终点。注意：在各坐标方向上有可能不是同时到达终点。因此，要注意刀具在运动过程中是否与工件及夹具发生干涉。

2）执行 G01 指令时，刀具以 F 指定的进给速度移动到目标位置。

3）G00、G01、F 都是模态（续效）指令，在程序中出现的第一个 G01 指令后必须用 F 指令规定一个进给速度值，此值一直有效，直到被指定新值。

例：如图 2-2 所示，刀具分别用点位控制和直线插补方式，从 *A* 点到 *B* 点。

点位控制：G00　X100　Z-50；

直线插补：G01　X100　Z-50　F0.2；

一、制订零件加工工艺

1. 零件结构分析

1）图 2-1 所示的阶梯轴零件外轮廓由外圆柱面、倒角及台阶组成。

2）本工序要求加工零件右端面、外轮廓和切断工件。

2. 数控车削加工工艺分析

（1）装夹方式的选择　采用自定心卡盘夹紧。

（2）加工方法的选择　零件材料为 45 钢，零件外圆表面粗糙度值为 *Ra*3.2μm，在一次装夹中粗、精加工全部表面。

（3）刀具的选择　T0101 为 93°外圆机夹车刀（80°C 形菱形刀片）、T0202 为刀宽 4mm 的切槽刀（左刀尖对刀）。

3. 数控加工工序卡

填写数控加工工序卡（表 2-4）。

表 2-4　阶梯轴的数控加工工序卡

工序号		工序内容				
零件名称		零件图号	材料	夹具名称		使用设备
阶梯轴		2-1	45	自定心卡盘		数控车床
工步号	工步内容	刀具号	主轴转速 n /(r/min)	进给量 f /(mm/r)	背吃刀量 a_p /mm	备　注
1	粗、精车外轮廓面	T0101	粗:1200 精:1500	粗:0.2 精:0.1	粗:1.5 精:0.5	
2	切断	T0202	600	0.1		
编制		审核		批准		第　页　共　页

二、编制数控加工程序

对于图 2-1 所示的简单阶梯轴零件，选取工件右端面中心为编程原点，则各坐标点的坐标为：A(32，1)，B(34，0)，C(36，−1)，D(36，−15)，E(40，−15)，F(40，−40)，G(40，−45)。

该零件在 FANUC 0i T 系统数控车床上的精加工程序见表 2-5。

注意：由于一般数控车床为直径编程，且尽可能与零件的尺寸标注相吻合，故一般采用绝对方式和混合方式编程。

表 2-5 FANUC 0i T 系统阶梯轴的数控精车加工程序

顺序号	绝对编程	增量编程	混合编程	注释
N10	T0101；	T0101；	T0101；	换 1 号刀
N20	G90 G00 X50 Z100 M08；	G91 G00 X50 Z100 M08；	G90 G00 X50 Z100 M08；	起刀点，切削液开
N30	M03 S1500；	M03 S1500；	M03 S1500；	主轴正转
N40	Z0；	Z0；	Z0；	Z 向定位
N50	G01 X0 F0.1；	G01 X0 F0.1；	G01 X0 F0.1；	精车右端面
N60	G00 X32 Z1；	G00 X32 Z1；	G00 X32 Z1；	A(32,1)
N70	G01 X36 Z-1；	G01 U4 W-2；	G01 X36 W-2；	C(36,-1)
N80	Z-15；	U0 W-14；	W-14；	D(36,-15)
N90	X40；	U4 W0；	X40；	E(40,-15)
N100	Z-45；	U0 W-30；	W-30；	G(40,-45)
N110	G00 X50 Z200；	G00 X50 Z200；	G00 X50 Z200；	回换刀点
N120	T0202；	T0202；	T0202；	换 2 号刀
N130	M03 S600；	M03 S600；	M03 S600；	改变转速
N140	G00 X45；	G00 X45；	G00 X45；	刀具 X 向定位
N150	Z-44；	Z-44；	Z-44；	刀具 Z 向定位
N160	G01 X-0.5 F0.1；	G01 U-45.5 F0.1；	G01 X-0.5 F0.1；	切断
N170	G00 X45；	G00 U45.5；	G00 X45；	退刀
N180	G00 X50 Z200；	G00 X50 Z200；	G00 X50 Z200；	回换刀点
N190	T0200；	T0200；	T0200；	取消刀补
N200	M05；	M05；	M05；	主轴停
N210	M09；	M09；	M09；	切削液关
N220	M30；	M30；	M30；	程序结束

三、零件的数控加工（FANUC 0i T）

2-1 任务一

1. 回参考点

参考点是数控机床中用来确定机床原点位置的。通过确立该点才能建立起机床坐标系，从而在此基础上建立加工坐标系。每次重新开机，必须首先回参考点。步骤如下：

按 REF 键，选择回参考点方式→X 轴回零→Z 轴回零，此时相应的回参考点指示灯亮或 X、Z 坐标显示为 0，如图 2-3 所示。

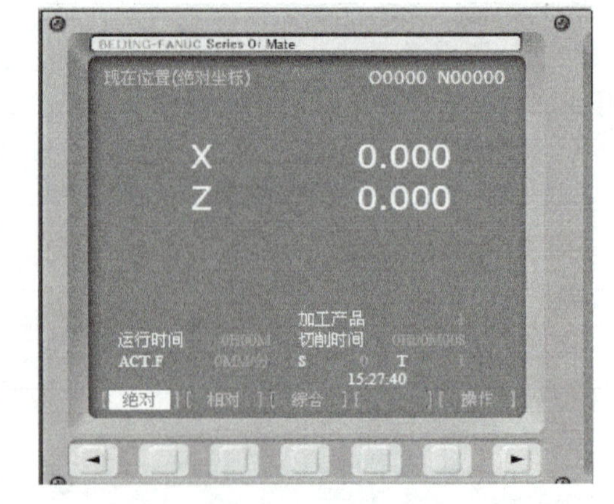

图 2-3 回参考点

注意：1）回参考点前机床轴所在的位置必须离参考点有一段距离。

2）若机床的某一个轴或几个轴的位置在参考点附近，首先必须在手动方式下将相应的轴移出一段距离。

2. 对刀

（1）对 T0101 刀具进行对刀

1）在“MDI”方式下使主轴旋转。按“MDI”键，选择手动输入、自动执行模式→按 PROG 键，并按下“MDI”软键→输入主轴转速（例“M03 S1200”;），如图 2-4 所示→按“EOB”键和“INSERT”键→按“CYCLESTART”键，则主轴开始转动。

2）按“JOG”键，选择手动模式对刀→试切工件端面→Z 方向不动，沿 X 轴方向退出→进入“OFS/SET”参数输入画面→按“补正”和“形状”软键→用光标移动到所需的番号→输入“Z0”（图 2-5）→按“测量”软键——T0101 刀 Z 轴对刀完毕。

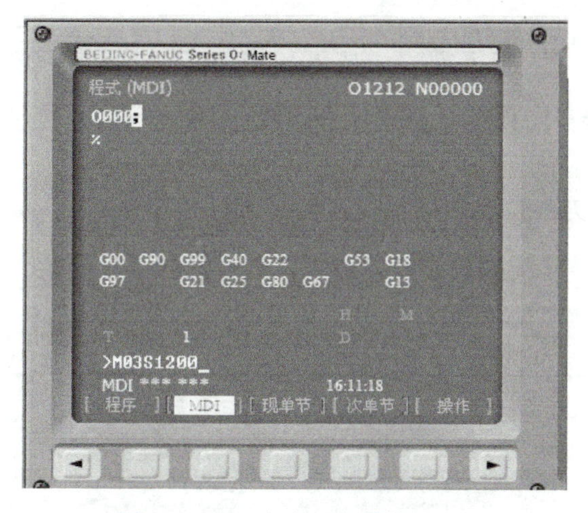

图 2-4　MDI 方式下主轴旋转图

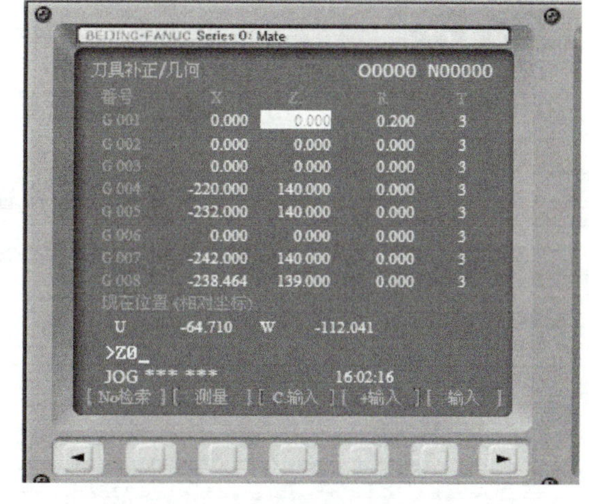

图 2-5　Z 轴对刀参数的输入

试切工件外圆→X 方向不动，沿 Z 轴方向退出→测量直径（假设测量直径 ϕ29.5mm）→进入“OFS/SET”参数输入画面→按“补正”和“形状”软键→输入测量的直径 29.5→按“测量”软键→T0101 刀 X 轴对刀完毕。

（2）用类似的方法对 T0202 刀具进行对刀

3. 程序输入

在操作数控机床时，最常用的建立程序的方法是利用键盘手工输入编写的程序，步骤如下：

按“EDIT”键，进入编辑方式→按下“程序”键 PROG→按下“DIR”软键，输入新程序名，如“O1212”（地址字 O，后跟 1～4 位数字），如图 2-6 所示→按下“INSERT”键，画面显示如图 2-7 所示→按程序单输入程序，每段程序段结束都需按下“EOB”键和“INSERT”键，如图 2-8 所示。

图 2-6 建立新程序

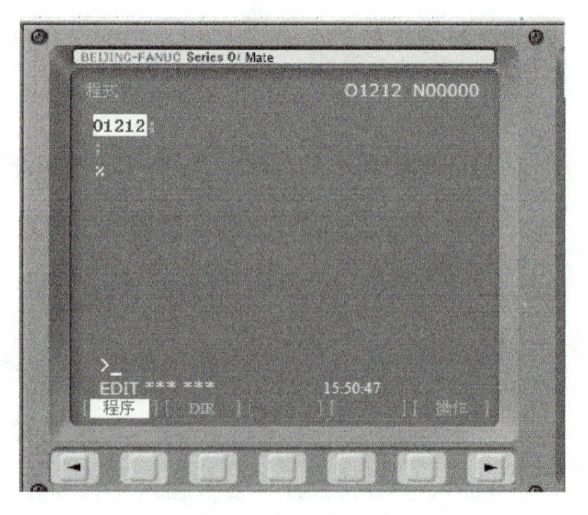

图 2-7 输入新程序

2-2 零件机床加工

4. 加工

1）按“EDIT”键，进入编辑方式→按下“PROG”键→按下“DIR”软键，打开需要运行的程序（如程序 O1212），将光标回到程序的开头。

2）检查机床状态，检查刀架位置、空运行开关是否打开等。

3）按“AUTO”键进入自动运行状态，选择检视界面，如图 2-9 所示。

图 2-8 程序输入

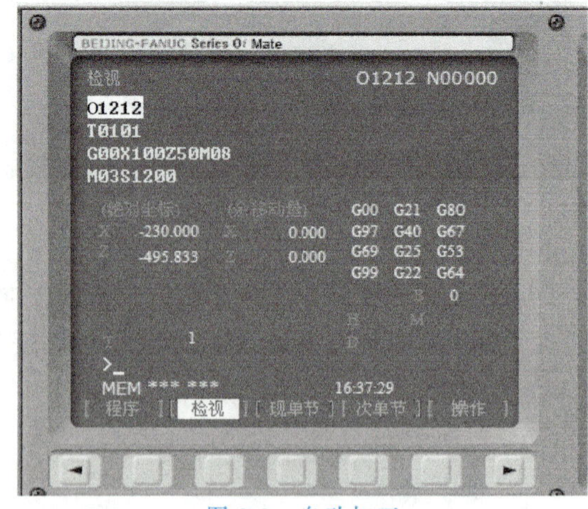

图 2-9 自动加工

4）按下“CYCLE START”键，即可进行零件加工。加工时需密切注意机床的情况，若出现意外需采取紧急措施。

注意：首个零件可先采用单步加工，程序验证无误后再进行循环加工。

四、操作注意事项

在数控加工过程中，常会出现一些意外情况，需要及时中断程序的运行。故障排除后，又需要迅速启动程序。下面介绍几种在数控机床操作过程中，中断零件程序及中断以后再定位的常用方法。

1. 方法一

(1) 中断零件程序　按下机床控制面板上的“循环停止”（CYCLE STOP）键停止正在加工的零件程序。

(2) 中断以后的恢复

1) 打开需要运行的程序；移动光标到程序中断处或程序开头。

2) 按下机床控制面板上的“循环启动”（CYCLE START）键，即可继续执行零件程序。

2. 方法二

(1) 中断零件程序　在程序中写入指令“M01”，在机床控制面板上按下“选择停止”（OPTIONAL STOP）键。当程序运行到“M01”指令时，加工被停止。

(2) 中断以后的恢复　按下机床控制面板上的“循环启动”（CYCLE START）键，即可继续执行零件程序。此时程序从“M01”指令的下一句开始。

3. 方法三

(1) 中断零件程序　按下机床控制面板上的“紧急停止”键，即可停止零件程序的运行。这种方法是通过迫使机床断电来达到终止运行程序的目的，可用于比较紧急的情况下。

(2) 中断以后的恢复　必须先重新起动机床，再按前面所述的程序运行操作步骤，重新运行程序。

项目任务二　多阶梯轴的加工

加工图 2-10 所示的多阶梯轴零件，零件毛坯直径为 ϕ45mm，材料为 45 钢。

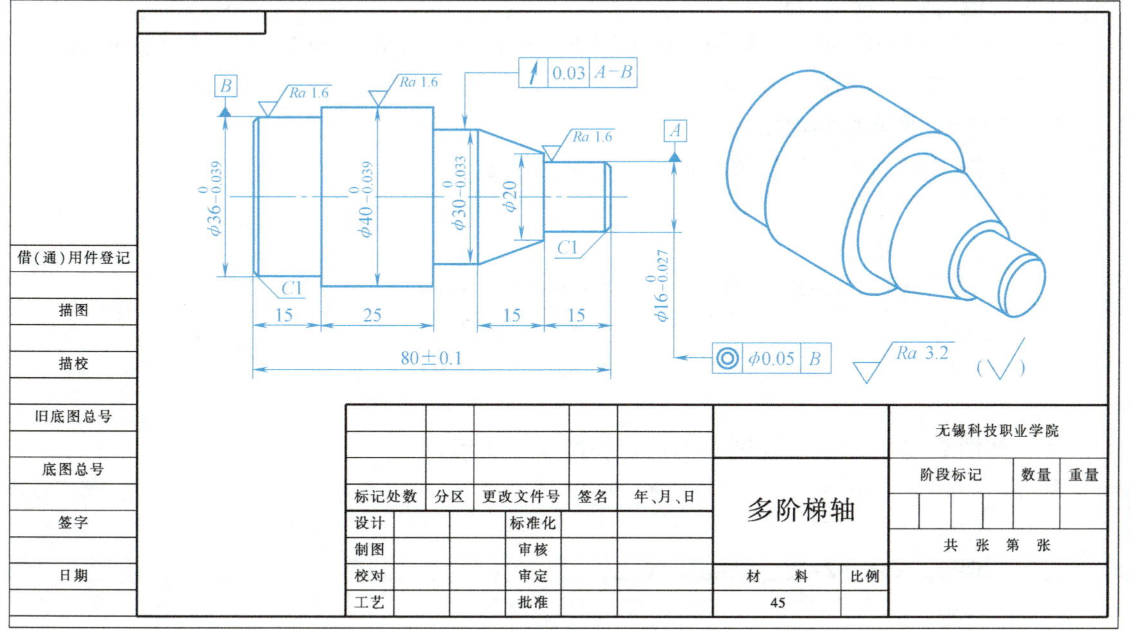

图 2-10　多阶梯轴零件图

相关知识

一、单一固定循环指令

1. 内（外）圆车削循环指令

内（外）圆车削循环是单一固定循环（图2-11），可分为圆柱面切削循环和圆锥面切削循环，主要用于零件的圆柱面、圆锥面的加工。

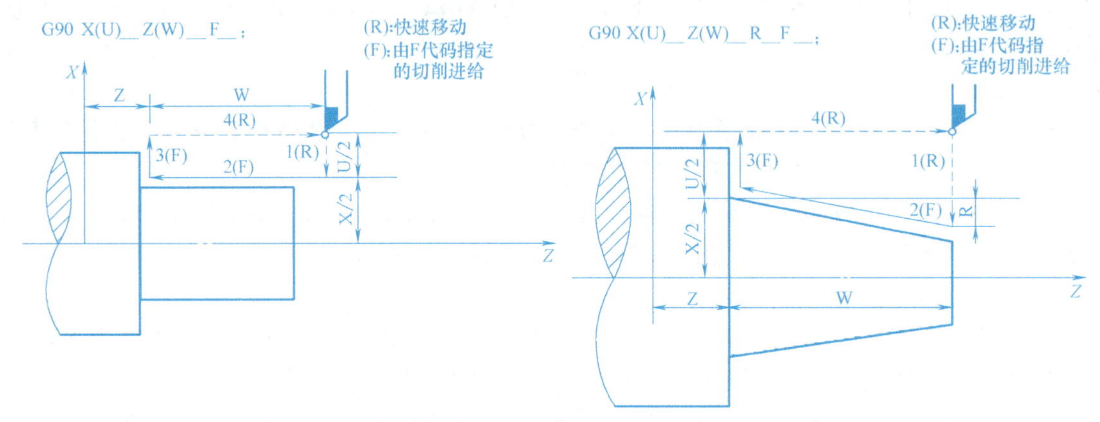

图2-11 内（外）圆车削循环

指令格式：G90 X(U)__ Z（W）__ R__ F__;

说明：1）X(U)、Z(W)指定切削的终点坐标值，F指定循环切削过程中的进给量。

2）R指定圆锥面切削的起点相对于终点的半径差（如为圆柱面，则表示为R0，可以省略，指令变为“G90 X(U)__ Z(W)__ F__”）。如果切削起点的 *X* 向坐标小于终点的 *X* 向坐标，R后的值为负，反之为正。

3）在一些FANUC系统的数控车床上圆锥切削循环中的R，有时也用“I”来执行。

4）G90是模态（续效）指令。

5）G90指令也能切削内轮廓。

例：如图2-12所示，对外圆柱面进行切削循环编程。

程序：…

```
G00  X55  Z2;
G90  X45  Z-25  F0.2;     A→B→C→D→A
X40;                      A→E→F→D→A
X35;                      A→G→H→D→A
…
```

例：如图2-13所示，对外圆锥面进行切削循环编程。

程序：…

```
G00  X70  Z2;
G90  X55  Z-25  R-5  F0.2;
X50;
…
```

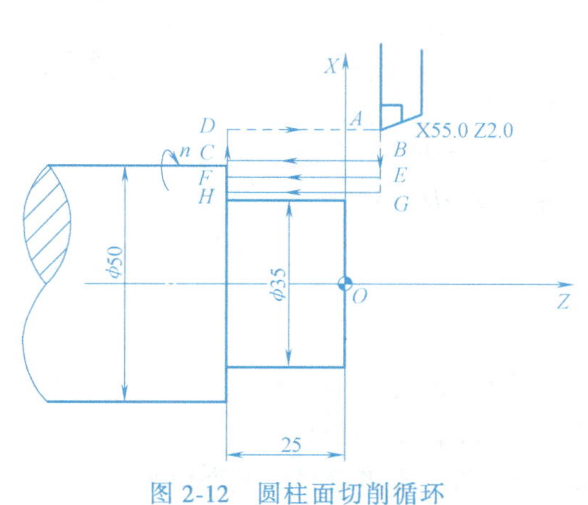

图 2-12　圆柱面切削循环

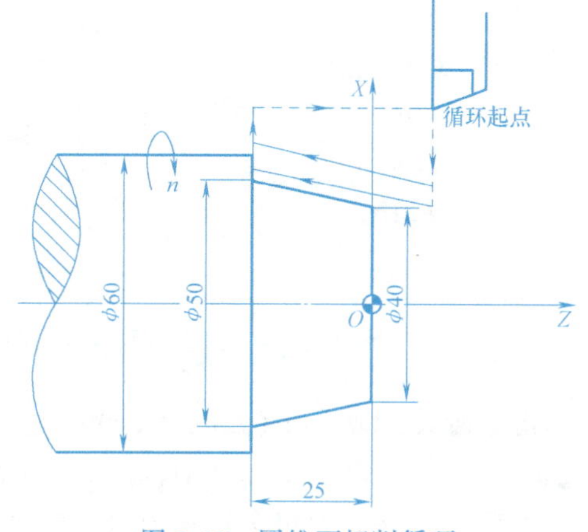

图 2-13　圆锥面切削循环

注意：正确选择循环起点，一般该点既是循环起点又是循环终点，宜选在离毛坯 2mm 左右处。

2. 端面切削循环指令

端面切削循环是单一固定循环（图 2-14），可分为平端面切削循环和斜端面切削循环，主要用于零件的垂直端面和锥形端面的加工。

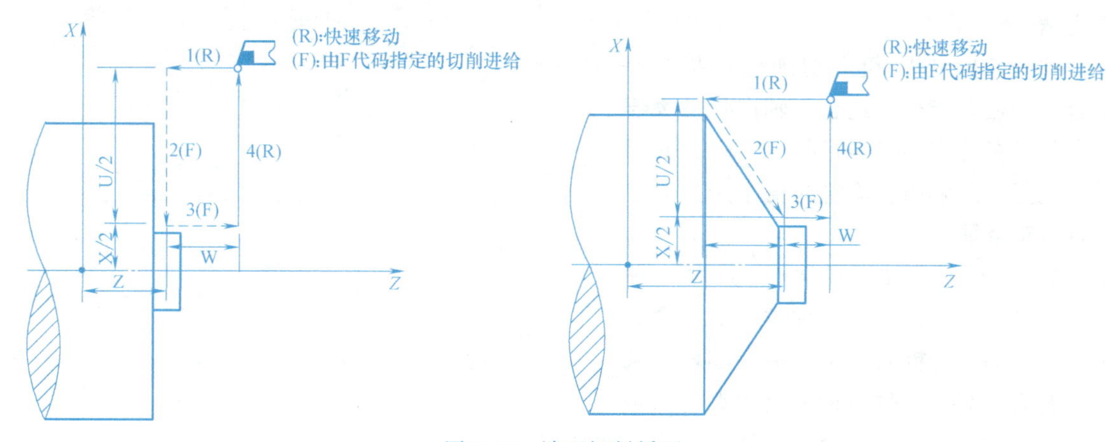

图 2-14　端面切削循环

指令格式：G94　X(U)__ Z(W)__ R __ F __;

说明：1）X（U）、Z（W）后值的含义同 G90 指令。

2）R 后的值为斜端面切削起点减去切削终点的 Z 轴坐标值（如为平端面，则表示为“R0”，可以省略，指令变为“G94　X(U)__ Z(W)__ F __”）。

3）在一些 FANUC 系统的数控车床上，圆锥切削循环中的“R”有时也用“K”来执行。

4）G94 是模态（续效）指令。

例：如图 2-15 所示，对斜端面进行切削循环编程。

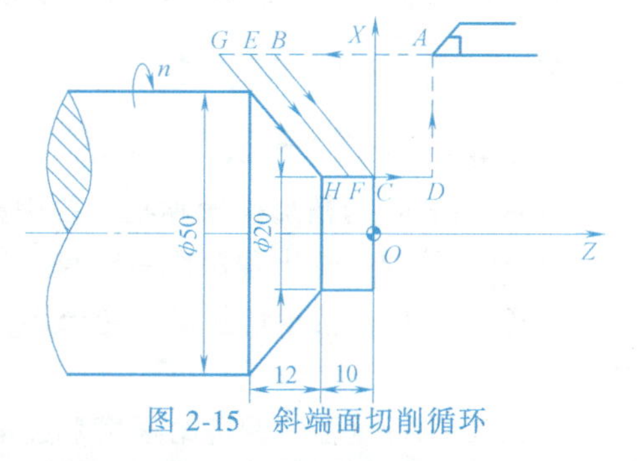

图 2-15　斜端面切削循环

2 PROJECT

程序：…

```
G00  X60  Z2;
G94  X20  Z0  R-12  F0.2;      A→B→C→D→A
Z-5;                           A→E→F→D→A
Z-10;                          A→G→H→D→A
…
```

二、内、外圆粗车切削循环指令

指令格式：G71 U(△*d*) R(*e*)；

G71 P(*ns*) Q(*nf*) U(△*u*) W(△*w*) F(*f*) S(*s*) T(*t*)；

说明：1）△*d* 为粗车背吃刀量（即 *X* 向切深，半径值，不带符号，模态值）。

2）*e* 为粗车退刀量（模态值）。

3）*ns* 为精加工轮廓程序段中开始程序段的段号。

4）*nf* 为精加工轮廓程序段中结束程序段的段号。

5）△*u* 为 *X* 轴方向的精加工余量（直径值，外圆加工为正，内圆加工为负）。

6）△*w* 为 *Z* 轴方向的精加工余量。

7）*f*、*s*、*t* 为粗车时的 F、S、T 代码指定值。

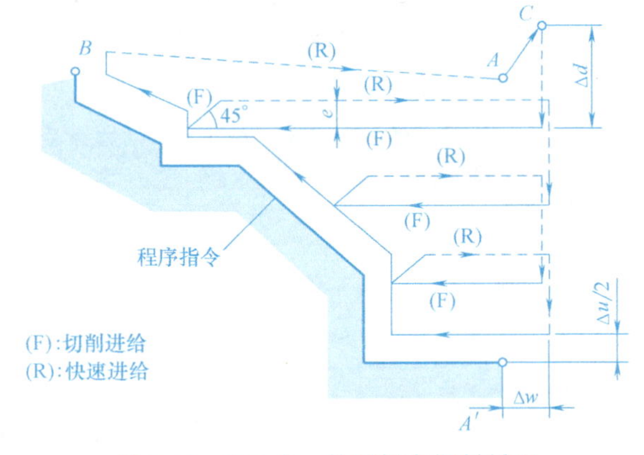

图 2-16 G71 内、外圆粗车切削循环

注意：1）G71 粗车切削循环指令是复合固定循环指令，适合于轴向尺寸大于径向尺寸的毛坯粗车循环，如图 2-16 所示。一般在编程时，*X* 向的精车余量大于 *Z* 向精车余量。

2）FANUC 0i T 系统中，G71 加工循环有两种类型，即类型Ⅰ和类型Ⅱ。通常在所有类型Ⅰ的粗加工循环中，零件轮廓必须符合 *X* 轴、*Z* 轴方向同时单调增大或单调减少的形式，否则会出现凹形轮廓一次性切削。

3）顺序号 *ns*～*nf* 程序段中的 F、S、T 功能即使指定，也对粗车循环无效。

4）FANUC 0i T 系统中 G71 加工循环，顺序号为 *ns* 的程序段必须沿 *X* 向进刀，且不应出现 *Z* 轴的运动指令，否则会出现程序报警。

三、精车切削循环指令

指令格式：G70 P(*ns*) Q(*nf*)；

说明：1）*ns* 为精加工轮廓程序段中开始程序段的段号。

2）*nf* 为精加工轮廓程序段中结束程序段的段号。

注意：1）G70 精车切削循环指令不能单独使用，必须在粗车切削循环 G71、G72、G73 之后。

2）G70 执行过程中的进给速度和主轴转速分别由顺序号为 *ns* 和 *nf* 的程序段之间的 F、

S 确定。

例：用 G71、G70 指令加工图 2-17 所示零件右端的各外轮廓，零件材料为 45 钢。

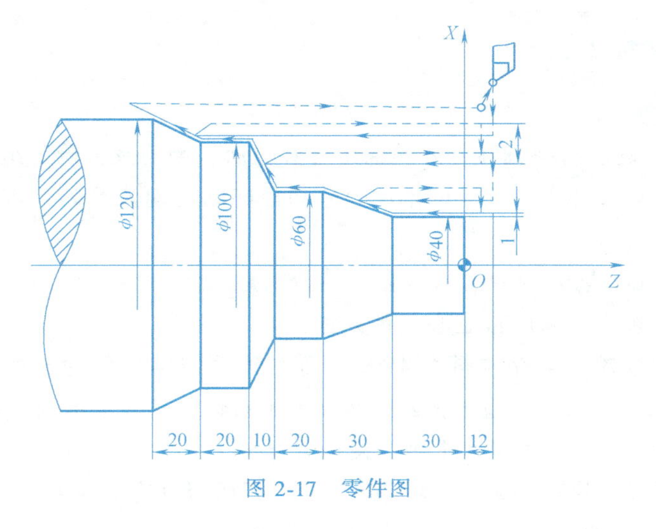

图 2-17　零件图

2-3　G71 指令

编程时选取工件右端面中心为编程原点，数控车削加工程序见表 2-6。

表 2-6　数控车削加工程序

顺序号	程　序	注　释
N10	T0101;	换 1 号刀
N20	M03 S1000;	主轴转速为 1000r/min
N30	G00 X130 Z0;	切削右端面
N40	G01 X-0.5 F0.1;	
N50	G00 X125 Z5;	刀具定位
N60	G71 U2 R0.5;	外圆粗车循环
N70	G71 P80 Q150 U2 W0.5 F0.25;	
N80	G00 X40;　　//ns	ns～nf 描述零件轮廓
N90	G01 Z-30 F0.1;	
N100	X60 W-30;	
N110	W-20;	
N120	X100 W-10;	
N130	W-20;	
N140	X120 W-20;	
N150	X125;　　//nf	
N160	M03 S1500;	精车主轴转速为 1500r/min
N170	G70 P80 Q150;	精车轮廓
N180	G00 X200 Z250;	
N190	M05;	
N200	M30;	

一、制订零件加工工艺

1. 零件结构分析

1）图 2-10 所示的多阶梯轴零件外轮廓由外圆柱面、倒角及台阶等组成。

2）零件需进行调头加工，并有同轴度公差和径向圆跳动公差的要求，零件加工应保证总长。

2. 数控车削加工工艺分析

1）装夹方式的选择　采用自定心卡盘夹紧。

2）加工方法的选择　零件材料为 45 钢，零件表面粗糙度值为 $Ra1.6\mu m$ 和 $Ra3.2\mu m$，尺寸公差等级为 IT8，先加工左边，再调头装夹加工右边，完成全部粗、精加工内容。

3）刀具的选择　T0101 为 93°外圆机夹车刀（80°C 形菱形刀片）、T0202 为 95°外圆机夹车刀（35°V 形菱形刀片）、T0303 为刀宽 3mm 的切槽刀（左刀尖对刀）。

3. 数控加工工序卡

填写数控加工工序卡（表 2-7）。

表 2-7　多阶梯轴的数控加工工序卡

工序号		工序内容				
零件名称		零件图号	材料	夹具名称		使用设备
多阶梯轴		2-10	45	自定心卡盘		数控车床
工步号	工步内容	刀具号	主轴转速 n/(r/min)	进给量 f/(mm/r)	背吃刀量 a_p/mm	备注
1	车端面	T0101	1000	0.15		
2	粗车左端 ϕ36mm 和 ϕ40mm 外轮廓面，留 0.5mm 精车余量	T0101	1000	0.2	2	
3	精车左端 ϕ36mm 和 ϕ40mm 外轮廓面和倒角	T0202	1500	0.1	0.5	
4	切断	T0303	600	0.1		手动
5	调头，手动车端面，保证总长	T0101	600	0.1		手动
6	粗车右端 ϕ30mm 和 ϕ16mm 外轮廓面、倒角、锥面，留 0.5mm 精车余量	T0101	1000	0.2	2	
7	精车右端 ϕ30mm 和 ϕ16mm 外轮廓面、倒角、锥面	T0202	1500	0.1	0.5	
编制		审核		批准		第　页 共　页

二、编制数控加工程序

图 2-10 所示的零件图中有公差值，编程时可以采用中差值编程，也可采用公称值编程，零件公差在机床刀补参数中给予考虑。零件左端和右端数控加工程序见表 2-8 和表 2-9。

表 2-8　FANUC 0i T 系统多阶梯轴左端的数控加工程序

2-4　任务二（左）

顺序号	程　　序	注　　释
N10	T0101	1 号刀
N20	M03 S1000	主轴转速为 1000r/min
N30	G00 X55 Z0	工件毛坯直径为 ϕ45mm，车端面定位
N40	G01 X0 F0.15	车端面
N50	G00 X55 Z5 M08	快速定位，开切削液
N60	G90 X41 Z-45 F0.2	粗加工 ϕ40mm 外圆，留 0.5mm 精加工余量。考虑后续加工接刀要求，长度适当加长 5mm
N70	G90 X37 Z-14.7	粗加工 ϕ36mm 外圆，留 0.5mm，端面留 0.3mm 精加工余量
N80	G00 X60 Z200	回换刀点
N90	T0202	换 2 号刀
N100	M03 S1500	精加工，主轴转速为 1500r/min
N110	G00 X40 Z5	快速定位
N120	X32 Z1	快速定位
N130	G01 X36 Z-1 F0.1	倒角加工
N140	G01 Z-15	精车 ϕ36mm
N150	X40	加工台阶面
N160	Z-45	精车 ϕ40mm
N170	G00 X60 Z200 M09	退刀，关切削液
N180	T0200	取消刀补
N190	M05	主轴停
N200	M30	程序结束

表 2-9　FANUC 0i T 系统多阶梯轴右端的数控加工程序

2-5　任务二（右）

顺序号	程　　序	注　　释
N10	T0101	1 号粗车刀
N20	M03 S1000	主轴转速为 1000r/min
N30	G00 X55 Z5 M08	刀具定位，开切削液
N40	G71 U2 R0.5	外圆粗车循环
N50	G71 P60 Q130 U1 W0.5 F0.2	
N60	G00 X12　　//ns	*ns*～*nf* 描述右侧外轮廓
N70	G01 Z1 F0.1	
N80	X16 Z-1	
N90	Z-15	
N100	X20	
N110	X30 W-15	
N120	W-10	
N130	X45　　//nf	
N140	G00 X60 Z200	回换刀点
N150	T0202	换 2 号刀
N160	M03 S1500	精车，主轴转速为 1500r/min
N170	G00 X20 Z5	刀具定位
N180	G70 P60 Q130	精车轮廓
N190	G00 X60 Z200 M09	退刀，关切削液
N200	T0200	取消刀补
N210	M05	主轴停
N220	M30	程序结束

三、零件的数控加工（FANUC 0i T）

1）选择机床、数控系统并开机。
2）机床各轴回参考点。
3）安装工件，准备先加工左端。
4）安装刀具并对刀。
5）输入左端加工程序，并检查、调试。
6）手动移动刀具至距离工件较远处。
7）自动加工及精度检查。
8）断料，留余量，例如截总长为80.5mm。
9）工件调头，重新装夹，加工右端。
10）对刀，手动车削端面保证总长。
11）输入右端加工程序，并检查、调试。
12）自动加工。
13）测量工件，优化程序，对工件进行误差与质量分析。

项目任务三　异形轴的加工

加工图2-18所示的异形轴零件，零件毛坯直径为ϕ40mm，材料为45钢。

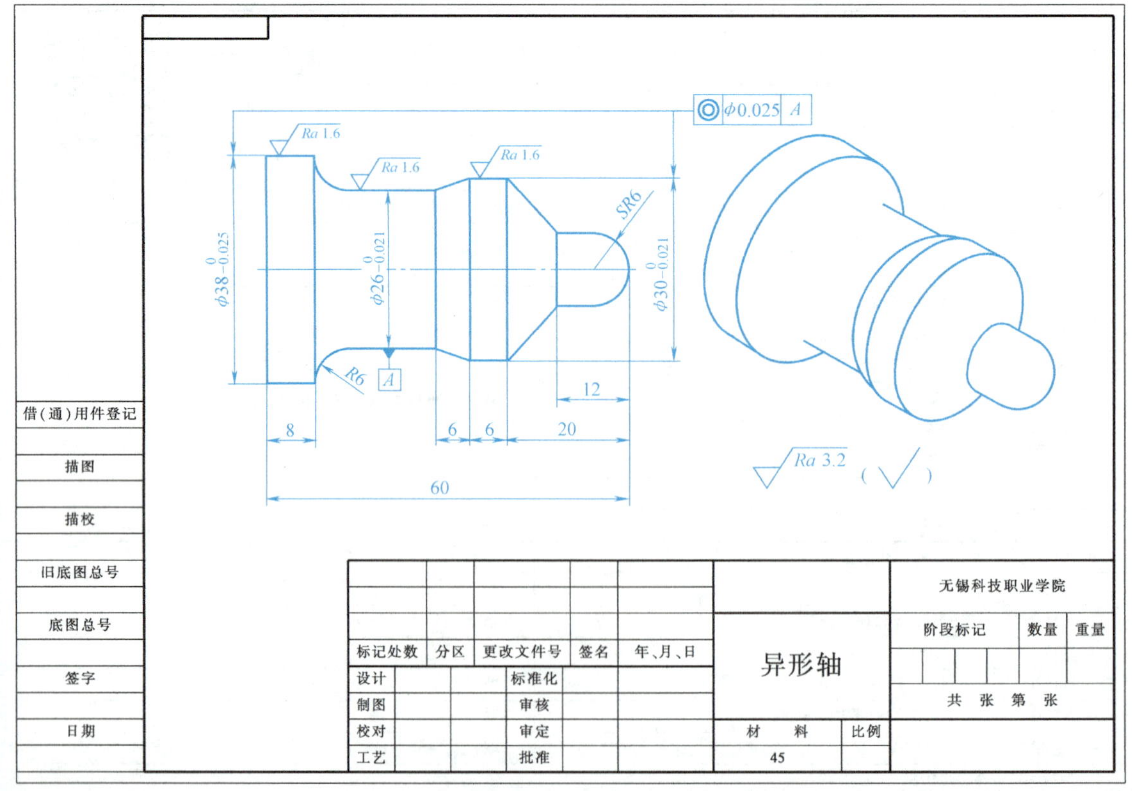

图2-18　异形轴

一、圆弧编程指令

指令格式：$\begin{Bmatrix} G02 \\ G03 \end{Bmatrix}$ X(U)__ Z(W)__ $\begin{Bmatrix} I\_\_ \quad K\_\_ \\ R\_\_ \end{Bmatrix}$ F__；

说明：1）如图 2-19 所示，G02 指令为顺时针圆弧插补指令，G03 指令为逆时针圆弧插补指令，均为模态指令。圆弧顺时针、逆时针方向的判别方法为：沿着不在圆弧平面内的 *Y* 坐标轴，由正方向向负方向看，顺时针方向加工用 G02 指令，逆时针方向加工用 G03 指令。

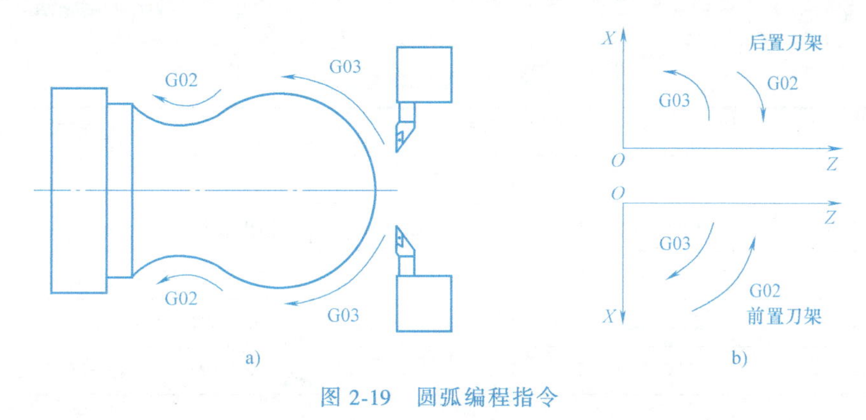

图 2-19　圆弧编程指令

2）X(U) 和 Z(W) 后是圆弧插补的终点坐标值。

3）圆弧编程（直径编程）方法如图 2-20 所示。

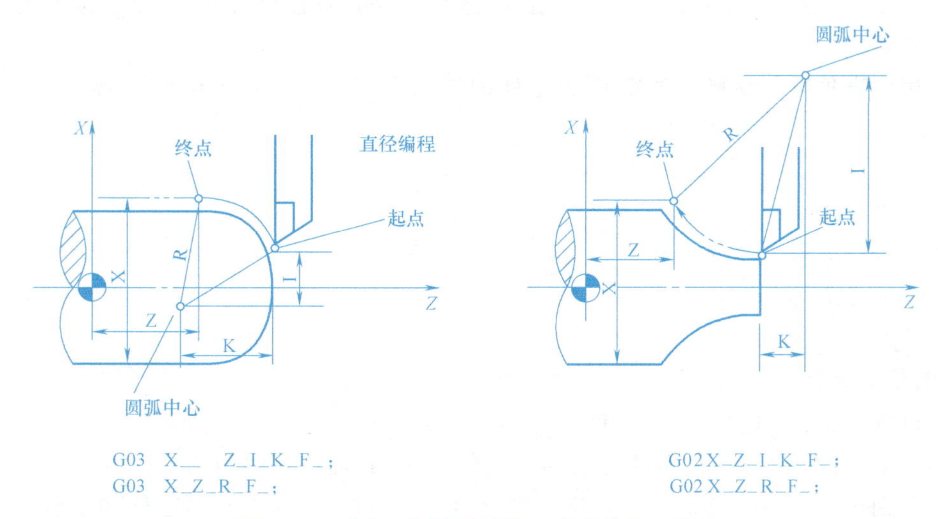

图 2-20　后置刀架圆弧编程（直径编程）方法

4）I、K 指定圆弧圆心到起点的增量坐标，与 G90、G91 无关。I、K 是矢量值，并且 I0、K0 可以省略。

5）R 后为圆弧半径。当圆弧的圆心角≤180°时，R 值为正；当圆弧的圆心角>180°时，R 值为负。

6）G02 和 G03 都是模态（续效）指令。

注意：如果同时指定 I、K 和半径 R，则地址 R 指定的圆弧优先，其余被忽略。

例：用圆弧编程指令编制图 2-21 所示零件的加工程序，程序见表 2-10。

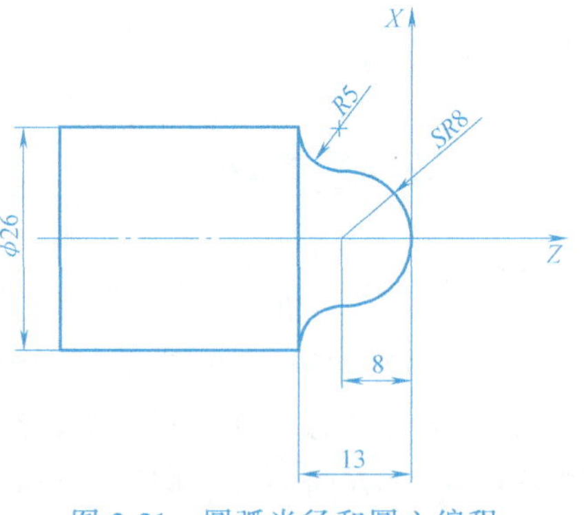

图 2-21　圆弧半径和圆心编程

二、倒直角和倒圆角指令

1. 倒直角指令

指令格式：G01　X(U)__　Z(W)__　C__　F__；

表 2-10　圆弧编程指令

顺序号	圆弧半径编程	圆 心 编 程
…	…	…
N30	G00　X0　Z2；	G00　X0　Z2；
N40	G01　Z0　F0.2；	G01　Z0　F0.2；
N50	G03　X16　Z-8　R8；	G03　X16　Z-8　I0　K-8；
N60	G02　X26　Z-13　R5；	G02　X26　Z-13　I5　K0；
…	…	…

说明：如图 2-22 所示，X、Z 指绝对编程时未倒角前两相邻线段的交点 *M* 的坐标；U、W 指增量编程时交点 *M* 相对于起始直线轨迹起始点 *O* 的移动距离；*C* 指交点 *M* 相对于倒角起始点 *A* 的距离。

例：用倒直角指令编制图 2-22 所示零件的加工程序，要求刀具从点 *O* 经点 *A*、*B* 到点 *C*，程序如下：

…

G00　X0　Z0；

G01　X50　C10　F0.2；

X100　Z-100；

…

2. 倒圆角指令

指令格式：G01　X(U)__　Z(W)__　R__　F__；

说明：X(U)和 Z(W) 的取值方法同倒直角指令；R 后为倒圆角的半径值。

例：分别用圆弧编程指令和倒直角、倒圆角指令编制图 2-23 所示零件加工程序，各点坐标为：*A*(10，0)，*B*(10，-5)，*C*(20，-10)，*D*(30，-10)，*E*(38，-14)。

程序见表 2-11。

注意：1）使用倒直角、倒圆角指令时，如果 *X*、*Z* 轴的移动量比指定的 C、R 小时，系统会报警，即图 2-22 中 *MA* 应小于 *MO*。

2）螺纹切削程序中不得出现倒直角和倒圆角指令。

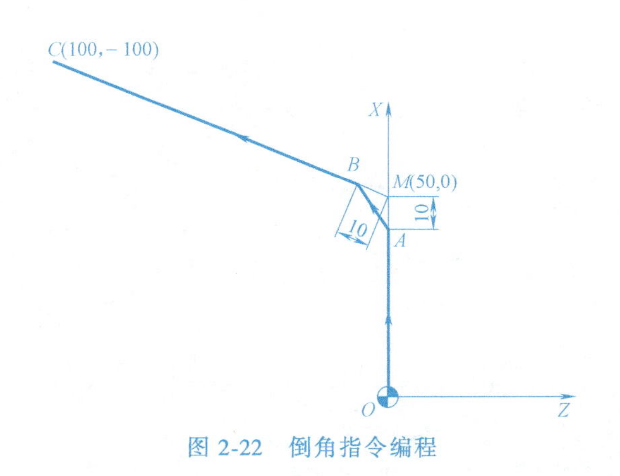

图 2-22　倒角指令编程

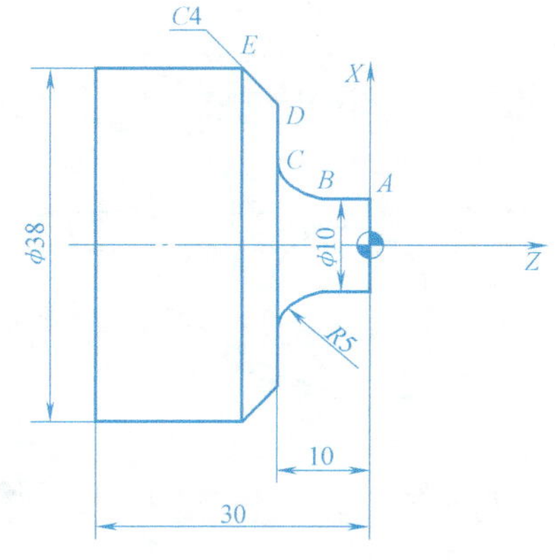

图 2-23　倒角、倒圆角指令编程

表 2-11　圆弧编程指令和倒直角、倒圆角指令编程

圆弧指令编程	倒直角、倒圆角指令编程	注　释
…	…	…
G00　X10　Z5；	G00　X10　Z5；	刀具定位
G01　Z-5　F0.1； G02　X20　Z-10　R5；	G01　Z-10　R5　F0.1；	倒圆角
G01　X30； G01　X38　Z-14；	X38　C4；	倒直角
Z-30；	Z-30；	
…	…	…

三、刀尖圆弧半径自动补偿指令

数控编程时，通常都将车刀刀尖作为一点来考虑，但实际加工的刀尖处存在圆角，如图 2-24 所示。当用按理论刀尖点编出的程序进行端面、外径、内径等与轴线平行或垂直的表面加工时，是不产生误差的；但在进行倒角、锥面及圆弧切削时，则会产生少切或过切现象，如图 2-25 所示。此时可用刀尖圆弧半径自动补偿功能来消除误差，从而避免少切或过切现象的产生（图 2-26）。

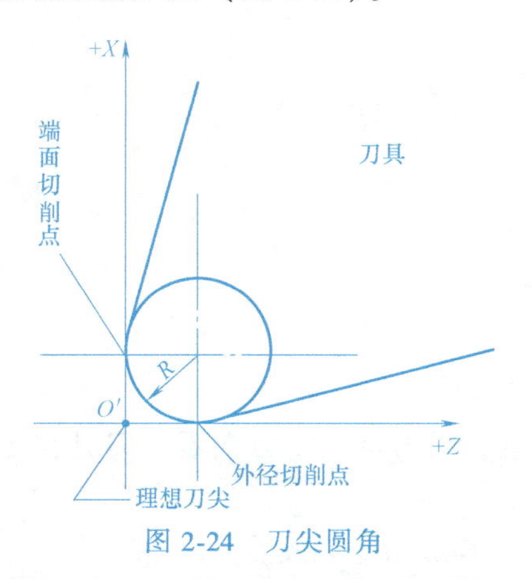

图 2-24　刀尖圆角

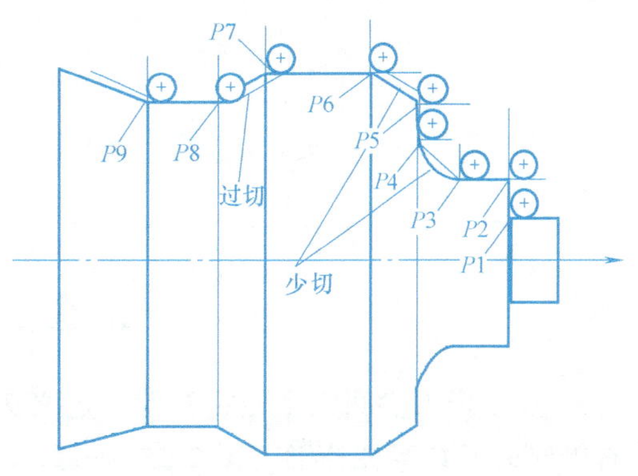

图 2-25　刀尖圆角造成的少切和过切

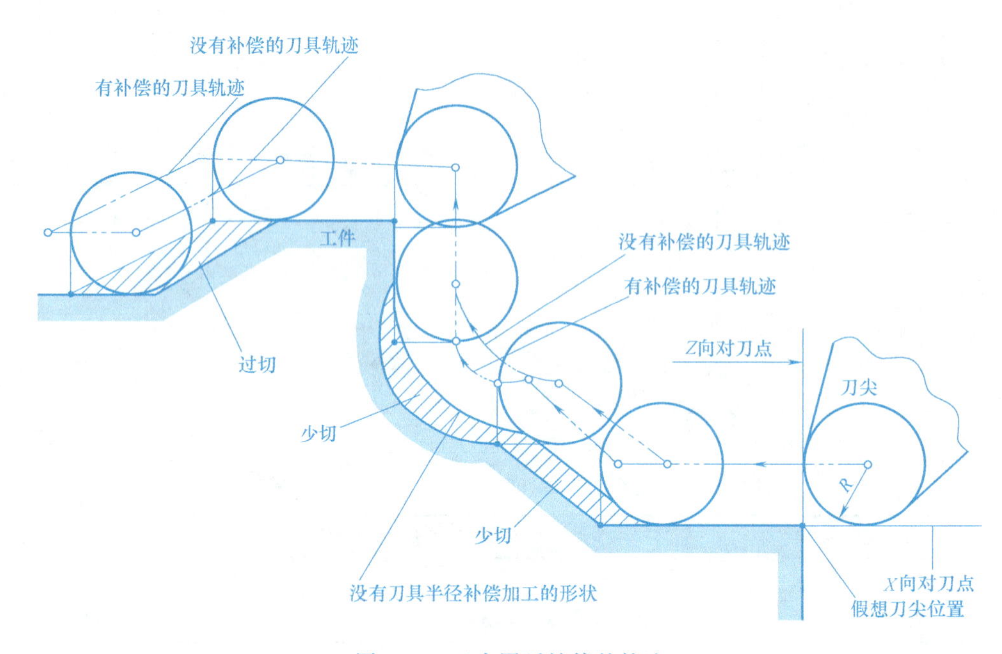

图 2-26　刀尖圆弧补偿的轨迹

指令格式：$\begin{Bmatrix} G41 \\ G42 \\ G40 \end{Bmatrix} \begin{Bmatrix} G01 \\ G00 \end{Bmatrix}$ X(U)__　Z(W)__　F__；

说明：1）G41 指刀尖圆弧半径左补偿，定义为假设工件不动，沿刀具运动方向看，刀具在工件左侧时的刀具半径补偿（图 2-27）。

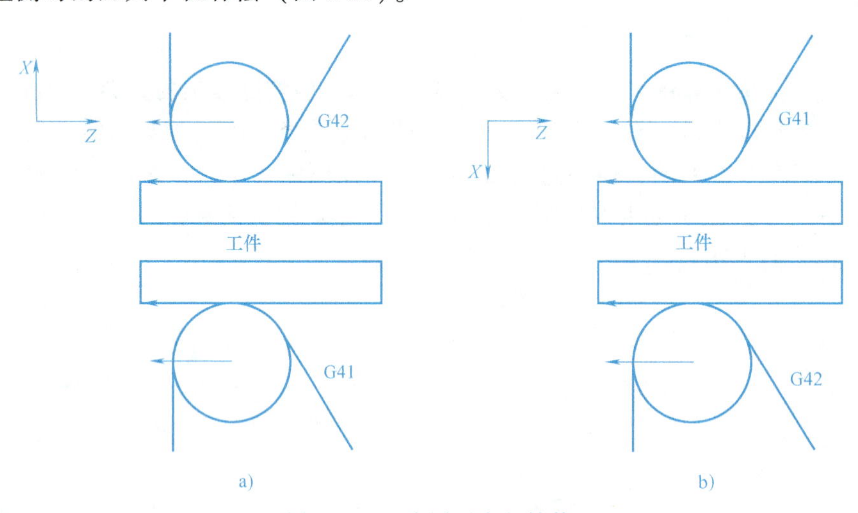

图 2-27　刀尖圆弧半径补偿

a）后置刀架　b）前置刀架

2）G42 指刀尖圆弧半径右补偿，定义为假设工件不动，沿刀具运动方向看，刀具在工件右侧时的刀具半径补偿（图 2-27）。

3）G40 为取消刀具半径补偿，即使用该指令后，G41、G42 指令无效。

4）G41、G42 和 G40 指令都是模态（续效）指令。

5）在设置刀尖圆弧半径自动补偿时，还要设置刀尖圆弧位置编码。后置刀架刀尖圆弧位置编码如图 2-28 所示。

例：用刀尖圆弧半径自动补偿指令编制图 2-29 所示零件的加工程序，程序见表 2-12。

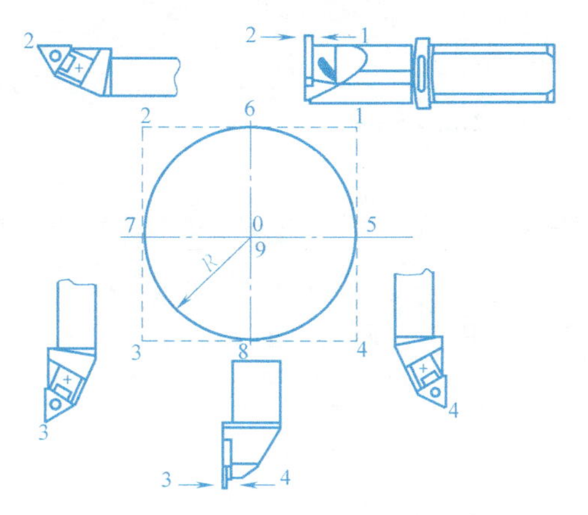

图 2-28　后置刀架刀尖圆弧位置编码

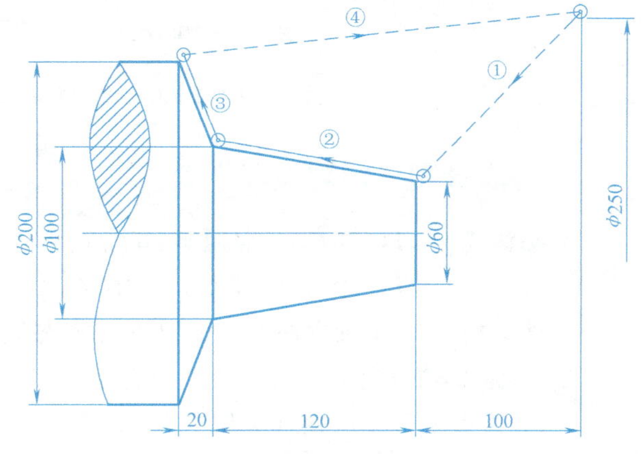

图 2-29　刀尖圆弧半径补偿指令编程

表 2-12　刀尖圆弧半径自动补偿指令编程

…	…
G42　G00　X60　Z0；	①刀补的建立
G01　X100　Z-120　F0.2；	②刀补的进行
X200　W-20；	③刀补的进行
G40　G00　X250　W240；	④刀补的撤销
…	…

四、切削速度控制指令

1. 恒线速控制

编程格式：G96　S __；

说明：1）当数控车床的主轴为伺服主轴时，可通过 G96 指令来设置。

2）S 后面的数字表示的是恒定的线速度，单位为 m/min。

例：“G96 S150”；表示切削点线速度控制在 150m/min 。

2. 恒线速取消

编程格式：G97　S __；

说明：S 后面的数字表示恒线速度控制取消后的主轴转速，如 S 未指定，将保留 G96 的最终值。

例：“G97 S3000”；表示恒线速控制取消后的主轴转速为 3000r/min。

3. 最高转速限制

编程格式：G50　S __；

说明：S 后面的数字表示的是最高转速，单位为 r/min。

例：“G50 S2000”；表示最高转速限制为2000r/min。

例：如图2-30所示的零件，为保持 A、B、C 各点的线速度在150m/min，则各点在加工时的主轴转速分别为：

$$点A \quad n=1000\times150\div(\pi\times40)\text{r/min}=1193\text{r/min}$$

$$点B \quad n=1000\times150\div(\pi\times60)\text{r/min}=795\text{r/min}$$

$$点C \quad n=1000\times150\div(\pi\times70)\text{r/min}=682\text{r/min}$$

五、成形粗车切削循环指令

指令格式：G73　U(i)　W(k)　R(d)；

G73　P(ns)　Q(nf)　U(Δu)　W(Δw)　F(f)　S(s)　T(t)；

说明：1）i 为 X 轴方向的总退刀量（模态值）。

2）k 为 Z 轴方向的总退刀量（模态值）。

3）d 为重复加工次数（分层次数）。

4）ns 为精加工轮廓程序段中开始程序段的段号。

5）nf 为精加工轮廓程序段中结束程序段的段号。

6）Δu 为 X 轴方向的精加工余量（直径值，外圆加工为正，内圆加工为负）。

7）Δw 为 Z 轴方向的精加工余量。

8）f、s、t 为粗车时的F、S、T代码。

注意：1）如图2-31所示，G73成形粗车切削循环指令可以高效地切削铸造成形、锻造成形或已粗车成形的工件。

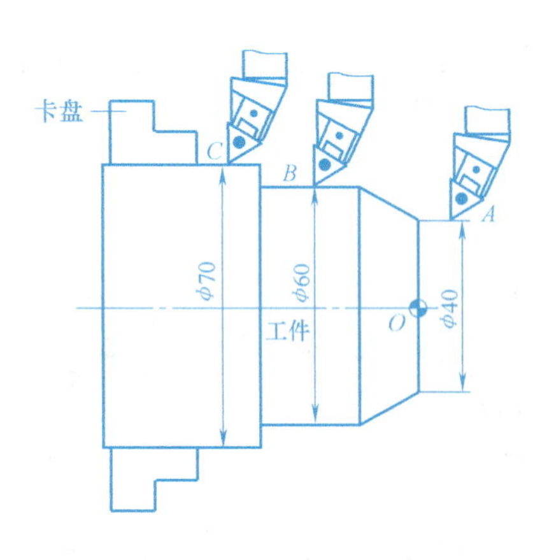

图2-30　恒线速控制

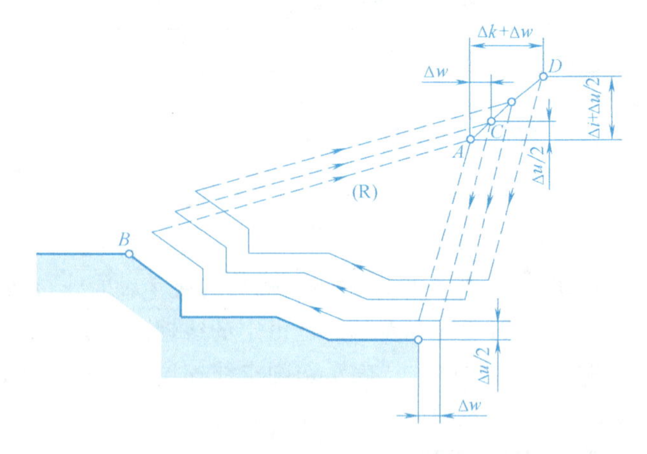

图2-31　G73粗车切削循环

2）G73循环对零件轮廓的单调性没有要求。

3）FANUC 0i T系统中G73加工循环，顺序号为 ns 的程序段可以沿 X、Z 向任意进刀。

例：用G73、G70指令加工图2-32所示零件右端的各外轮廓，零件材料为45钢。

选取工件右端面中心为编程原点，对已铸造成形或锻造成形的工件进行车削，数控车削加工程序见表2-13。

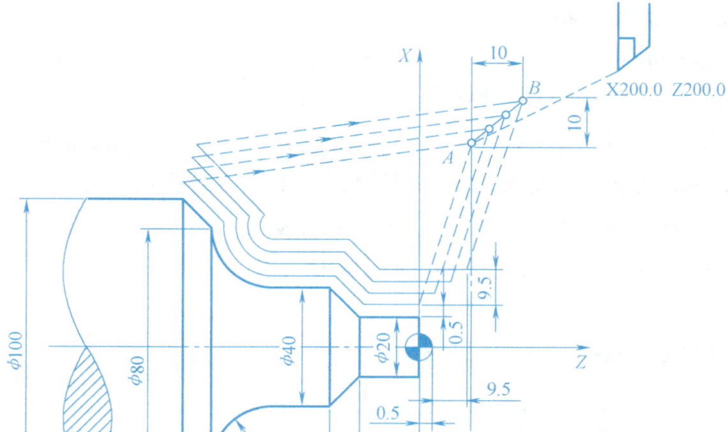

图 2-32　零件图

2-6　G73 指令

表 2-13　数控车削加工程序

顺序号	程　序	注　释
N10	T0101	换刀
N20	M03 S1000	主轴转速为 1000r/min
N 30	G00 X110 Z0	切削右端面
N40	G01 X-0.5 F0.1	
N50	G00 X140 Z40	刀具定位
N60	G73 U9.5 W9.5 R4	成形粗车循环
N70	G73 P80 Q140 U1 W0.5 F0.2	如工件为圆棒料，则可改为“G73 U35 W2 R16”
N80	G00 X20 Z2　　//ns	精加工开始程序段
N90	G01 Z-20 F0.1	
N100	X40 W-10	
N110	W-20	
N120	G02 X80 W-20 R20	
N130	G01 X100 Z-80	
N140	X105　　//nf	精加工结束程序段
N150	G70 P80 Q140	精车轮廓
N160	G00 X200 Z200	
N170	M05	
N180	M30	

说明：G73 指令使用时和 G71 指令一样，根据加工精度要求，粗、精车时可以用同一把刀具，也可用不同的刀具。

一、制订零件加工工艺

1. 零件结构分析

1）图 2-18 所示的异形轴零件外轮廓右端有一圆球面，中间有一处内凹面。

2）本工序要求完成零件的粗、精加工。

2. 数控车削加工工艺分析

（1）装夹方式的选择　采用自定心卡盘夹紧。

（2）加工方法的选择　零件材料为45钢，零件表面粗糙度值为 $Ra1.6\mu m$ 和 $Ra3.2\mu m$，尺寸公差等级为IT7。在一次装夹中先进行右、左端的粗加工，再进行右、左端的精加工。

（3）刀具的选择　T0101为93°外圆机夹车刀（80℃形菱形刀片）、T0202为95°外圆机夹车刀（35°V形菱形刀片）、T0303为刀宽3mm的切槽刀（左刀尖对刀）。

3. 数控加工工序卡

填写数控加工工序卡（表2-14）。

表2-14　异形轴的数控加工工序卡

工序号		工序内容				
零件名称		零件图号	材料	夹具名称	使用设备	
异形轴		2-18	45钢	自定心卡盘	数控车床	
工步号	工步内容	刀具号	主轴转速 n 或线速度 v_c	进给量 f /(mm/r)	背吃刀量 a_p /mm	备　注
1	粗车右端外轮廓面	T0101	1200r/min	0.25	1	
2	粗车左端外轮廓面	T0202	1000r/min	0.2	2	
3	精车右端外轮廓面	T0202	160m/min	0.1	0.5	
4	精车左端外轮廓面	T0202	160m/min	0.1	0.5	
5	切断	T0303	600r/min	0.1		
编制		审核		批准		第　页　共　页

二、编制数控加工程序

图2-18所示的零件图中有公差值，编程时可以采用中差值编程，也可采用公称值编程，其公差在机床刀补参数中给予考虑。选取工件右端球顶位置为编程原点，其粗、精加工数控加工程序见表2-15。

表2-15　FANUC 0i T系统中异形轴的数控加工程序

顺序号	程　序	注　释
N10	T0101;	换1号车刀
N20	M03　S1200;	主轴转速为1200r/min
N30	G00　X45　Z10　M08;	刀具定位，开切削液
N40	G71　U1　R0.5;	粗加工右侧外轮廓
N50	G71　P60　Q120　U2　W0.5　F0.25;	
N60	G00　G42　X0;　//ns	ns～nf描述右侧外轮廓
N70	G00　Z0;	
N80	G03　X12　Z-6　R6　F0.1;	
N90	G01　Z-12;	
N100	G01　X30　Z-20;	
N110	W-6;	
N120	G00　X45;　//nf	

2 PROJECT

（续）

顺序号	程　序	注　释
N130	G00　X50　Z250；	回换刀点
N140	M05；	主轴停
N150	M01；	选择停，检测工件
N160	T0202；	换 2 号车刀
N170	M03　S1000；	主轴转速为 1000r/min
N180	G00　X45　Z-25；	
N190	G73　U10　W5　R5；	粗加工左侧外轮廓
N200	G73　P210　Q250　U2　W0.5　F0.2；	
N210	G00　G42　X30　Z-26；　　//*ns*	*ns*～*nf* 描述左侧外轮廓
N220	G01　X26　W-6　F0.1；	
N230	W-14；	
N240	G02　X38　W-6　R6；	
N250	G01　Z-70；　　//*nf*	
N260	G00　X50　Z250；	回换刀点
N270	M05；	主轴停
N280	M01；	选择停，检测工件
N290	T0202；	换 2 号车刀
N300	G50　S2500；	最高转速限制为 2500r/min
N310	G96　S160　M03；	恒线速度控制为 160m/min
N320	G00　X0　Z10；	
N330	G70　P60　Q120；	精加工右侧外轮廓
N340	G00　X50　Z250；	
N350	T0202；	换 2 号车刀
N360	G00　X45　Z-20；	
N370	G70　P210　Q250；	精加工左侧外轮廓
N380	G00　X50　Z250；	
N390	M05；	
N400	M01；	
N410	T0303；	换 3 号切断刀
N420	M03　S600；	
N430	G00　X45　Z-63；	
N440	G01　X0　F0.1；	切断
N450	G00　X50；	
N460	Z250；	
N470	M09；	关切削液
N480	M05；	主轴停
N490	M30；	程序结束

三、零件的数控加工（FANUC 0i T）

2-7 任务三

1）选择机床、数控系统并开机。

2）机床各轴回参考点。

3）安装工件。

4）安装刀具并对刀。

FANUC 0i T 系统的对刀方法同前述，这里仅讨论刀具圆弧半径补偿参数的设置。进入“OFS/SET”参数输入画面→按“补正”和“形状”软键→将光标移动到选择所需的番号，如“G001”→分别把光标移到 R 和 T 参数→用数字键输入刀尖圆弧半径和方位号（一般外圆车刀方位号为 3）→按软键“输入”（图 2-33）。

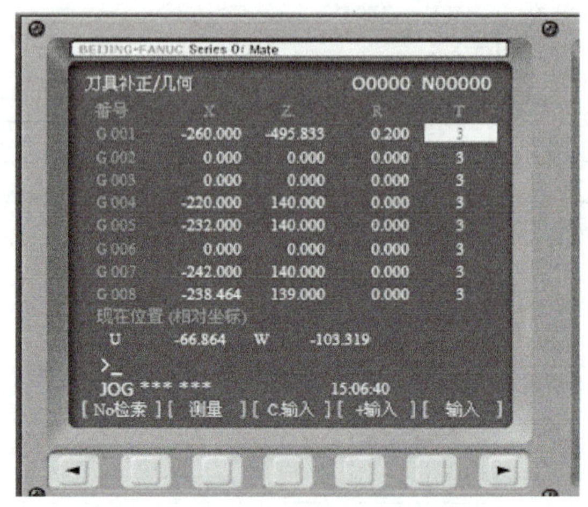

图 2-33 刀尖圆弧半径补偿参数的设置

5）输入加工程序，并检查调试。

6）手动移动刀具退至距离工件较远处。

7）自动加工。

8）测量工件，优化程序，对工件进行误差与质量分析。

拓展知识

一、SIEMENS 802S T 系统的基本编程（一）

1. SIEMENS 802S T 系统主程序命名规则

开始的两个字符必须是字母，其后可以是字母、数字或下划线，最多为 8 个字符，不得使用分隔符，如“RAHMEN52”。

2. 半径编程和直径编程指令

指令格式：G22/G23；

说明：G22 为半径编程指令，G23 为直径编程指令。

3. 绝对编程和增量编程指令

指令格式：G90/G91；

说明：G90 为绝对编程指令，G91 为增量编程指令。

4. 点位控制和直线插补指令

指令格式：G00 X__ Z__；

G01 X__ Z__ F__；

说明：G00 为点位控制指令，G01 为直线插补指令。

5. 圆弧编程指令

指令格式：G02/G03 X__ Z__ I__ K__； 说明：用圆心和终点编程

G02/G03 X__ Z__ CR=； 说明：用半径和终点编程

G02/G03　AR=　I__　K__;　　　　说明：用圆心和夹角编程

G02/G03　AR=　X__　Z__;　　　　说明：用夹角和终点编程

6. 倒角和倒圆角指令

指令格式：G01　X__　Z__　CHF=F__;　　　说明：倒角指令

G01　X__　Z__　RND=F__;　　　说明：倒圆角指令

7. 刀具和刀具补偿号

(1) 刀具T

功能：T指令可以选择刀具。

(2) 刀具补偿号

功能：一个刀具可以匹配1~9个不同补偿的数据组（用于多个切削刃）。另外可以用D指令及其对应的序号设置一个专门的切削刃。如果没有编写D指令，则D1自动生效。如果设置D0，则刀具补偿值无效。

8. 刀尖圆弧半径补偿指令

指令格式：$\begin{Bmatrix} G41 \\ G42 \\ G40 \end{Bmatrix}$ $\begin{Bmatrix} G1 \\ G0 \end{Bmatrix}$ X__　Z__　F__;

说明：G41指刀尖圆弧半径左补偿，G42指刀尖圆弧半径右补偿，G40为取消刀尖圆弧半径补偿。

由上可见，SIEMENS 802S系统刀尖圆弧半径补偿的格式和功能与FANUC 0i系统相同，但使用的不同之处如下：

1) 在SIEMENS 802S系统中，一个刀具可以匹配D1~D9个不同补偿的数据组。

2) SIEMENS 802S系统可以在补偿运行过程中变换补偿号，补偿号变换后，在新补偿号程序段的段起始点处，新刀具半径就已经生效，但整个变化需等到程序段的结束才能生效，这些修改值由整个程序段连续执行，圆弧插补时也一样。

3) SIEMENS 802S系统补偿方向指令G41和G42可以互相变换，无须在其中再写入G40指令。原补偿方向的程序段在其轨迹终点处按补偿矢量的正常状态结束，然后在新的补偿方向开始进行补偿（在起始点按正常状态）。

9. 主轴转速限制

指令格式：G96　S__　LIMS=;

G97　S__;

说明：G96　指令中，程序字S后面的数字表示的是恒定的线速度（m/min），程序字LIMS表示是高转速限制（r/min）。

例：G96　S150　LIMS=1500;

G97表示取消恒定的线速度，程序字S后面的数字表示的是恒定的转速（r/min）。这是系统开机默认指令。

10. 切削循环指令LCYC95

指令格式：R105=　R106=　R108=　R109=　R110=　R111=　R112=;

LCYC95;

说明：1) 参数含义及数值范围见表2-16。

表 2-16　LCYC95 参数含义及数值范围

参　数	含义及数值范围	参　数	含义及数值范围
R105	加工类型:数值为 1~12	R110	粗加工时的退刀量
R106	精加工余量,无符号	R111	粗加工进给率
R108	切入深度,无符号	R112	精加工进给率
R109	粗加工切入角		

2）R105 加工方式的定义见表 2-17。

表 2-17　R105 加工方式的定义

数　值	纵向/横向	外部/内部	粗加工/精加工/综合加工
1	纵向	外部	粗加工
2	横向	外部	粗加工
3	纵向	内部	粗加工
4	横向	内部	粗加工
5	纵向	外部	精加工
6	横向	外部	精加工
7	纵向	内部	精加工
8	横向	内部	精加工
9	纵向	外部	综合加工
10	横向	外部	综合加工
11	纵向	内部	综合加工
12	横向	内部	综合加工

注意：SIEMENS 802S T 系统加工的轮廓可以在一个子程序中定义，循环通过变量“_CNAME”名下的子程序名调用子程序。轮廓由直线或圆弧组成，并可以插入圆角和倒角。轮廓的编程方向必须与精加工时所选择的加工方向一致。

11. 可编程坐标平移指令

指令格式：G158　X__　Z__;　　　　说明：坐标平移

　　　　　G158;　　　　　　　　　说明：取消坐标平移

说明：如果工件上不同的位置有重复出现的形状或结构，或者选用了一个新的参考点，就需要使用可编程坐标平移指令。由此就产生一个当前工件坐标系，新输入的尺寸均是在该坐标系中的数据尺寸，如图 2-34 所示。

G158 指令要求一个独立的程序段。

例：用 SIEMENS 802S T 系统指令编制图 2-35 所示的零件轮廓加工程序。

参考主程序如下：

```
AB124. MPF
T1　D1;
M03　S600;
G158　X5. 3;
L123;
G158　X2. 8;
L123;
G158　X0. 3;
L123;
```

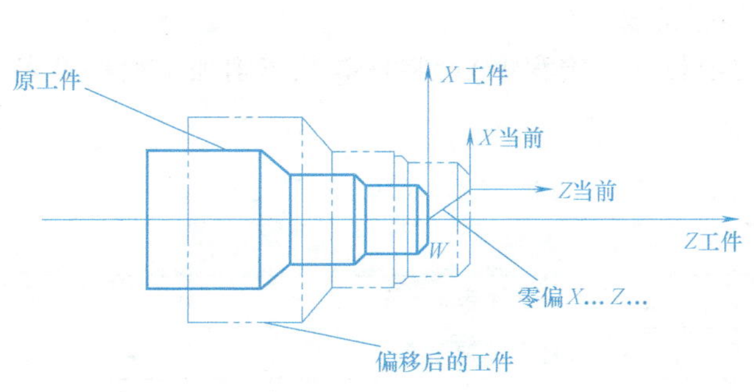

图 2-34　可编程坐标平移

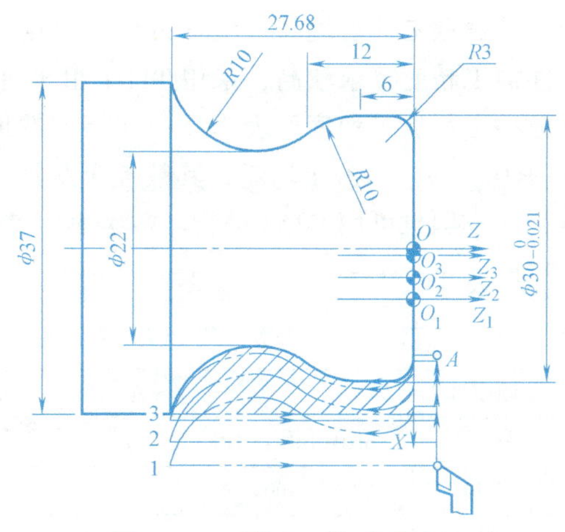

图 2-35　可编程坐标平移编程

```
G158;
M05;
M00;
M03  S1200;
L123;
G00  X100  Z100;
M30;
```

例：编制图 2-36 所示的手柄零件程序（零件毛坯为 ϕ45mm 的圆棒料）。

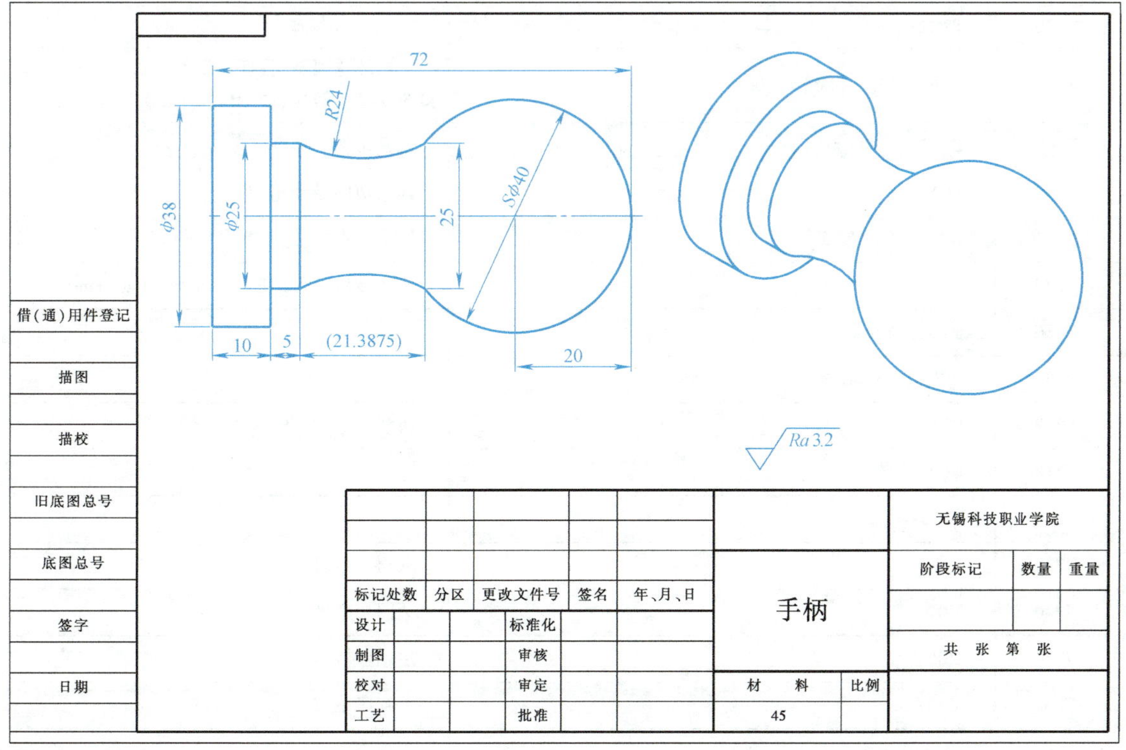

图 2-36　手柄

选取工件右端球顶位置为编程原点，一般采用 LCYC95 切削循环指令编程加工。如果零件加工精度要求较高，采用 T1D1 粗车（R105=1）、T2D1 精车（R105=5）、T3D1 切断，其数控车削加工程序见表 2-18；如果零件加工精度要求一般，采用 T1D1 刀具进行粗车和精车（R105=9）、T3D1 切断，其数控车削加工程序见表 2-19。

本题也可用 G158 进行参数编程（参见项目六　宏程序），零件数控车削加工程序见表 2-20，可供参考。

表 2-18　SIEMENS 802S T 系统数控车削加工程序（LCYC95、R105=1 和 R105=5）

顺序号	程　序	注　释
	SHOUBING. MPF;	主程序名
N20	M03　S1000;	主轴正转
N30	T1D1;	换 1 号粗车刀
N40	M08;	打开切削液
N50	G00　X50　Z0;	切端面起点(零件毛坯 ϕ45mm)
N60	G01　X-0.5　F0.2;	切右端面
N700	G00　X50　Z5;	粗车循环起点
N80	_CNAME="L1";	
N90	R105=1　R106=0.2　R108=1.5 R109=0　R110=0.5　R111=0.3　R112=0.1;	设置粗切削循环参数
N100	LCYC95;	调用切削循环粗加工
N110	G00　X50　Z150;	回换刀点
N120	T2D1;	换 2 号精车刀
N130	G96　S150　LIMS=1500;	主轴转速限制，根据系统性能选取。也可直接改变精车转速，如“M03　S1500”
N140	R105=5　R106=0;	设置精切削循环参数
N150	LCYC95;	调用切削循环精加工
N160	G00　X50　Z150;	回换刀点
N170	T3D1;	换 3 号切断刀(左刀尖对刀，刀宽 4mm)
N180	M03　S600;	
N190	G00　X45　Z-76;	
N200	G01　X0　F0.15;	切断
N210	G00　X50;	
N220	Z150;	
N230	T3D0;	取消 3 号刀具补偿
N240	M09;	关闭切削液
N250	M05;	主轴停转
N260	M30;	主程序结束
	L1. SPF;	子程序名

（续）

顺序号	程　序	注　释
N10	G00　X0　Z2；	子程序描述精加工轮廓
N20	G01　Z0　F0.2；	
N30	G03　X25　Z-35.613　CR=20；	
N40	G02　X25　Z-57　CR=24；	
N50	G01　Z-62；	
N60	X38；	
N70	Z-80；	
N80	X45；	
N90	M02；	子程序结束

表 2-19　SIEMENS 802S T 系统数控车削加工程序（LCYC95、R105=9）

顺序号	程　序	注　释
	SHOUBING.MPF；	主程序名
N20	M03　S1000；	主轴正转
N30	T1D1；	换 1 号刀
N40	M08；	打开切削液
N50	G00　X50　Z0；	切端面起点（零件毛坯 ϕ45mm）
N60	G01　X-0.5　F0.2；	切右端面
N70	G00　X50　Z5；	循环起点
N80	_CNAME="L1"；	
N90	R105=9　R106=0.2　R108=1.5 R109=0　R110=0.5　R111=0.3　R112=0.1；	设置综合加工切削循环参数
N100	LCYC95；	调用切削循环
N110	G00　X50　Z150；	回换刀点
N120	T3D1；	换 3 号切断刀（左刀尖对刀，刀宽 4mm）
N130	M03　S600；	
N140	G00　X45　Z-76；	
N150	G01　X0　F0.15；	切断
N160	G00　X50；	
N170	Z150；	
N180	T3D0；	取消 3 号刀具补偿
N190	M09；	关闭切削液
N200	M05；	主轴停转
N210	M30；	主程序结束
	L1.SPF	子程序名

（续）

顺序号	程　序	注　释
N10	G00　X0　Z2；	子程序描述精加工轮廓
N20	G01　Z0　F0.2；	
N30	G03　X25　Z-35.613　CR=20；	
N40	G02　X25　Z-57　CR=24；	
N50	G01　Z-62；	
N60	X38；	
N70	Z-80；	
N80	X45；	
N90	M02；	子程序结束

表 2-20　SIEMENS 802S T 系统中数控车削加工程序（G158）

顺序号	程　序	注　释
	SHOUBING3.MPF；	主程序名
N20	M03　S1000；	主轴正转
N30	T1D1；	换 1 号粗车刀
…	…	
N70	G00　X50　Z5；	设置起点位置
N80	R20=22.7；	设置 X 向总坐标平移量，是半径值（零件毛坯 ϕ45mm）
N90	AA1：G158　X=R20；	参数设置
N100	S1200　F0.3；	设置粗车主轴转速和进给速度
N110	L1；	调用轮廓子程序
N120	R20=R20-1.5；	设置每次加工平移量，即切入深度
N130	IF R20>0.2 GOTOB AA1；	条件语句，只要 R20>0.2，跳转到上面 AA1 标记的程序段继续加工
N140	G158；	取消坐标平移
N150	G00　X50　Z150；	回换刀点
N160	T2D1；	换 2 号精车刀
N170	R20=0；	设置平移量为 0
N180	S1500　F0.1；	设置精车主轴转速和进给速度
N190	L1；	调用轮廓子程序
N200	G00　X50　Z150；	回换刀点
…	…	
	L1.SPF；	子程序名

（续）

顺序号	程　　序	注　　释
N10	G00　X0　Z2；	子程序描述精加工轮廓
N20	G01　Z0　F0.2；	
N30	G03　X25　Z-35.613　CR＝20；	
N40	G02　X25　Z-57　CR＝24；	
N50	G01　Z-62；	
N60	X38；	
N70	Z-80；	
N80	X45；	
N90	G00　Z5；	设置 *Z* 坐标（必须设置，构成一个加工环）
N100	M02；	子程序结束

说明：表 2-18、表 2-19、表 2-20 用不同的方法编制程序。另外，我们均可在程序的第一行（N10）加程序段“G158 Z-0.5”（可编程 *Z* 向坐标平移），它较适用于右侧是端面的情况，可以进一步保证右侧的加工精度。

二、零件的数控加工（SIEMENS 802S T）

2-8　任务拓展

1. 回零（回参考点）

按“REF/POT”键，选择回参考点方式→*X* 轴回零→*Z* 轴回零，回参考点完毕，如图 2-37 所示。

2. 对刀

（1）首先对 T1 刀具进行对刀

1）在“MDA”方式下起动主轴，按“MDA”键，选择手动输入、自动执行模式→按加工显示键 M →输入主轴转速（如“M03 S1000”），如图 2-38 所示→按回车键

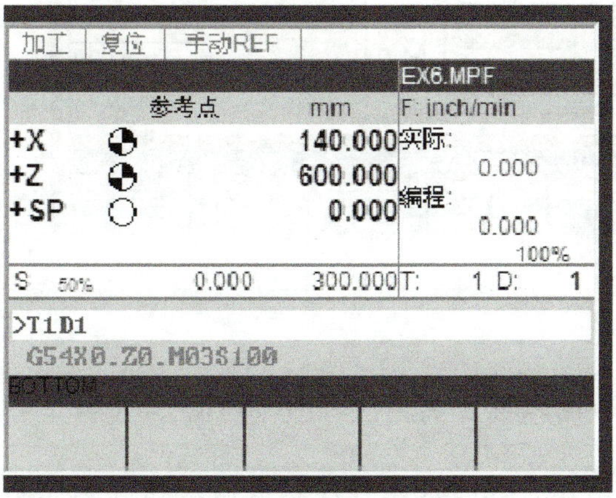

图 2-37　回参考点

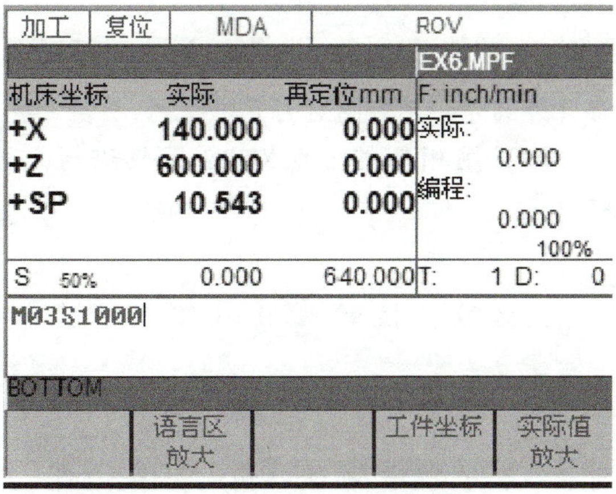

图 2-38　“MDA”方式下起动主轴画面

→按“CYCLESTAR”循环启动键 CycleStar，则主轴开始转动。

2）按“JOG”键 Jog，选择手动模式对刀→试切工件端面→Z 方向不动，沿 X 方向退出→按区域转换键，进入参数输入画面，按软键 参数 →软键 刀具补偿，出现图 2-39 所示画面，按菜单扩展键 > →软键 对刀 →软键 轴+，出现图 2-40 所示画面，输入“0”→按软键 计算 →软键 确认 →T1 刀 Z 轴对刀完毕。

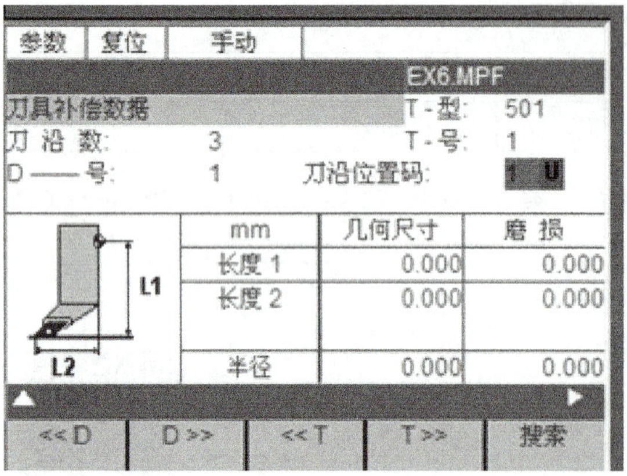

图 2-39　刀补画面

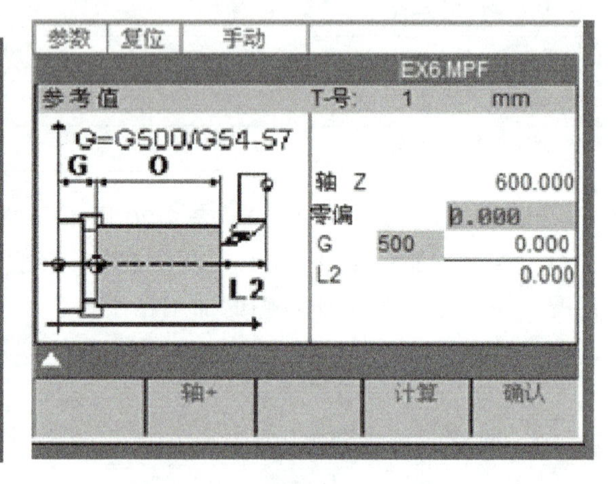

图 2-40　Z 轴对刀参数的输入

试切外圆→X 方向不动，沿 Z 方向退出→测量直径（假设测量得直径 ϕ45mm），按区域转换键→进入参数输入画面，按软键 参数 →软键 刀具补偿，出现图 2-39 所示画面，按菜单扩展键 > →软键 对刀 →出现图 2-41 所示画面，输入“45”→按软键 计算 →软键 确认 →T1 刀（外圆刀）X 方向对刀完毕。

（2）用相似的方法对 T2 刀具进行对刀

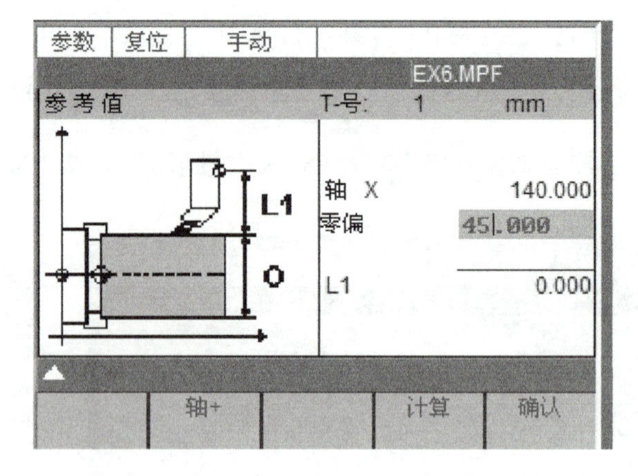

图 2-41　X 轴对刀参数的输入

3. 程序输入

按区域转换键 →按程序键 程序 →按菜单扩展键 > →按软键 新程序 →输入程序名称“SHOUBING”，如图 2-42 所示→单击 确定 按钮→输入程序，如图 2-43 所示，此时加工程序就被输入到机床控制器中。

用同样的方法把子程序输入到机床控制器中。

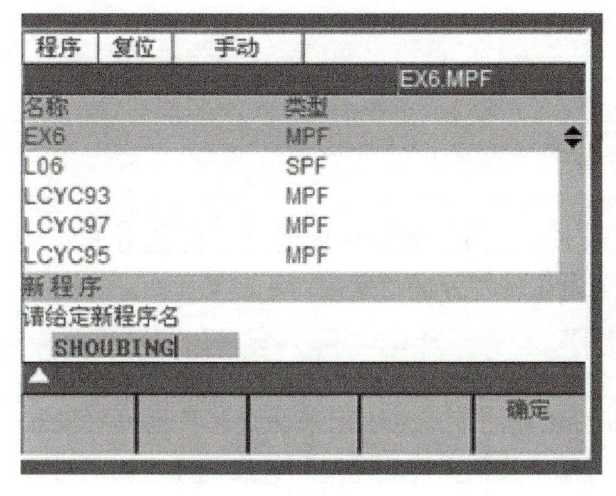

程序 复位 手动
EX6.MPF
名称 类型
EX6 MPF
L06 SPF
LCYC93 MPF
LCYC97 MPF
LCYC95 MPF
新程序
请给定新程序名
SHOUBING
确定

图 2-42　输入程序名

程序 复位 手动
SHOUBING.MPF
M03S1500
T1D1M08
G00X45Z5
G98S150LIMS=1500
_CNAME="L1"
R105=1.000 R106=0.200
R108=2.000 R109=7.000
R110=1.000 R111=0.300
LCYC83 LCYC93 LCYC95 LCYC97 轮廓

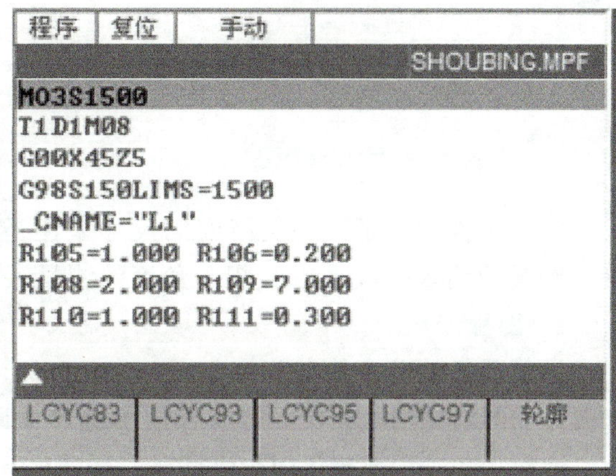

图 2-43　程序输入

4. 加工

1）按区域转换键→按软键 程序 →打开程序目录窗口（图 2-44）→用光标键▲▼把光标定位到所运行的程序上→按软键 选择 ，调出加工的程序→按软键 打开 ，即可编辑修改程序。

2）检查机床状态，查看刀架位置、空运行开关是否打开等。

3）选择自动模式，按模式键 Auto，如图 2-45 所示。

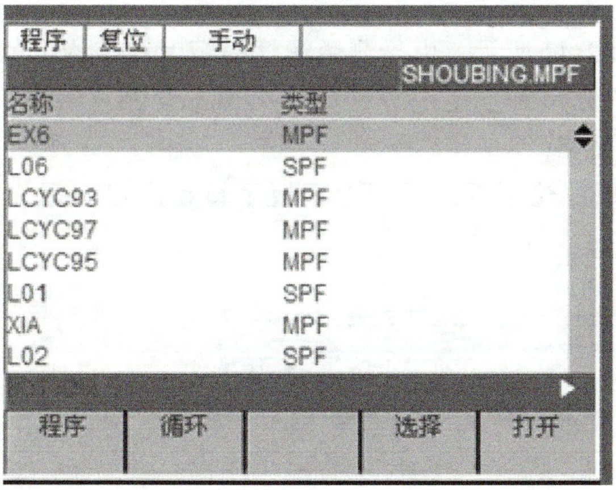

程序 复位 手动
SHOUBING.MPF
名称 类型
EX6 MPF
L06 SPF
LCYC93 MPF
LCYC97 MPF
LCYC95 MPF
L01 SPF
XIA MPF
L02 SPF
程序 循环 选择 打开

图 2-44　程序目录窗口

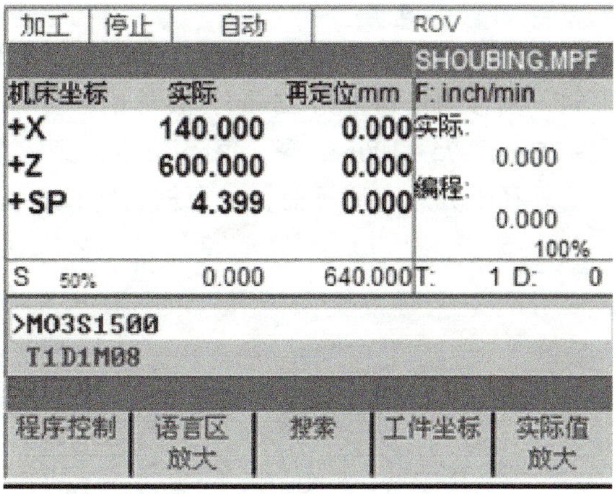

加工 停止 自动 ROV
SHOUBING.MPF
机床坐标 实际 再定位mm F: inch/min
+X 140.000 0.000 实际:
+Z 600.000 0.000 0.000
+SP 4.399 0.000 编程:
0.000
100%
S 50% 0.000 640.000 T: 1 D: 0
>M03S1500
T1D1M08
程序控制 语言区放大 搜索 工件坐标 实际值放大

图 2-45　自动加工

4）按循环启动键 CycleStart，启动加工程序，即可进行零件的加工。加工时需密切注意机床的情况，若出现意外需采取紧急措施。

项目实践

轴类零件的加工及精度检测

一、轴类零件的检测

轴类零件的测量，一般精度的尺寸采用游标卡尺，对于较高精度的尺寸则选用千分尺等。圆弧的测量一般采用 R 规，角度的测量一般采用游标万能角度尺。

1. 游标卡尺

游标卡尺的分度值分为 0.02mm、0.05mm、0.1mm 三种，如图 2-46 所示，它是由尺身 3 和游标 5 等组成的。旋松固定游标用的螺钉 4 即可测量。下量爪 1 用来测量工件的外径或长度，上量爪 2 可用来测量内孔或槽宽，深度尺 6 可用来测量工件的深度和长度尺寸。测量时移动游标，使量爪与工件接触，取得尺寸后，最好把螺钉 4 旋紧后再读数，以防尺寸变动。

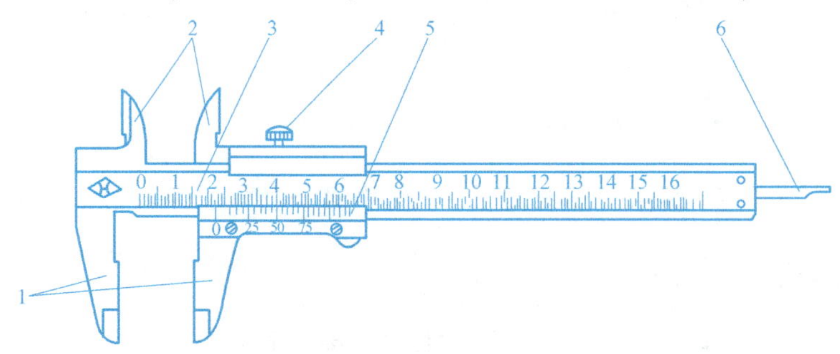

图 2-46　游标卡尺

1—下量爪　2—上量爪　3—尺身　4—螺钉　5—游标　6—深度尺

2. 外径千分尺

外径千分尺的分度值一般为 0.01mm，如图 2-47 所示。由于测微螺杆的精度和结构上的限制，其移动量通常为 25mm，故常用的外径千分尺测量范围分别为 0~25mm，25~50mm，50~75mm，75~100mm 等，每隔 25 mm 为一档规格。

外径千分尺在测量前，必须校正零位，如果零位不准，可用专用扳手转动固定套管 5。

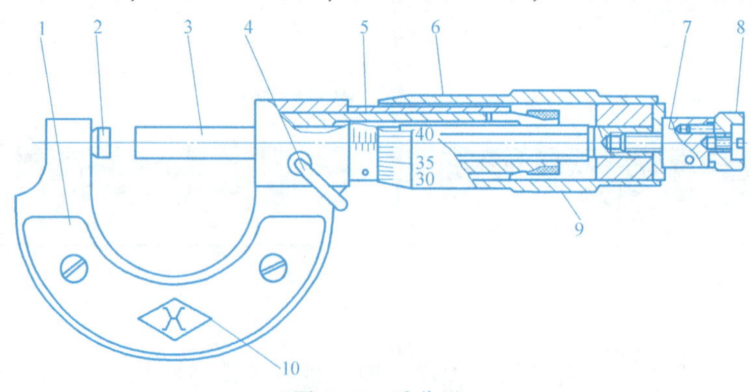

图 2-47　千分尺

1—尺架　2—砧座　3—测微螺杆　4—锁紧装置　5—固定套管　6—微分筒　7—测力装置　8—棘轮旋柄　9—旋钮　10—隔热装置

当零线偏离较多时，可松开固定螺钉，使测微螺杆 3 与微分筒 6 松动，再转动微分筒来对准零位。

3. R 规

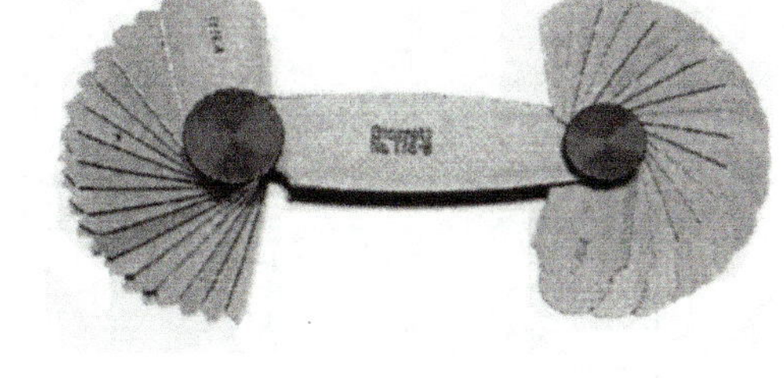
图 2-48　R 规

R 规（图 2-48），也称为半径样板，是利用光隙法测量圆弧半径的工具。测量时必须使 R 规的测量面与工件的圆弧完全紧密接触，当测量面与工件的圆弧之间没有间隙时，工件的圆弧半径即为对应的 R 规上所表示的数字。由于是用光隙目测，所以准确度不高，只能作定性测量。

4. 游标万能角度尺

游标万能角度尺是用来测量精密零件内、外角度或进行角度划线的角度量具。游标万能角度尺如图 2-49 所示，由刻有基本角度刻线的尺座 1、固定在扇形板 6 上的游标尺 3 等组成。扇形板可在尺座上回转移动（有锁紧装置 5），形成了和游标卡尺相似的游标读数机构。游标万能角度尺的分度值为 2′，其读数方法，和游标卡尺相同，先读出游标零线前的角度是几度，再从游标上读出角度“分”的数值，两者相加就是被测零件的角度数值。

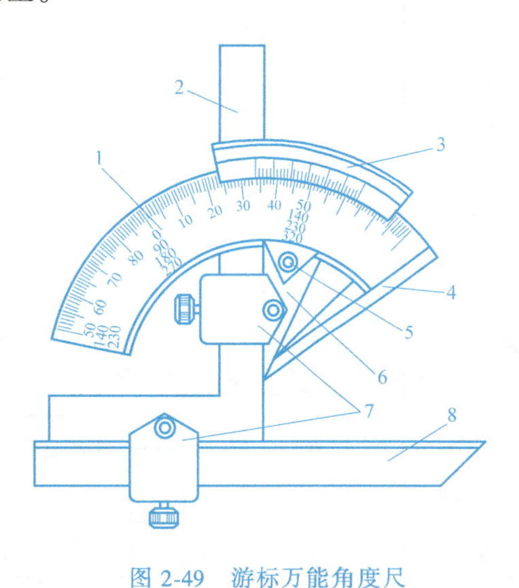

图 2-49　游标万能角度尺

1—尺座　2—直角尺　3—游标尺　4—基尺
5—锁紧装置　6—扇形板　7—卡块　8—直尺

用游标万能角度尺测量零件角度时，应使基尺 4 与零件角度的母线方向一致，且零件应与游标万能角度尺的两个测量面在全长上接触良好，以减少测量误差。

二、实践内容

完成图 2-50 所示手柄的数控加工程序编制，并对零件进行加工。

三、实践步骤

2-9　机床加工

1. 制订零件加工工艺

1）零件结构分析。零件表面包括圆柱面、圆锥面、圆弧面、球面等，且需调头加工。零件材料为 45 钢。

2）确定装夹方案。用自定心卡盘夹紧。

3）制订加工工艺路线，确定刀具及切削用量，填写工序卡。

2. 编制数控加工程序

3. 在数控机床上加工零件

4. 零件精度检测

零件检测及评分标准见表 2-21。

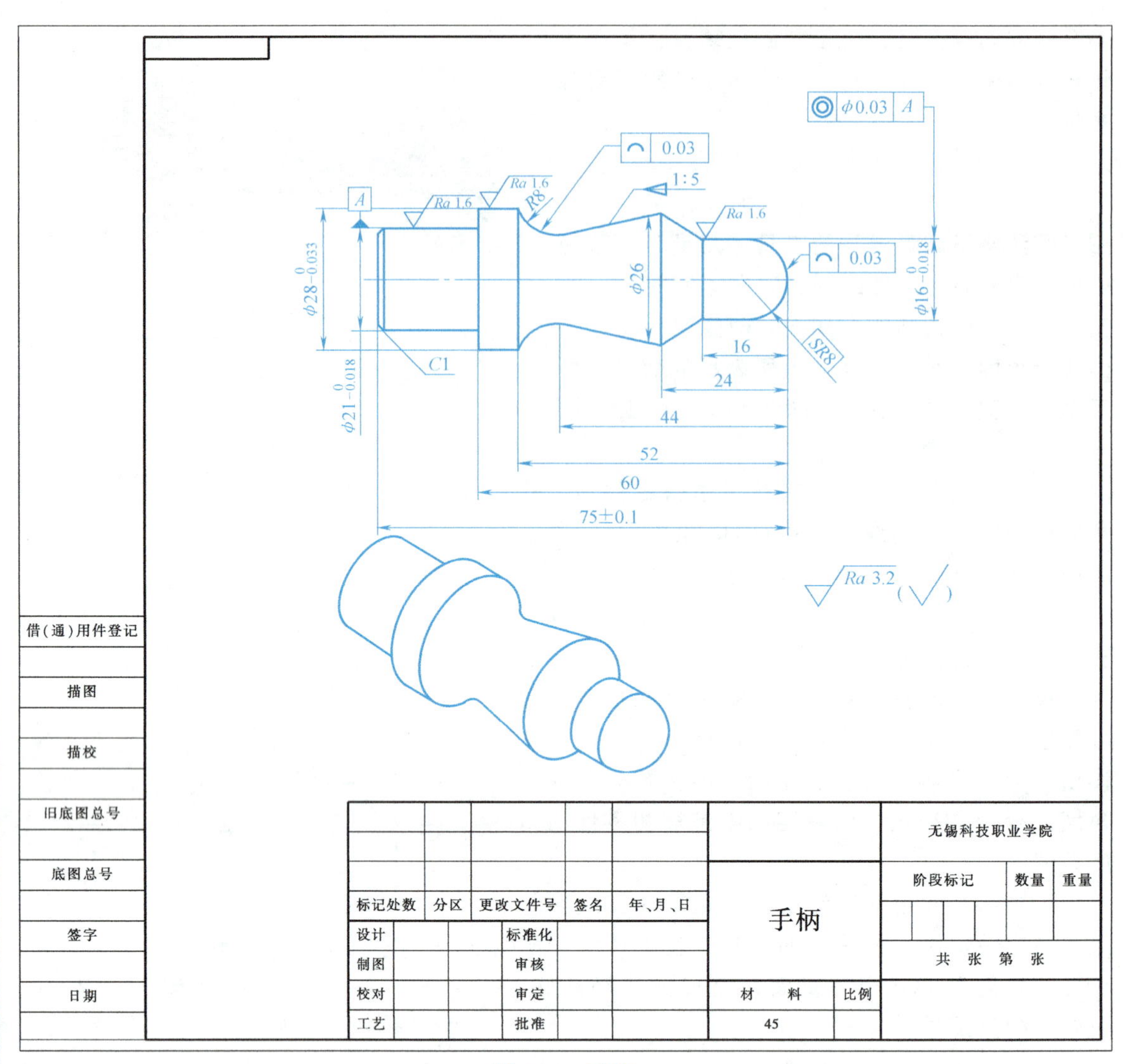

图 2-50 手柄

表 2-21 零件检测及评分标准

准考证号			操作时间		总得分		
工件编号			系统类型				
考核项目		序号	考核内容与要求	配分	评分标准	检测结果	得分
工件加工评分（60%）	轮廓	1	$\phi28_{-0.033}^{0}$mm	5	超差 0.01mm 扣 1 分		
		2	ϕ26mm	3	超差无分		
		3	$\phi16_{-0.018}^{0}$mm	5	超差 0.01mm 扣 1 分		
		4	$\phi21_{-0.018}^{0}$mm	3	超差 0.01mm 扣 1 分		
		5	锥度 1：5	3	不符合要求无分		
		6	R8mm	3	不符合要求无分		
		7	SR8mm	4	不符合要求无分		
		8	Ra1.6μm（三处）	6	一处降 1 级扣 2 分		

（续）

准考证号			操作时间		总得分		
工件编号			系统类型				
考核项目		序号	考核内容与要求	配分	评分标准	检测结果	得分
工件加工评分（60%）	轮廓	9	75mm±0.1mm	3	超差无分		
		10	同轴度公差 ϕ0.03mm	3	超差无分		
		11	线轮廓度公差 0.03mm(两处)	6	超差无分		
	其他	12	一般尺寸	8	超差一处扣 1 分		
		13	按时完成无缺陷	8	缺陷一处扣 2 分未按时完成全扣		
程序与工艺（30%）		14	工艺制订合理、选择刀具正确	10	每错一处扣 1 分		
		15	指令应用合理、正确	10	每错一处扣 1 分		
		16	程序格式正确、符合工艺要求	10	每错一处扣 1 分		
现场操作规范（10%）		17	刀具正确使用	2			
		18	量具正确使用	3			
		19	刃的正确使用	3			
		20	设备正确操作和维护保养	2			
		21	安全操作	倒扣	出现安全事故停止操作，酌情扣 5~30 分		

5. 对工件进行误差与质量分析并优化程序。

6. 安全操作和注意事项

1）装刀时，刀尖与工件中心线高平齐。

2）对刀前，先将工件右端端面车平。

3）注意换刀点的选择，防止打刀。

7. 含圆弧面零件加工的注意事项

1）含圆弧面零件的加工难点是保证圆弧表面的形状精度，应准确编程。

2）注意圆弧刀具几何参数的选择，主偏角一般取 30°～90°，刀尖角取 35°～55°，以保证刀尖位于刀具的最前端，避免刀具过切、干涉（图 2-51）。

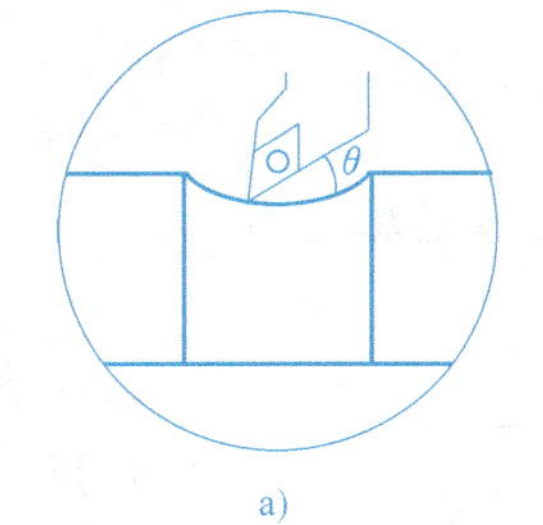

a)

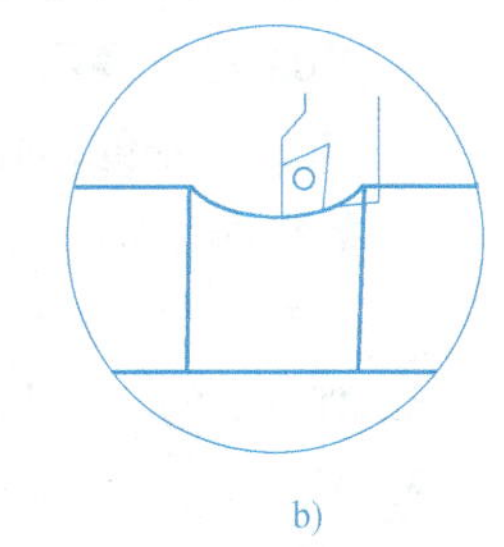

b)

图 2-51　刀具干涉

a）不干涉　b）干涉

3）注意采用刀尖圆弧半径补偿进行编程。对圆弧切点坐标的计算一定要精确，以保证加工时圆弧与圆弧之间连接光滑。

4）要求表面粗糙度值较小时，需加切削液进行冷却润滑。

四、轴类零件加工的常见误差现象及原因

轴类零件加工中的常见误差现象及原因见表 2-22。

表 2-22 常见误差现象及原因

现　　象	产生原因	解决方法
尺寸超差	1. 对刀数据不正确	调整或重新对刀
	2. 切削用量选择不当	合理选择切削用量
	3. 工件尺寸计算错误	正确计算工件尺寸
表面粗糙度较差	1. 刀具安装过高	正确安装刀具
	2. 产生积屑瘤	合理选择切削速度
	3. 刀具磨损	刃磨刀具或更换刀具
	4. 切削液选择不合理	合理选择切削液
出现扎刀现象	1. 进给速度过大	减小进给速度
	2. 刀具角度选择不当	合理选择刀具
出现振动现象	1. 工件安装不正确	检查工件安装，保证装夹刚度
	2. 刀杆伸出过长	正确安装刀具
	3. 切削用量选择不当	合理选择切削用量
半球面不符合要求	1. 程序错误	正确编制程序
	2. 刀具角度选择不当	合理选择刀具
	3. 刀尖圆弧半径补偿不正确	检查程序和修改刀具补偿
锥面不符合要求	1. 锥度不正确	检查程序或锥面加工刀具
	2. 刀尖圆弧半径补偿不正确	检查程序和修改刀具补偿

项目自测题

一、填空题

1. 程序段号地址是＿＿＿＿＿＿，其含义不表示程序执行＿＿＿＿＿，仅用于程序的＿＿＿＿＿和＿＿＿＿＿。

2. 准备功能指令的地址是＿＿＿＿，其含义是表示建立机床或控制系统＿＿＿＿＿一种命令。

3. 辅助功能代码为＿＿＿＿＿，表示机床辅助装置的＿＿＿＿＿。

4. 加工零件的直线轮廓用＿＿＿＿＿指令，空行程或退刀过程中用＿＿＿＿＿指令。

5. M03 指令表示＿＿＿＿＿，M04 指令表示＿＿＿＿＿。

6. M02 指令的作用是＿＿＿＿＿，M30 指令的作用是＿＿＿＿＿。

7. 数控车削加工进给率的单位有＿＿＿＿＿和＿＿＿＿＿。一般采用的进给率的单位为＿＿＿＿＿。

8. T0101 的含义是＿＿＿＿＿，T0200 的含义是＿＿＿＿＿。

9. 圆心坐标 I、K 表示圆弧＿＿＿到圆弧＿＿＿所作矢量分别在 X、Z 轴上的分矢量。

10. 具有刀尖圆弧半径补偿功能的数控车床，刀具补偿分为＿＿＿、＿＿＿和＿＿＿三个步骤，G40 指令是实现＿＿＿＿＿。

11. 指令“G96 S135”中，135 的单位是＿＿＿＿＿；指令“G97 S2000”中，2000 的单位是＿＿＿＿＿。

12. “G71 UΔd ＿ R(e－)；G71 P(ns) Q(nf) U(Δu) W(Δw)”中，Δd 为＿＿＿＿＿，e 为＿＿＿＿＿，ns 为＿＿＿＿＿，nf 为＿＿＿＿＿，Δu 为＿＿＿＿＿，Δw 为＿＿＿＿＿。

*13. SIEMENS 系统程序命名时，开始两个符号是＿＿＿＿＿＿，其后的符号可以是＿＿＿＿＿、＿＿＿＿＿或＿＿＿＿＿，不得使用＿＿＿＿＿。

*14. SIEMENS 系统中的直径编程指令是＿＿＿＿＿，半径编程指令是＿＿＿＿＿。

*15. SIEMENS 系统采用绝对编程用＿＿＿＿＿指令，增量编程用＿＿＿＿＿指令。

*16. SIEMENS 系统"G96 S＿ LIMS="指令中，S 后数值的单位是＿＿＿，LIMS 指定值的单位是＿＿＿。

*17. SIEMENS 系统中 LCYC95 循环各参数的含义分别是：R105＿＿＿＿＿＿，R106＿＿＿＿＿，R108＿＿＿＿＿，R109＿＿＿＿＿，R110＿＿＿＿＿，R111＿＿＿＿＿，R112＿＿＿＿＿。

*18. SIEMENS 系统 LCYC95 循环中，设置纵向外部粗加工的参数 R105=＿＿＿＿，设置纵向外部精加工的参数 R105=＿＿＿＿，设置纵向外部综合加工的参数 R105=＿＿＿。

*19. SIEMENS 系统中，T1D1 的含义是＿＿＿＿＿＿，T2D0 的含义是＿＿＿＿＿＿。

*20. SIEMENS 系统中"G158　X＿　Z＿"表示＿＿＿＿＿，G158 表示＿＿＿＿＿。

二、选择题

1. 下列指令属于准备功能字的是（　　）。

A. G01　　B. M08　　C. T01　　D. S500

2. 下列各项属于准备功能的是（　　）。

A. 主轴转动　　B. 开切削液

C. 规定刀具和工件相对运动轨迹　　D. 液压卡盘夹紧

3. 下列（　　）指令可以不需要跟 F 代码。

A. G00　　B. G01　　C. G02　　D. G03

4. M 指令控制机床各种（　　）

A. 运动状态　　B. 刀具更换　　C. 辅助动作状态　　D. 固定循环

5. 在数控加工过程中，要进行测量工件尺寸、工件调头、手动变速等手工操作时运行（　　）指令。

A. M00　　B. M98　　C. M02　　D. M03

6. FANUC 系统中，程序结束并返回参考点的指令是（　　）。

A. M00　　B. M01　　C. M30　　D. M98

7. 某直线控制数控机床加工的起始坐标为（0，0），接着分别是（0，10），（10，10），（10，0），（0，0），则加工的轨迹（　　）。

A. 是边长为 10mm 的平行四边形　　B. 是边长为 10mm 的正方形

C. 是边长为 10mm 的菱形　　D. 形状不确定

8. 数控机床主轴以 800r/min 转速正转时，其指令是（　　）。

A. M03 S800　　B. M04 S800　　C. M05 S800　　D. M06 S800

9. 影响数控车床加工精度的因素很多，要提高工件的质量有很多措施，但（　　）不能提高加工精度。

A. 将绝对编程改变为增量编程　　B. 正确选择车刀类型

C. 控制刀尖中心高误差　　D. 减小刀尖圆弧半径对加工的影响

10. 外圆车刀刀尖圆弧位置编码为（　　）号。

A. 1　　B. 2　　C. 3　　D. 4

11. 程序中指定了（　　）时，刀尖圆弧半径自动补偿被撤销。

A. G40　　B. G41　　C. G42　　D. G43

12. 若不考虑车刀刀尖圆弧半径自动补偿，会影响车削工件的（　　）精度。

A. 外径　　B. 内径　　C. 长度　　D. 锥度及圆弧

13. 车床数控系统中，用（　　）指令进行恒线速控制。

A. G00　　B. CS　　C. G01　　D. G96　S__

14. FANUC 系统中毛坯切削循环 G71 指令只能实现（　　）。

A. 轮廓精加工　　B. 轮廓粗加工　　C. 轮廓综合加工　　D. 内轮廓加工

15. “G71 U(Δd)　R(e)”中，Δd 表示（　　）。

A. 切削深度，无正负号，半径值　　B. 切削深度，有正负号，半径值

C. 切削深度，无正负号，直径值　　D. 切削深度，有正负号，直径值

*16. SIEMENS 系统中，LCYC95 循环指令（　　）。

A. 只能加工外表面　　B. 只能加工内表面

C. 内外表面均可加工　　D. 可加工表面不确定

*17. SIEMENS 系统中，使用 LCYC95 毛坯切削循环指令时，R105=9 表示（　　）。

A. 纵向/外部/精加工　　B. 横向/外部/综合加工

C. 纵向/外部/综合加工　　D. 横向/外部/精加工

*18. SIEMENS 系统中，调用毛坯切削循环 LCYC95 指令前，刀具应处于（　　）。

A. 工件原点

B. 机床原点

C. 刀具移动至循环起点不发生撞刀的位置点

D. 编程原点

*19. SIEMENS 系统中，调用毛坯切削循环，（　　）指令必须有效。

A. 半径　　B. 直径　　C. 长度　　D. 宏

*20. SIEMENS 系统中，设置（　　）可以使刀具补偿值取消。

A. T0　　B. G0　　C. D0　　D. D1

三、判断题

1. 在编制加工程序时，程序段号可以不写或不按顺序写。（　　）

2. 无论什么数控系统，程序段中均可采用绝对或增量方式进行编程。（　　）

3. 增量编程指令是利用刀具相对移动距离来编制程序。（　　）

4. 数控车床 G 功能指令已经标准化，因此所有数控系统的 G 功能指令格式都相同。（　　）

5. 数控车床 X 方向一般都以半径尺寸编程。（　　）

6. G00 方式下，速度与编程的 F 值无关。（　　）

7. G 和 M 指令一定都是模态指令。（　　）

8. G02、G03、G01 都是模态指令。（　　）

9. 刀尖圆弧半径自动补偿功能包括刀补的建立、刀补的执行和刀补的取消三个阶段。 (　　)

10. 使用 G71 切削循环指令进行粗车时，在程序段号 *ns*~*nf* 之间的 F、S、T 功能均有效。 (　　)

11. 使用 G73 切削循环指令时，零件沿 *X* 轴的外形必须是单调递增或单调递减。 (　　)

12. 恒线速控制的原理是当工件的直径越大，进给速度越慢。 (　　)

13. 使用恒线速控制功能，车削直径由大变小时，主轴转速将提高非常快，因此必须设定最高主轴转速限制。 (　　)

14. T0101 表示选用第一号刀，使用第一号刀具位置补偿值。 (　　)

15. 零件在机床加工时，应取消空运行设置，否则会发生撞刀现象。 (　　)

*16. SIEMENS 802S 和 802C 系统中，毛坯切削循环 LCYC95 指令均不能加工径向尺寸单向递增或递减的轮廓。 (　　)

*17. SIEMENS 系统中，使用 G158 时必须 *X* 和 *Z* 方向均平移。 (　　)

*18. SIEMENS 系统 LCYC95 循环中，R108 表示切入深度，是半径值。 (　　)

*19. SIEMENS 系统 LCYC95 循环中，R106 表示精加工余量，是直径值。 (　　)

*20. SIEMENS 系统中，G01 与 G1、M30 与 M03 在机床上的功能是相同的。 (　　)

四、简答题

1. 什么是绝对编程与增量编程？
2. 分析 G00 与 G01 指令有何区别？分别用于什么场合？
3. 如何正确选择使用 G41 和 G42 指令？
4. 简述 SIEMENS 系统循环指令 LCYC95 和 FANUC 系统循环指令 G71 在使用中的异同。
5. 零件在机床加工时，程序单段运行有何作用？

五、编程题

如图 2-52、图 2-53 所示，轴类零件材料为 45 钢，试分别用 FANUC 系统和 SIEMENS 系统格式编写数控加工程序。

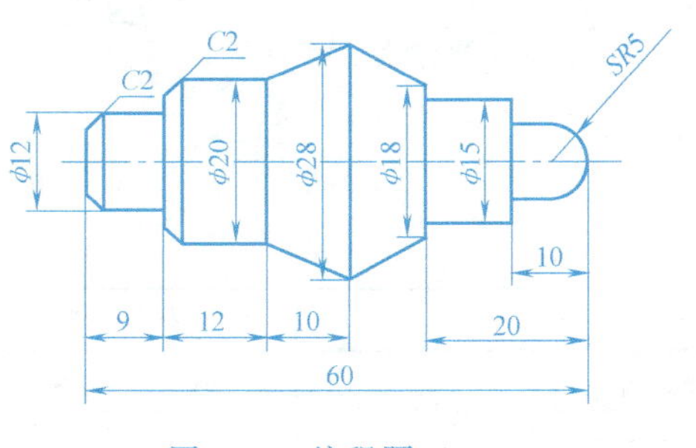

图 2-52　编程题（一）

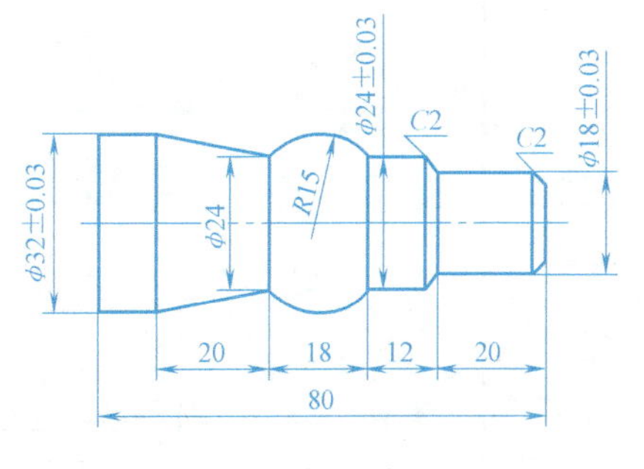

图 2-53　编程题（二）

项目三 盘套类零件的加工

盘套类零件一般由外圆面、内孔面、端面等构成。其技术要求除尺寸公差、表面粗糙度和内外表面的圆度、圆柱度等形状公差外，还有同轴度、垂直度等方向和位置公差要求。

项目目标

1. 了解盘套类零件的数控车削工艺，会制订盘套类零件的数控加工工艺。
2. 正确选择和安装刀具，避免加工过程中刀具的干涉。
3. 合理安排内外轮廓的加工顺序，正确选择加工方向和切削参数。
4. 正确运用编程指令编制盘套类零件的数控加工程序。
5. 进一步掌握数控车床的独立操作技能。
6. 正确使用检测量具，并能够对盘套类零件进行质量分析。

项目任务一　套的加工

加工图 3-1 所示的套零件，零件毛坯直径为 ϕ40mm，材料为 45 钢。

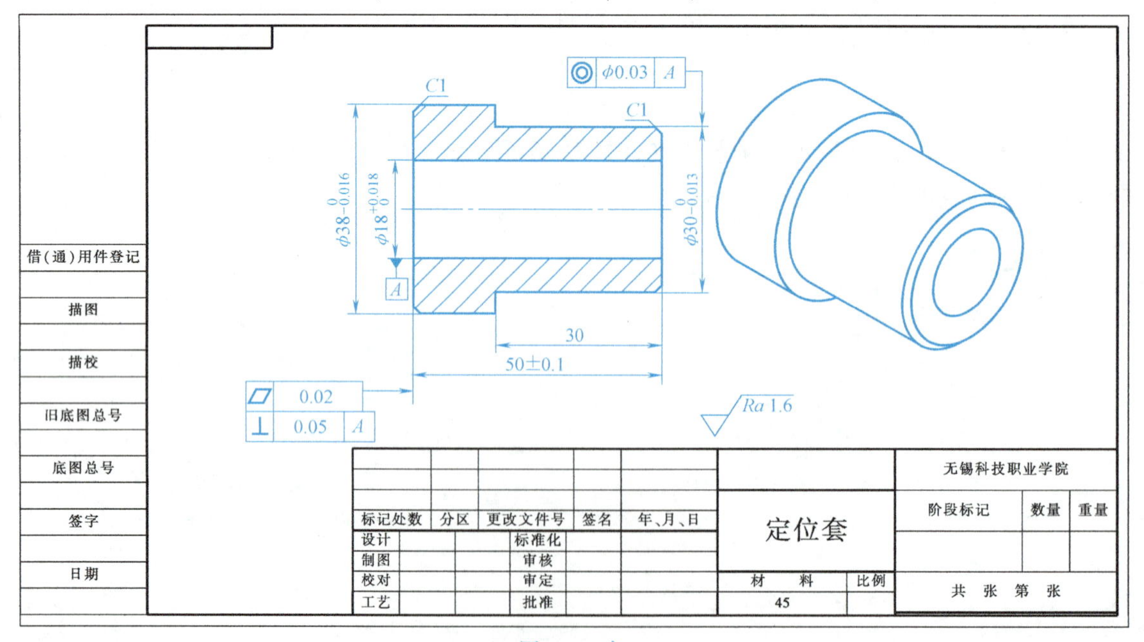

图 3-1　套

一、零件的加工工艺

1. 套类零件的技术要求

套类零件通常起支承和导向作用，其结构特点为长度大于直径，技术要求如下：

（1）尺寸精度　内孔面尺寸公差等级一般为 IT7~IT8，精密套类零件可达 IT6；外圆面尺寸公差等级一般为 IT6~IT7 级。

（2）形状精度　内孔面主要有圆度要求，较长的套类需考虑圆柱度要求，一般控制在孔径公差范围内，精密套类零件则一般控制在孔径公差的 1/2~1/3 范围内；外圆面一般控制在直径公差范围内。

（3）位置精度　内、外轮廓面同轴度要求是主要的位置精度要求，外圆面对内孔中心线的同轴度公差一般为 ϕ0. 01~0. 05mm。当套类零件端面作定位基准时，其端面对内孔中心线有较高的垂直度要求，其公差一般为 0. 02~0. 05mm。

（4）表面粗糙度　内孔面表面粗糙度值为 Ra0. 4~3. 2μm，精密套类零件的内孔表面粗糙度值为 Ra 0. 025μm；外圆面表面粗糙度值为 Ra 0. 4~3. 2μm。

2. 孔加工方案

孔是盘套类零件的主要特征，内孔有不同的精度和表面质量要求，也有不同的结构尺寸，如通孔、不通孔、阶梯孔、深孔、浅孔、大直径孔、小直径孔等。常用的孔加工有钻孔、扩孔、铰孔、镗孔、磨孔、拉孔、研磨孔、珩磨孔、滚压孔等。

3-1　镗内孔

（1）钻孔　用钻头在工件实体部位加工孔称为钻孔。钻孔属粗加工，可达到的尺寸公差等级为 IT11~IT12，表面粗糙度值为 Ra12. 5μm。钻孔的工艺特点有：钻头容易偏斜，孔径容易扩大，孔的表面质量较差，钻削时轴向力大。因此，当钻孔直径 d 大于 30mm 时，一般分两次进行钻削。第一次钻出（0. 5~0. 7）d，第二次钻到所需的孔径。

（2）扩孔　扩孔是用扩孔钻对已钻出的孔作进一步加工，以扩大孔径并提高精度和降低表面粗糙度值。扩孔可达到的尺寸公差等级为 IT10~IT11，表面粗糙度值为 Ra6. 3~12. 5μm，属于孔的半精加工方法，常作为铰削前的预加工，也可作为精度不高的孔的终加工。扩孔与钻孔相比有以下特点：刚性较好，导向性好，切削条件较好。

（3）铰孔　铰孔是对未淬硬孔进行精加工的一种方法。铰孔的尺寸公差等级可达 IT6~IT9，表面粗糙度值可达 Ra0. 1~3. 2μm。铰孔的方式有机铰和手铰两种。铰削的余量很小，一般粗铰余量为 0. 15~0. 25mm，精铰余量为 0. 05~0. 15mm。铰削应采用低切削速度，以免产生积屑瘤和引起振动，一般粗铰 v_c=4~10m/min，精铰 v_c=1. 5~5m/min。机铰的进给量可比钻孔时高 3~4 倍，一般可取 0. 5~1. 5mm/r。

（4）镗孔　镗孔是很经济的孔加工方法，一般广泛地应用于单件、小批生产中。生产中的非标准孔、大直径孔、精确的短孔、不通孔和有色金属孔等，一般多采用镗孔。镗孔既可以用作粗加工，也可以用作精加工；镗孔是修正孔中心线偏斜的有效方法，也有利于保证孔的坐标位置。镗孔的尺寸公差等级一般可达 IT6~IT9，表面粗糙度值为 Ra0. 4~3. 2μm。

（5）拉孔　拉孔是一种高效率的精加工方法。除拉削圆孔外，还可拉削各种截面形状的通孔及内键槽。拉削圆孔可达的尺寸公差等级为IT7~IT9，表面粗糙度值为Ra0.4~1.6μm。

因此，常用的孔加工方法的经济精度、表面粗糙度及适用范围见表3-1。

表3-1 孔加工方法的经济精度、表面粗糙度及适用范围

序号	加工方法	经济精度（公差等级）	表面粗糙度值 Ra/μm	适用范围
1	钻孔	IT11~IT12	12.5	加工未淬火钢及铸铁的实心毛坯，也可用于加工有色金属（但表面粗糙度值较低，孔径小于ϕ15~20mm）
2	钻孔→铰孔	IT9	1.6~3.2	
3	钻孔→铰孔→精铰孔	IT7~IT8	0.8~1.6	
4	钻孔→扩孔	IT10~IT11	6.3~12.5	同上，但孔径大于ϕ15~20mm
5	钻孔→扩孔→铰孔	IT8~IT9	1.6~3.2	
6	钻孔→扩孔→粗铰孔→精铰孔	IT7	0.8~1.6	
7	钻孔→扩孔→机铰孔→手铰孔	IT6~IT7	0.1~0.4	
8	粗镗（或扩孔）	IT11~IT12	6.3~12.5	除淬火钢外的各种材料，毛坯有铸出孔或锻出孔
9	粗镗（粗扩）→半精镗（精扩）	IT8~IT9	1.6~3.2	
10	粗镗（扩）→半精镗（精扩）→精镗（铰）	IT7~IT8	0.8~1.6	
11	粗镗（扩）→半精镗（精扩）→精镗→浮动镗	IT6~IT7	0.4~0.8	
12	粗镗→半精镗→精镗→金刚镗	IT6~IT7	0.05~0.4	主要用于精度要求高的有色金属加工

3. 套类零件的加工方法

1）一般把轴套、衬套等零件称为套类零件。为了与轴类零件相配合，套类零件上一般有加工精度要求较高的内轮廓，尺寸公差等级为IT7~IT8，表面粗糙度值要求达到Ra0.4~3.2μm。

2）内轮廓加工刀具由于受到孔径和孔深的限制，刀杆细而长，刚性差，因此切削用量（如进给量和背吃刀量）较切削外轮廓时要选择稍小些。

3）内轮廓切削时切削液不易进入切削区域，切屑不易排出，切削温度可能会较高，因此镗深孔时可以采用工艺性退刀，以促进切屑排出。

4）内轮廓加工工艺常采用“钻→粗镗→精镗”，孔径较小时也可采用手动方式或“MDI”方式下“钻→铰”加工。

5）大锥度锥孔表面加工可采用固定循环编程或子程序编程，一般直孔和小锥度锥孔采用钻孔后镗削。

6）工件精度较高时，按粗、精加工交替进行内、外轮廓切削，以保证几何精度。

二、钻孔循环指令

钻孔循环指令G74执行路线如图3-2所示。

指令格式：G74　R(e)；

G74　X（U）__　Z(W)__　P(Δi)__　Q(Δk)__　R（Δd）　F__;

说明：1）e 为 Z 方向的退刀量（模态值）。

2）X 后为点 B 的 X 坐标（终点坐标）。

3）U 后为从点 A 至点 B 的 X 向增量值。

4）Z 后为点 C 的 Z 坐标（终点坐标）。

5）W 后为从点 A 至点 C 的 Z 向增量值。

6）Δi 为 X 方向的每次循环移动量（不带符号，直径值，单位为 μm）。

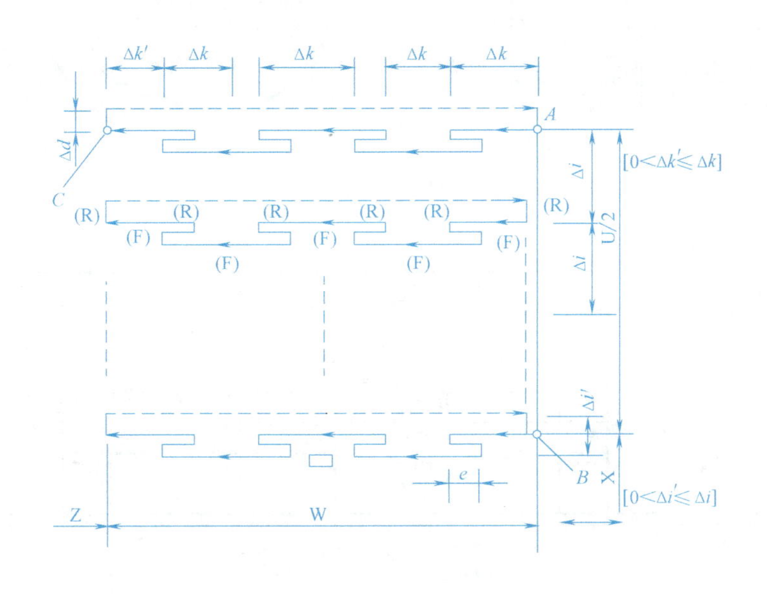

图 3-2　G74 钻孔循环

7）Δk 为 Z 方向的每次循环移动量（不带符号，单位为 μm）。

8）Δd 为刀具在切削底部的退刀量（直径值）。Δd 的符号一定是正值，通常不指定。如果 X(U) 及 Δi 省略，则 Δd 视为零。

9）F 后的值为切削进给量。

注意：1）G74 循环用于深孔的断续加工，如图 3-2 所示，也可用于端面圆环槽的断续加工。

2）如 X（U）和 P 省略，只在 Z 向钻孔。

3）刀尖圆弧半径补偿不能用于 G74 指令。

例：如图 3-3 所示，用 G74 循环指令加工深孔和端面圆环槽（假设已钻过中心孔）。

选取图 3-3 工件右端面中心为编程原点，FANUC 0i 系统数控车削加工参考程序见表 3-2。表中加工程序仅为车孔和车端面槽的程序。

注意：在车端面槽时，需选用端面槽刀。端面槽刀的几何形状是外圆车刀与镗孔刀的综合。端面槽刀在刃磨时，副后面必须按略小于端面槽外圈圆弧半径刃磨成圆弧形，以免车槽时副后面刮伤外圈槽壁。

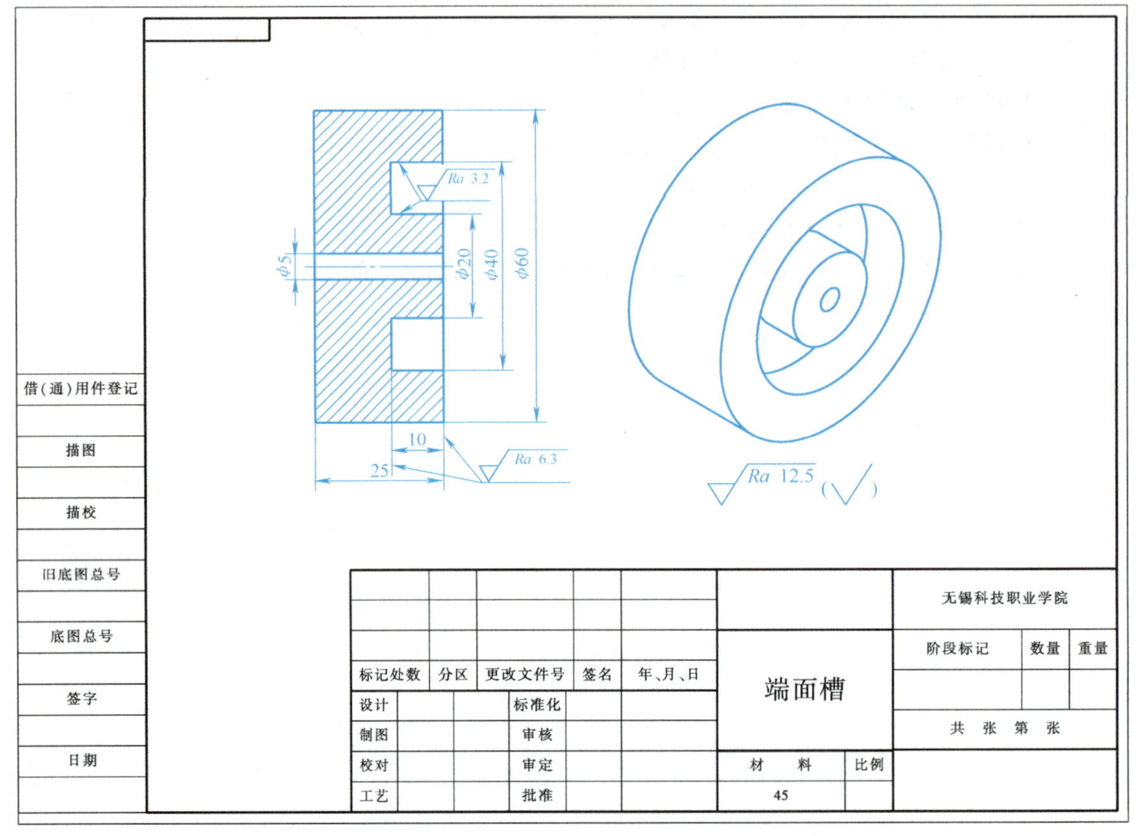

图 3-3 加工端面槽

表 3-2 数控车削加工程序

顺序号	程 序	注 释
	钻中间 ϕ5mm 深孔	
N50	T0303;	换 ϕ5mm 钻头
N60	M03 S500;	
N70	G00 X0;	
N80	Z2 M08;	
	G74 R1;	钻 ϕ5mm 孔
N100	G74 Z-30 Q5000 F0.08;	每次钻深 5mm 后，沿 Z 向退 1mm
N110	G00 Z100;	
N120	M01;	
N130	X200;	
	端面槽加工	
N140	T0404;	换端面槽刀
N150	M03 S400;	
N160	G00 Z2;	
N170	X39 M08;	
N180	G74 R0.05;	车端面槽
N190	G74 X20 Z-10 P2000 Q1500 F0.08;	
N200	G00 Z100;	
…	…	…

一、制订零件加工工艺

1. 零件结构分析

1）图 3-1 所示套零件由内、外轮廓面组成。

2）本工序要求完成零件内、外轮廓的粗、精加工。

2. 数控车削加工工艺分析

（1）装夹方式的选择　采用自定心卡盘夹紧。

（2）加工方法的选择　零件材料为 45 钢。零件外轮廓表面粗糙度值为 $Ra1.6\mu m$，尺寸公差等级 IT6，可按粗、精车方案加工。零件内轮廓加工前可预先钻 ϕ3mm 中心孔和 ϕ16mm 的孔，内轮廓表面粗糙度值为 $Ra1.6\mu m$，尺寸公差等级为 IT7，按粗、精镗方案加工。

（3）刀具的选择　T0101 为 93°外圆机夹车刀（80℃形菱形刀片）、T0202 为 ϕ3mm 的中心钻、T0303 为 ϕ16mm 的麻花钻、T0404 为刀宽 3mm 的切槽刀（左刀尖对刀）、T0505 为 93°内孔车刀（55°D 形菱形刀片）。

3. 数控加工工序卡

填写数控加工工序卡（表 3-3）。

表 3-3　套零件数控加工工序卡

<table>
<tr><td>工序号</td><td colspan="2"></td><td>工序内容</td><td colspan="4"></td></tr>
<tr><td colspan="3">零件名称</td><td>零件图号</td><td>材料</td><td>夹具名称</td><td colspan="2">使用设备</td></tr>
<tr><td colspan="3">定位套</td><td>3-1</td><td>45</td><td>自定心卡盘</td><td colspan="2">数控车床</td></tr>
<tr><td>工步号</td><td colspan="2">工步内容</td><td>刀具号</td><td>主轴转速 n/（r/min）</td><td>进给量 f/（mm/r）</td><td>背吃刀量 a_p/mm</td><td>备注</td></tr>
<tr><td>1</td><td colspan="2">车右端面</td><td>T0101</td><td>1000</td><td>0.15</td><td></td><td></td></tr>
<tr><td>2</td><td colspan="2">粗、精车 ϕ38mm 和 ϕ30mm 外轮廓面</td><td>T0101</td><td>粗:1000
精:1500</td><td>粗:0.2
精:0.1</td><td>粗:1.5
精:0.5</td><td></td></tr>
<tr><td>3</td><td colspan="2">自动(手动)钻中心孔</td><td>T0202</td><td>800</td><td>0.1</td><td></td><td></td></tr>
<tr><td>4</td><td colspan="2">自动(手动)钻孔 ϕ16mm</td><td>T0303</td><td>400</td><td>0.08</td><td>6</td><td></td></tr>
<tr><td>5</td><td colspan="2">切断</td><td>T0404</td><td>600</td><td>0.1</td><td></td><td></td></tr>
<tr><td>6</td><td colspan="2">调头装夹 ϕ30mm 外轮廓面，手动车端面，保证总长</td><td>T0101</td><td>1000</td><td>0.15</td><td></td><td>手动</td></tr>
<tr><td>7</td><td colspan="2">粗、精镗内轮廓面</td><td>T0505</td><td>粗:1000
精:1500</td><td>粗:0.2
精:0.1</td><td>粗:1
精:0.2</td><td></td></tr>
<tr><td>编制</td><td colspan="2"></td><td>审核</td><td></td><td>批准</td><td></td><td>第　页
共　页</td></tr>
</table>

二、编制数控加工程序

FANUC 0i T 系统中套零件的数控车削加工程序见表 3-4。

3-2　任务一

表 3-4　数控车削加工程序

顺序号	程序	注释
工步 1:车右端面		
N10	T0101;	换 1 号刀
N20	M03 S1000;	
N30	G00 X50 Z0;	刀具定位
N40	G01　X-1　F0.15;	车右端面
工步 2:粗、精车 ϕ38mm 和 ϕ30mm 外轮廓面		
N50	G00　X45　Z5;	粗加工定位
N60	G71　U1.5　R0.5;	粗加工外轮廓面,留 0.5mm 精车余量
N70	G71　P80　Q140　U1　W0.5　F0.2;	
N80	G00　X26;　//ns	*ns*～*nf* 描述外轮廓
N90	G01　Z1　F0.1　S1500;	
N100	X30　Z-1;	
N110	Z-30;	
N120	X38;	
N130	Z-55;	
N140	X40;　//nf	
N150	G70 P80 Q140;	精加工外轮廓面
N160	G00 X80 Z200;	
N170	M05;	
N180	M30;	
工步 3:钻中心孔		
N10	T0202;	换 2 号刀
N20	M03 S800;	
N30	G00 X0　Z5;	定位至 ϕ18mm 孔外,距端面正向 5mm
N40	G01 Z-4 F0.1;	钻中心孔,深 4mm
N50	G00 Z200;	退刀
N60	X80;	
N70	M05;	
N80	M30;	
工步 4:钻孔 ϕ16mm		
N10	T0303;	换 3 号刀
N20	M03 S400;	
N30	G00 X0 Z5;	定位至 ϕ18mm 孔外,距端面正向 5mm
N40	G74 R2;	钻孔深 58mm,保证 50mm 有效长度
N50	G74 Z-58 Q6000 F0.08;	
N60	G00 Z200;	退刀
N70	X80;	

（续）

顺序号	程序	注释
工步 4：钻孔 ϕ16mm		
N80	M05；	
N90	M30；	
工步 5：切断		
N10	T0404；	换 4 号刀
N20	M03S600；	
N30	G00　X40　Z-55；	定位，包括切槽刀宽，并留余量
N40	G01　X10　F0.1；	切断
N50	G00　X80；	退刀
N60	Z200；	
N70	M05；	
N80	M30；	
工步 6：调头装夹 ϕ30mm 外轮廓面，手动车端面，保证总长		
工步 7：粗、精镗内轮廓面		
N10	T0505；	换 5 号刀
N20	M03　S1000；	
N30	G00　X17.6　Z5；	粗镗定位，留 0.2mm 精车余量
N40	G01 Z-55　F0.2；	粗镗
N50	X17；	退刀
N60	G00　Z5；	
N70	G00　X80　Z200；	
N80	M00 M05；	程序停，主轴停，检测工件
N90	M03　S1500；	
N100	G00　X18　Z5；	精镗定位
N110	G01　Z-55　F0.1；	精镗
N120	X17；	退刀
N130	G00　Z5；	
N140	G00　X80　Z200；	
N150	T0500 M05；	
N160	M30；	

三、零件数控加工（FANUC 0i T）

1）选择机床、数控系统并开机。
2）机床各轴回参考点。
3）安装工件，安装 1 号刀具并对刀。
4）输入端面、外轮廓加工程序，检查、调试并加工。
5）安装 2 号刀具并对刀，输入中心孔加工程序，检查、调试并加工。
6）安装 3 号刀具并对刀，输入孔加工程序，检查、调试并加工。

7）安装 4 号刀具，断料，并留余量。

8）工件调头，重新装夹，用 1 号刀具手动加工端面，控制总长。

9）安装 5 号和 6 号刀具并对刀，输入内孔粗、精加工程序，检查、调试并加工。

10）测量工件，优化程序，对工件进行误差与质量分析。

注意：加工时可手动打开切削液。

项目任务二　盘的加工

加工图 3-4 所示盘零件，零件毛坯直径 $\phi60$mm，材料为 45 钢。

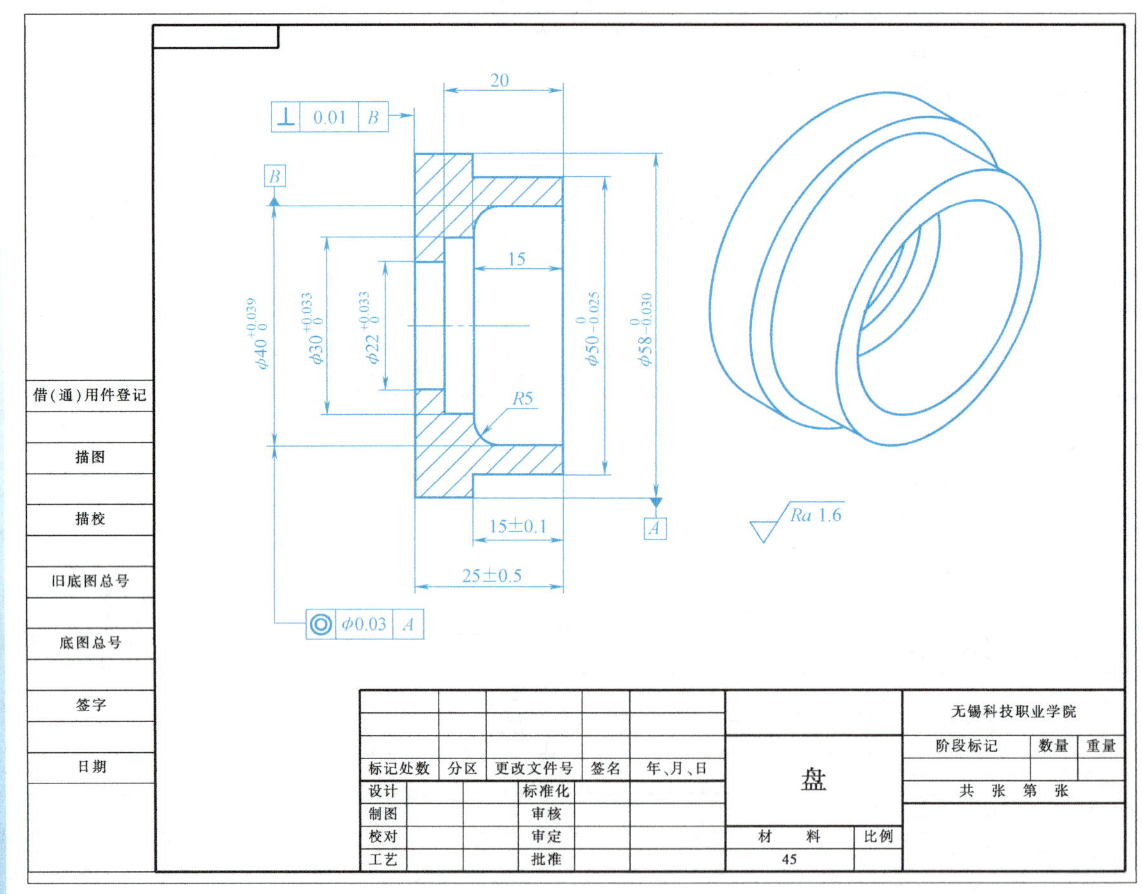

图 3-4　盘

一、零件的加工工艺

1. 盘类零件的技术要求

盘类零件通常起支承和连接作用，结构特点为零件的径向尺寸大于轴向尺寸。其技术要求与套类零件相似。另外，还应考虑对支承用的端面有较高的平面度要求和轴向尺寸精度要求，以及两端面的平行度要求，对于转接用的内孔等，还有与平面的垂直度要求等。

2. 零件装夹

盘类零件有同轴度和垂直度等位置和方向公差要求，为保证其精度，通常采用以下几种装夹方法。

（1）按工序集中原则一次装夹　在加工数量少、精度要求高的零件时，在毛坯工件上留一定的夹持余量，采用工序集中原则一次装夹，将工件全部或大部分关键表面加工完毕，以保证加工要求。

（2）以内孔为基准装夹　当盘类零件外圆面形状复杂而内孔相对比较简单时，可以按要求先加工完内孔，再按内孔的尺寸配置心轴，以内孔为定位基准套在心轴上加工，以保证加工要求。常用的心轴有圆柱心轴、圆锥心轴、阶梯心轴和胀力心轴等。

（3）以外圆为基准装夹　当盘类零件内孔形状复杂而外圆面相对比较简单时，可以按要求先加工完外圆面，再以外圆为装夹基准进行加工，以保证加工要求。用软卡爪或弹簧卡头装夹已加工表面，不会夹伤零件，还可以有效缩短工件的装夹和找正时间。

二、端面粗车切削循环指令

指令格式：G72　W(Δd)　R(e)；

G72　P(ns)　Q(nf)　U(Δu)　W(Δw)　F(f)　S(s)　T(t)；

说明：1）Δd 为粗车背吃刀量（即 Z 向切削深度，不带符号，模态值）。

2）e 为粗车退刀量（模态值）。

3）ns 为精加工轮廓程序段中开始程序段的段号。

4）nf 为精加工轮廓程序段中结束程序段的段号。

5）Δu 为 X 轴方向的精加工余量（直径值，外圆加工为正，内孔加工为负）。

6）Δw 为 Z 轴方向的精加工余量。

7）f、s、t 为粗车时的 F、S、T 代码。

注意：1）G72 端面粗车切削循环指令是复合固定循环指令，适合于对径向尺寸大于轴向尺寸的毛坯工件进行粗车循环，如图 3-5 所示。一般在编程时，Z 向的精车余量大于 X 向精车余量。

2）零件轮廓必须符合 X 轴、Z 轴方向同时单调增大或单调减少的形式。

3）顺序号 ns 到 nf 程序段中的 F、S、T 功能，即使被指定也对粗车循环无效。

4）FANUC 0i T 系统中 G72 加工循环，顺序号为 ns 的程序段必须沿 Z 向进刀，且不应出现 X 轴的运动指令，否则会出现程序报警。

3-3　表 3-5

例：用 G72、G70 指令加工图 3-6 所示零件右端的各外轮廓，零件材料为 45 钢。

编程时选取图 3-6 所示左端 O 点为编程原点，数控车削加工程序见表 3-5。

表 3-5　数控车削加工程序

顺序号	程　序	注　释
…	…	…
N60	G00　X200　Z200；	

（续）

顺序号	程　　序	注　　释
N70	Z132；	
N80	G72　W2　R0.5；	端面粗车循环
N90	G72　P100　Q160　U2　W2　F0.2；	
N100	G00　Z59；　　　　//ns	精加工开始程序段
N110	G01　X164　F0.1；	
N120	X120　Z70；	
N130	W10；	
N140	X80　W10；	
N150	W20；	
N160	X36　Z132；　　　//nf	精加工结束程序段
N170	G70　P100　Q160；	精车轮廓
N180	G00　X200　Z250；	
N190	M05；	
N200	M30；	

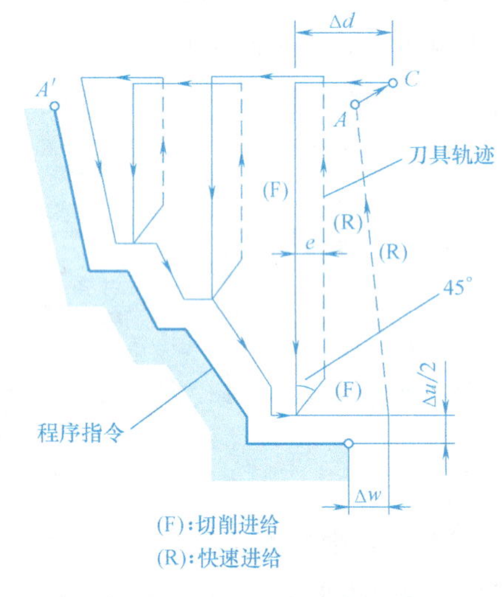

图 3-5　G72 端面粗车切削循环

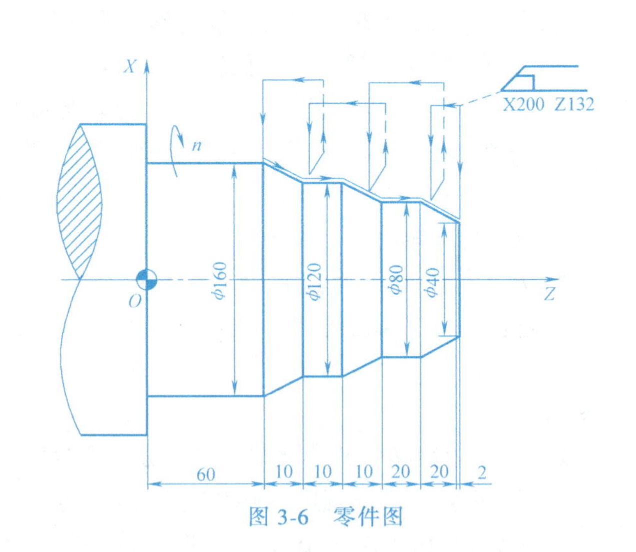

图 3-6　零件图

三、自动返回参考点指令

指令格式：G28　X(U)__；　　　　　　　　（X 向回参考点）

G28　Z(W)__；　　　　　　　　（Z 向回参考点）

G28　X(U)__　Z(W)__；　　　（第一参考点返回）

G30　P2　X(U)__　Z(W)__；　（第二参考点返回，P2 可省略）

G30　P3　X(U)__　Z(W)__；　（第三参考点返回）

G30　P4　X(U)__　Z(W)__；　（第四参考点返回）

说明：1）该功能用于接通电源并已进行手动返回参考点后，使刀具从当前位置以 G00 速度经过中间点回到参考点。指定中间点的目的是使刀具沿着一条安全路径回到参考点，中间点位置只要不使刀具与工件产生干涉即可。用 FANUC 0i 系统参数（1240～1243 号）可在机床坐标系中设定 4 个参考点。

2）X、Z 表示刀具经过的中间点的绝对值坐标。

3）U、W 表示刀具经过的中间点相对于起始点的增量坐标。

注意：1）使用 G28 指令前，为了安全，应取消刀尖圆弧半径补偿和刀具偏置。

2）在 G28 程序段中，不仅记忆移动指令坐标值，而且记忆了中间点的坐标值，即在使用 G28 的程序段中如没有被指定的轴，以前 G28 中的坐标值就作为那个轴的中间点坐标值。

3）通常只在自动刀具交换（ATC）位置不同于第一参考点时才使用 G30 指令。

4）一些全功能数控车床，为保证安全，需回参考点进行换刀。

例图 3-7a 所示的返回参考点程序：G28　U0　W0；表示直接由现在位置返回机床参考点，不经过参考点。

图 3-7b 所示的返回参考点程序：G28　X60.0　Z-25.0；表示由当前点经中间点（60，-25）返回机床参考点。

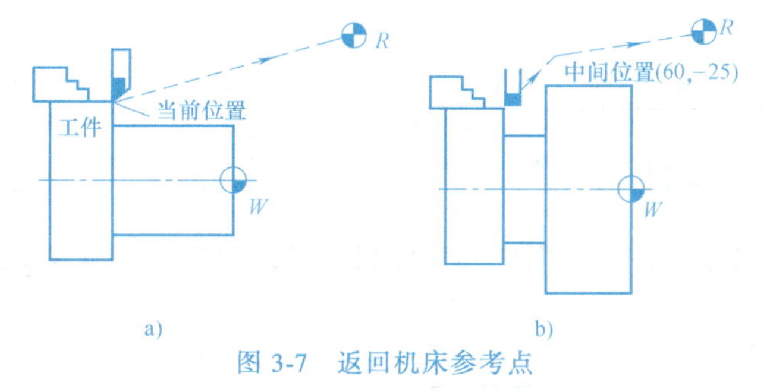

图 3-7　返回机床参考点

a）直接返回参考点　b）经中间点返回参考点

一、制订零件加工工艺

1. 零件结构分析

1）如图 3-4 所示，盘的外轮廓由外圆柱面组成，内轮廓由内圆柱面、内圆弧面组成。

2）本工序要求完成零件内外轮廓的粗、精加工。

2. 数控车削加工工艺分析

（1）装夹方式的选择　采用自定心卡盘夹紧。

（2）加工方法的选择　零件材料为 45 钢。零件外轮廓表面粗糙度值为 $Ra1.6\mu m$，尺寸公差等级 IT7，可按粗车、精车方案加工。零件内轮廓加工可预先钻 ϕ3mm 中心孔和 ϕ18mm 的孔，内轮廓表面粗糙度值为 $Ra1.6\mu m$，尺寸公差等级 IT8，按粗镗和精镗方案加工。

（3）刀具的选择　T0101 为 93°外圆机夹车刀（80°C 形菱形刀片）、T0202 为 93°镗孔车刀（55°D 形菱形刀片）、T0303 为刀宽 4mm 的切槽刀（左刀尖对刀）、T0404 为 ϕ3mm 的中心钻、T0505 为 ϕ18mm 的麻花钻。

3. 数控加工工序卡

填写数控加工工序卡（表 3-6）。

表 3-6 盘的数控加工工序卡

工序号		工序内容				
零件名称		零件图号	材料	夹具名称	使用设备	
盘		3-4	45	自定心卡盘	数控车床	
工步号	工步内容	刀具号	主轴转速 n /(r/min)	进给量 f /(mm/r)	背吃刀量 a_p /mm	备注
1	车右端面	T0101	800	0.1		
2	钻中心孔	T0404	1000			手动
3	钻 ϕ18mm 孔	T0505	600			手动
4	粗车外轮廓面	T0101	800	0.3	2	
5	粗镗内轮廓面	T0202	1000	0.2	1	
6	精车外轮廓面	T0101	1500	0.1	0.2	
7	精镗内轮廓面	T0202	1500	0.1	0.2	
8	切断	T0303	600	0.1		
编制		审核		批准		第 页 共 页

二、编制数控加工程序

如图 3-4 所示，选取工件右端面中心为编程原点，FANUC 0i T 系统数控车削加工程序见表 3-7。

表 3-7 数控车削加工程序

顺序号	程序	注释
工步 1：车右端面		
N10	G28 U0 W0;	回参考点
N20	T0101;	换 1 号刀
N30	M03 S800;	
N40	G00 X60 Z3;	
N50	G94 X0 Z0.5 F0.1;	加工右端面（两次）
N60	Z0;	
N70	M05;	
N80	G28 U0 W0;	回参考点
工步 2：手动钻中心孔		
工步 3：手动钻 ϕ18mm 孔		
工步 4：粗车外轮廓面		
N10	T0101;	换 1 号刀
N20	M03 S800;	
N30	G00 X60 Z3;	

（续）

顺序号	程序	注释
工步 4：粗车外轮廓面		
N60	G90 X59 Z-30 F0.3；	粗加工 ϕ58mm 外圆，留 0.2mm 精加工余量
N70	X58.4；	
N80	G90 X54.4 Z-15；	粗加工 ϕ50mm 外圆，留 0.2mm 精加工余量
N90	X50.4；	
N100	G28　U0　W0；	回参考点
N110	M05；	停止主轴
N120	M01；	选择停，检测工件
工步 5：粗镗内轮廓面		
N135	M03 S1000；	
N140	T0202；	换 2 号刀
N145	G00　Z5；	
N150	X16；	定位至 ϕ18mm 孔外，距端面正向 5mm
N160	G72 W1 R0.5；	粗加工内轮廓面留 0.2mm 精加工余量
N170	G72 P180 Q240 U-0.4 W0.5 F0.2；	
N180	G01　Z-28　F0.1　S1500　//ns；	内轮廓开始程序段
N190	X22；	
N200	Z-20；	
N210	X30；	
N220	Z-15；	
N230	G02 X40 Z-10 R5；	
N240	G01Z2　//nf；	内轮廓结束程序段
N250	G28　U0　W0；	回参考点
N260	M05；	
N270	M01；	选择停，检测工件
工步 6：精车外轮廓面		
N280	M03 S1500；	
N290	T0101；	换 1 号刀
N300	G00 X50 Z3；	外轮廓精加工始点
N310	G01 Z-15 F0.1；	精加工外轮廓
N320	X58；	
N330	Z-30；	
N340	X70；	
N350	G28　U0　W0；	回参考点
N360	T0100 M05；	
N370	M01；	选择停，检测工件

（续）

顺序号	程序	注释
工步 7:精镗内轮廓面		
N375	M03　S1500;	
N380	T0202;	换 2 号刀
N390	G00 X20;	
N395	Z5;	内轮廓精加工始点
N400	G70 P180 Q240 F0.1;	精加工内轮廓面
N410	G28 U0 W0;	回参考点
N420	T0200 M05;	
N430	M01;	选择停,检测工件
工步 8:切断		
N440	M03 S600;	
N450	T0303;	换 3 号刀
N460	G00 X65 Z-29;	快速定位
N470	G01 X18 F0.1;	切断
N480	G00 X60;	
N490	G28 U0 W0;	回参考点
N500	T0300 M05;	
N510	M30;	

说明：如果钻 ϕ18mm 孔采用 G74 钻孔循环指令，参考程序为

T0505;

M03　S600;

G74　R2;　　　　　　　　(每次钻深 8mm 后，沿 Z 向退 2mm)

G74　Z-35　Q8000　F0.1;　　(每次钻深 8mm)

三、零件的数控加工（FANUC 0i T）

3-4　任务二

1）选择机床、数控系统并开机。

2）机床各轴回参考点。

3）安装工件。

4）安装 1 号刀具并对刀。

5）输入端面加工程序，检查、调试并加工。

6）安装 4 号刀具，手动钻中心孔。

7）安装 5 号刀具，手动钻孔。

8）安装 2 号、3 号刀具并对刀。

9）输入内、外轮廓的粗、精加工程序，检查、调试并加工。

10）测量工件，优化程序，对工件进行误差与质量分析。

注意：加工时可手动打开切削液。

SIEMENS 802S T 系统的基本编程（二）

1. 钻削/沉孔钻削循环指令 LCYC82

指令格式：R101=　R102=　R103=　R104=　R105=；
LCYC82；

说明：1）LCYC82 指令的参数含义及数值范围见表 3-8。

表 3-8　LCYC82 指令的参数含义及数值范围

参　数	含义及数值范围	参　数	含义及数值范围
R101	返回平面(绝对坐标)	R104	最后钻削深度(绝对坐标)
R102	安全距离	R105	在最后钻削深度停留时间
R103	参考平面(绝对坐标)		

2）R101 返回平面参数确定循环结束之后钻削轴的位置，用来移动到下一位置继续钻孔。

3）R102 安全距离只对参考平面而言，循环可以自动确定安全距离的方向。

4）R103 所确定的参考平面就是图样中所标明的钻削起始点。

5）R104 确定钻削深度，它取决于工件零点。

6）R105 设置钻削深度处（断屑）的停留时间（单位为 s）。

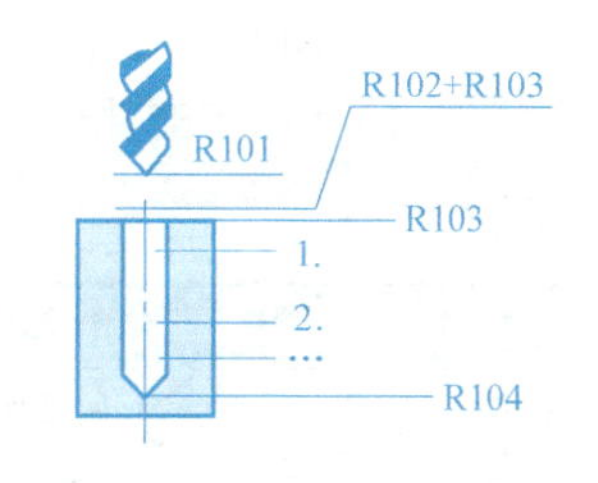

图 3-8　LCYC83 深孔钻削循环

2. 深孔钻削循环指令 LCYC83（图 3-8）

指令格式：R101=　R102=　R103=　R104=　R105=
R107=　R108=　R109=　R110=　R111=　R127=；
LCYC83；

说明：1）LCYC83 指令的参数含义及数值范围见表 3-9。

表 3-9　LCYC83 指令的参数含义及数值范围

参　数	含义及数值范围	参　数	含义及数值范围
R101	返回平面(绝对坐标)	R107	钻削进给率
R102	安全距离(无符号)	R108	首钻进给率
R103	参考平面(绝对坐标)	R109	在起始点和排屑时停留时间
R104	最后钻削深度(绝对值)	R110	首钻深度(绝对)
R105	在最后钻削深度停留时间(断屑)	R111	每次切削量(无符号)

2）R101 返回平面参数确定了循环结束之后钻削加工轴的位置。循环以位于参考平面之前的返回平面为出发点，因此，从返回平面到钻削深度的距离也较大。

3）R102 安全距离只对参考平面而言，循环可以自动确定安全距离的方向。

4）R103 所确定的参考平面就是图样中所标明的钻削起始点。

5）R104 最后钻削深度以绝对值设置，与循环调用之前的状态 G90 或 G91 无关。

6）R105 设置到钻削深度处的停留时间（单位为 s）。

7）R107、R108 这两个参数设置了第一次钻深及其后钻削的进给率。

8）R109 可以设置起始点停留时间。只有在“排屑”方式下才执行在起始点处的停留时间。

9）R110 确定第一次钻削行程的深度。

10）R111 确定每次切削量的大小，从而保证以后的钻削量小于当前的钻削量。

用于第二次钻削的量如果大于所设置的递减量，则第二次钻削量应等于第一次钻削量减去递减量。否则，第二次钻削量就等于递减量。

当最后的剩余量大于两倍的递减量时，则在此之前的最后钻削量应等于递减量，所剩下的最后剩余量平分为最终两次钻削行程。如果第一次钻削量的值与总的钻削深度量相矛盾，则显示报警号 61107“第一次钻深错误定义”，从而不执行循环。

11）R127 的值为 0，表示钻头在到达每次钻削深度后上提 1mm 空转，用于断屑；值为 1，表示每次钻深后钻头返回到参考平面加安全距离处，以便排屑。

3. 镗孔钻削循环指令 LCYC85

指令格式：R101=　R102=　R103=　R104=　R105=　R107=　R108=；
　　　　　LCYC85；

说明：1）LCYC85 指令的参数含义及数值范围见表 3-10。

表 3-10　LCYC 85 指令的参数含义及数值范围

参　数	含义及数值范围	参　数	含义及数值范围
R101	返回平面（绝对坐标）	R105	在镗孔深度处的停留时间
R102	安全距离（无符号）	R107	镗孔进给速率
R103	参考平面（绝对坐标）	R108	退刀时进给速率
R104	最后钻削深度（绝对值）		

2）R101 返回平面参数确定循环结束之后钻削轴的位置，用来移动到下一位置继续钻孔。

3）R102 安全距离只对参考平面而言，循环可以自动确定安全距离的方向。

4）R103 所确定的参考平面就是图样中所标明的钻削起始点。

5）R104 确定钻削深度，它取决于工件零点。

6）R105 设置钻削深度处（断屑）的停留时间（单位为 s）。

7）R107 确定镗孔时的进给速率大小。

8）R108 确定退刀时的进给速率大小。

注意：LCYC82、LCYC83、LCYC85 指令仅加工直孔。如加工阶梯内孔，建议采用 LCYC95 循环指令。

4. 返回参考点指令 G74

指令格式：G74　X__　Z__；

说明：1）G74 指令可实现数控程序中回参考点功能，每个轴的方向和速度存储在机床数据中。

2）G74 指令需要一独立程序段。

5. 返回固定点指令 G75

指令格式：G75　X__　Z__；

说明：1）执行 G75 指令可以返回到机床中某个固定点，如换刀点。固定点位置固定地存储在机床数据中，它不会产生偏移。每个轴的返回速度就是其快速移动速度。

2）G75 指令需要一独立程序段。

6. 坐标平面选择

指令格式：G17/G18/G19；

说明：执行 G17/G18/G19 指令后坐标平面选择如图 3-9 所示，数控车床默认 G18 平面，G17/G18/G19 指令的功能见表 3-11。

例：用 SIEMENS 802S T 系统编制图 3-10 所示的圆弧套零件程序。

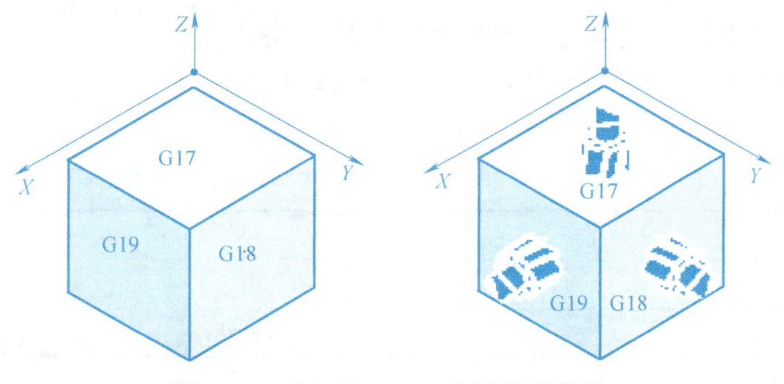

图 3-9　G17/G18/G19 坐标平面选择

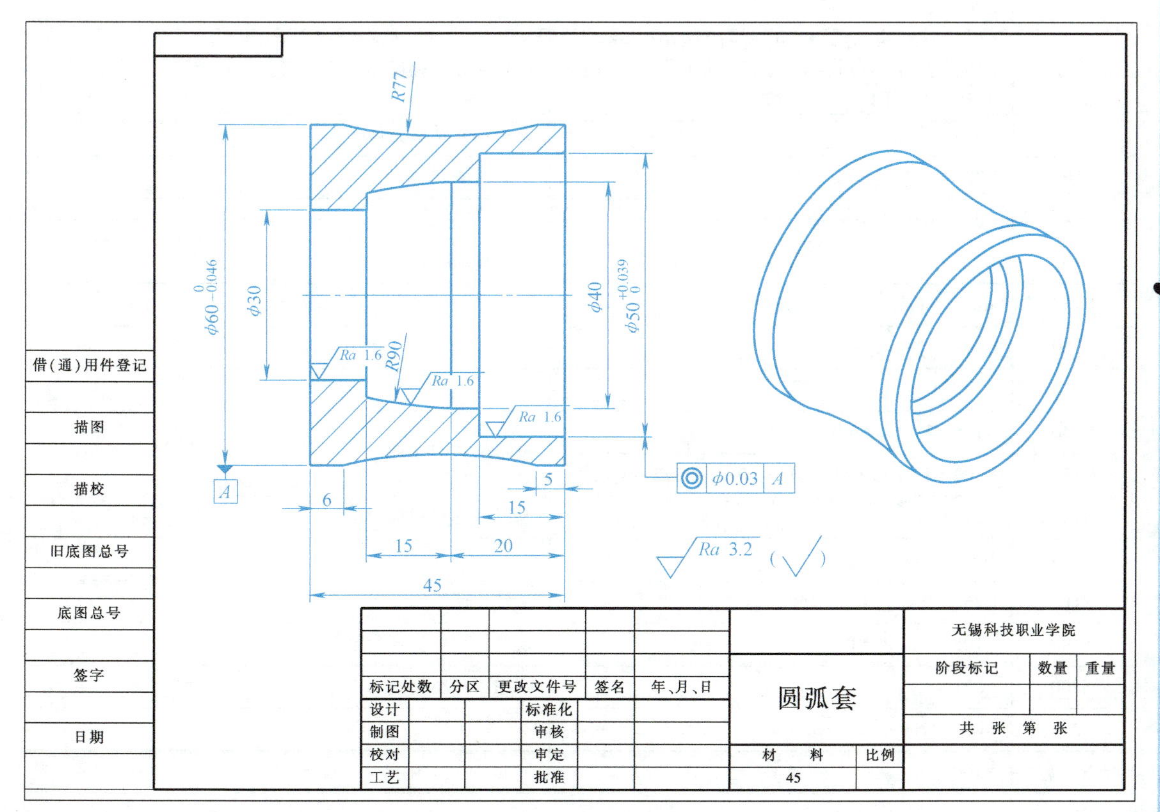

图 3-10　圆弧套

表 3-11　G17/G18/G19 指令的功能

G 功能	平面(横坐标/纵坐标)	垂直坐标轴
G17	*XY* 平面(*X*/*Y*)	*Z*
G18	*ZX* 平面(*Z*/*X*)	*Y*
G19	*YZ* 平面(*Y*/*Z*)	*X*

假设零件外轮廓已加工完成，本工序仅加工内轮廓。零件内轮廓加工可预先钻 ϕ3mm 中心孔和 ϕ20mm 的孔；内轮廓的表面粗糙度值为 *Ra*1.6μm，尺寸公差等级为 IT8，按钻中心孔、钻孔、粗镗和半精镗方案加工。

钻中心孔：用 ϕ3mm 的中心钻钻中心孔；用 ϕ20mm 的钻头钻一底孔。

钻孔：用 ϕ28mm 麻花钻钻成 ϕ28mm。

粗镗孔：用复合循环粗镗内孔，留精加工余量 0.5mm。

半精镗孔：镗内孔，保证工件尺寸精度和表面粗糙度。

3-5　任务拓展

表 3-12 为钻孔和镗孔的加工参考程序。

表 3-12　SIEMENS 802ST 系统中车削加工参考程序

顺序号	主程序	注释
N10	NEIKONG. MPF;	主程序名
N30	T3D1　M08;	换 3 号麻花钻
N40	M03　S600;	
N50	G00　X0　Z10　G17;	
N60	R101= 10　R102= 2　R103=0　R104=-65 R105=2　R107=0.08　R108=0.06　R109=2 R110=-5　R111=8　R127=1;	设置深孔钻削循环参数
N70	LCYC83;	调用深孔钻削循环
N80	G00　Z10;	
N90	G0　X100　Z200;	
N100	T1　D1;	换 1 号内孔车刀
N110	M03　S800;	
N120	G00　X50　Z5;	
N130	_CNAME="L1";	
N140	R105=3　R106=0.5　R108=1.5;	设置粗切削循环参数
N150	R109=7　R110=1　R111=0.2　R112=0.1;	
N160	LCYC95;	调用循环粗切削加工
N170	M03　S1000;	
N180	G96　S200　LIMS=1500;	主轴转速限制
N190	R105=7 R106=0;	设置精切削循环参数
N200	LCYC95;	调用循环精切削加工
N210	G00　Z200;	
N220	X100;	
N230	M05;	

（续）

顺序号	主程序	注释
N240	M30;	
	L1. SPF;	子程序名
N10	G00 X50 Z5;	子程序描述零件轮廓
N20	G01 Z0 F0. 1;	
N30	Z-15;	
N40	X40;	
N50	Z-20;	
N60	G03 X36. 41 Z-35 CR=90;	
N70	G01 X30;	
N80	Z-50;	
N90	G00 X25;	
N100	Z5;	
N110	M02;	

盘套类零件的加工及精度检测

一、盘套类零件的检测

1. 孔径的测量

盘套类零件一般由外圆面、内孔面等构成。对于孔径的测量，当孔径尺寸精度要求较低时，可以采用钢直尺、游标卡尺进行测量，当精度要求较高时，常采用塞规、内径千分尺和内测千分尺、内径百分表等量具测量。测量时应正确使用量具。

（1）塞规　用塞规（图 3-11）检测孔径时，当通端进入孔内，而止端不能进入孔内时，说明工件孔径合格。

（2）内径千分尺　内径千分尺的使用方法如图 3-12 所示，测量时，内径千分尺应在孔内摆动，在直径方向应找出最大尺寸，轴向应找出最小尺寸，这两个重合尺寸就是孔的实际尺寸。

（3）内测千分尺　内测千分尺及其使用方法如图 3-13 所示。这种千分尺刻线方法与外径千分尺相反，当微分筒顺时针转动时，活动爪向右移动，量值增大。

（4）内径百分表　内径百分表如图 3-14 所示。内径百分表是用对比法测量孔径的，因此使用时应先根据被测量工件的内孔直径，用千分尺将内径表对准“零”位，然后才能进行测量。其测量方法如图 3-15 所示，取最小值为孔径的实际尺寸。

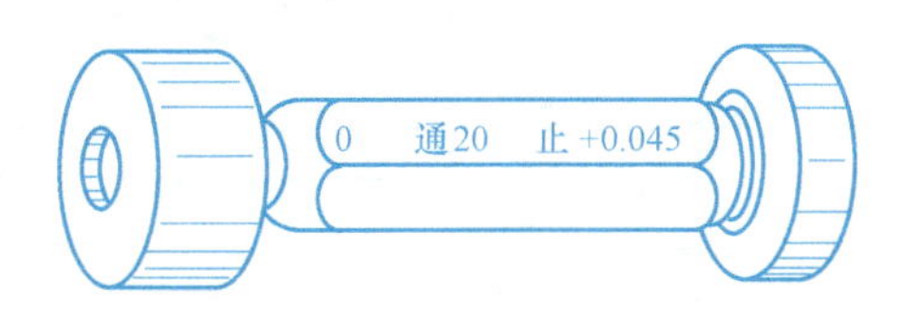

图 3-11　塞规

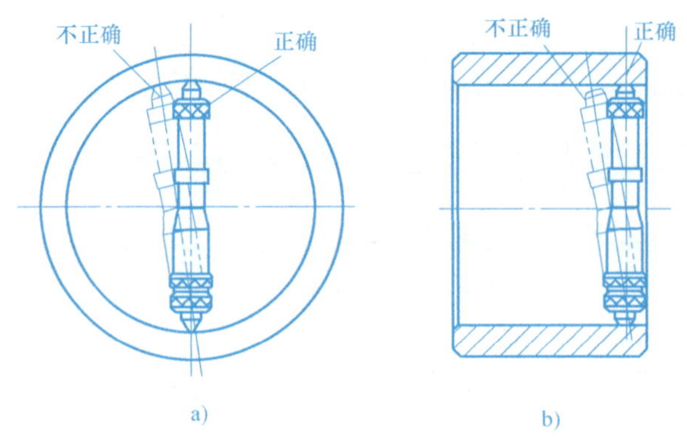

图 3-12　内径千分尺的使用方法

a）直径方向应最大　b）轴向应最小

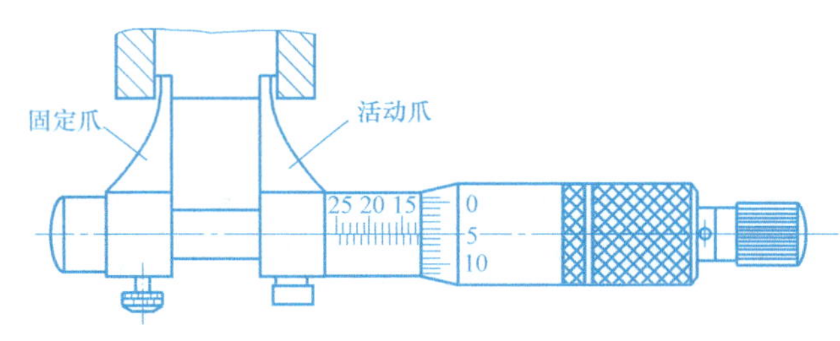

图 3-13　内测千分尺及其使用方法

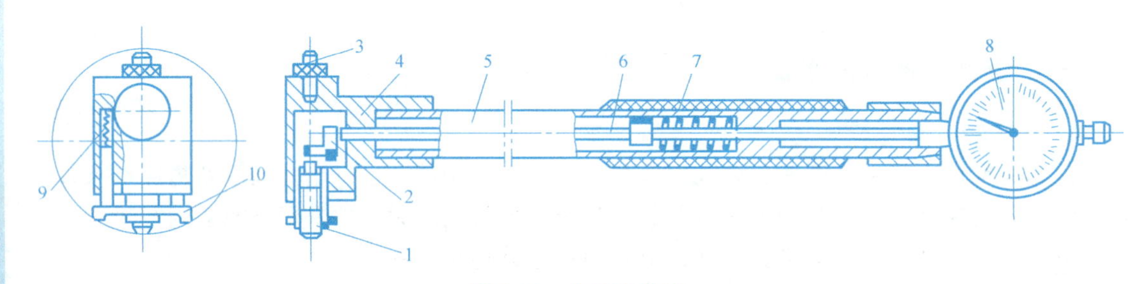

图 3-14　内径百分表

1—活动量杆　2—等臂杠杆　3—固定量杆　4—壳体　5—长管　6—推杆　7、9—弹簧　8—百分表　10—定位块

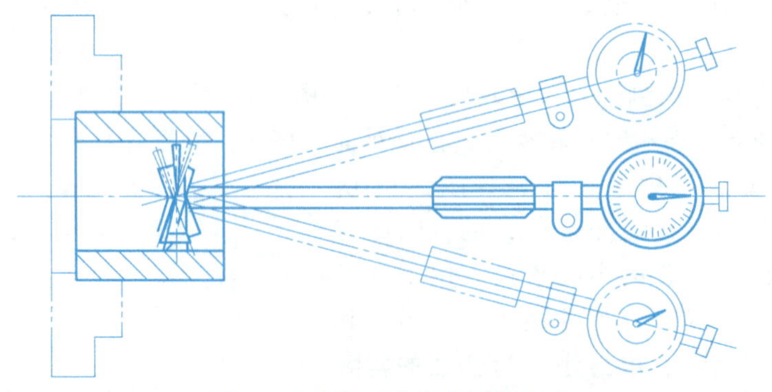

图 3-15　内径百分表的测量方法

2. 形状误差的测量

盘套类零件的孔，一般仅测量孔的圆度误差和圆柱度误差两项形状精度。当孔的圆度要求不很高时，可用内径百分表（或内径千分尺）在孔的圆周的各个方向上测量，测量结果中的最大值与最小值之差的一半即为圆度误差。测量孔的圆柱度时，只要在孔的全长上取前、后、中几点，比较其测量值，其最大值与最小值之差的一半即为孔全长上的圆柱度误差。

3. 位置误差的测量

一般盘套类工件的位置误差既有径向圆跳动误差，又有轴向圆跳动误差，如图 3-16a 所示，其测量方法如下：

（1）径向圆跳动误差的测量方法　测量时，用内孔作基准，把工件套在精度很高的心轴上，用百分表（或千分尺）来检测，如图 3-16b 所示。百分表在工件转一周所得的读数差，就是径向圆跳动误差。对某些内部形状比较复杂的套筒，不能装在心轴上测量径向圆跳动时，可把工件放在 V 形架上，如图 3-17 所示，轴向定位，以外圆为基准来检测。测量时，将杠杆百分表的测杆插入孔内，使圆测头接触内孔表面，转动工件，观察百分表指针跳动情况。百分表在工件旋转一周中的读数差，即为工件的径向圆跳动误差。

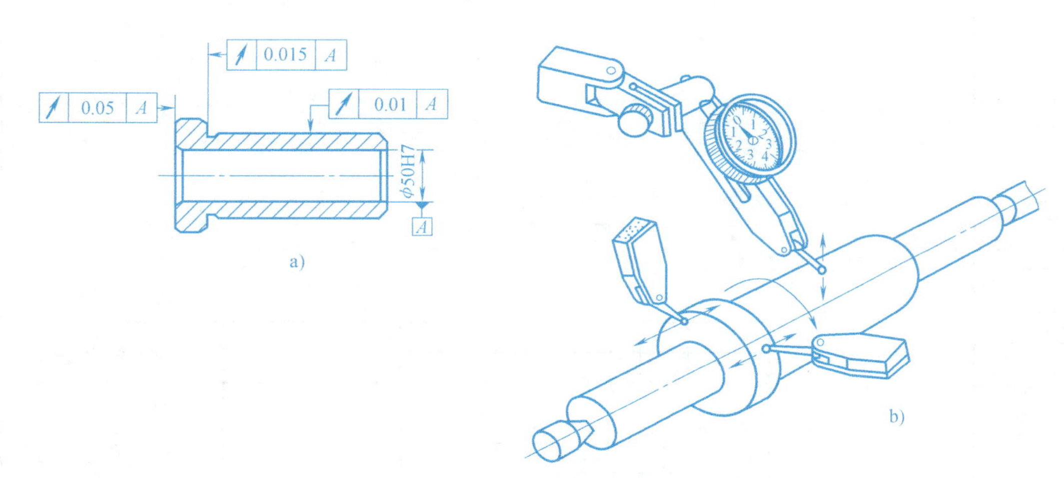

图 3-16　测量径向圆跳动与轴向圆跳动

a）套类工件的跳动公差要求　b）测量方法

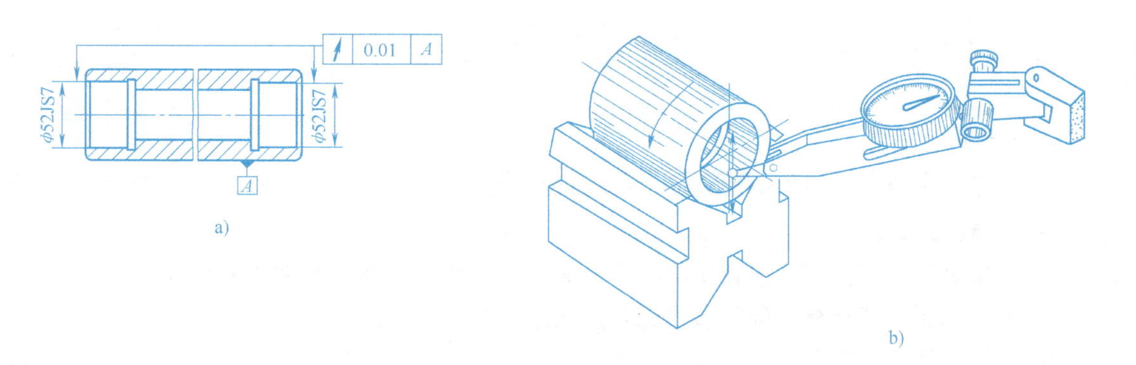

图 3-17　在 V 形架上测量径向圆跳动

（2）轴向圆跳动误差的测量方法　套类工件轴向圆跳动误差的测量方法如图 3-16b 所示。先把工件装夹在精度很高的心轴上，利用心轴上极小的锥度使工件轴向定位，然后把杠杆百分表的圆测头靠在所需测量的端面上，转动心轴，测得百分表的读数差，即为轴向圆跳动误差。

二、实践内容

完成图 3-18 所示轴套零件的数控加工程序的编制，并对零件进行加工。

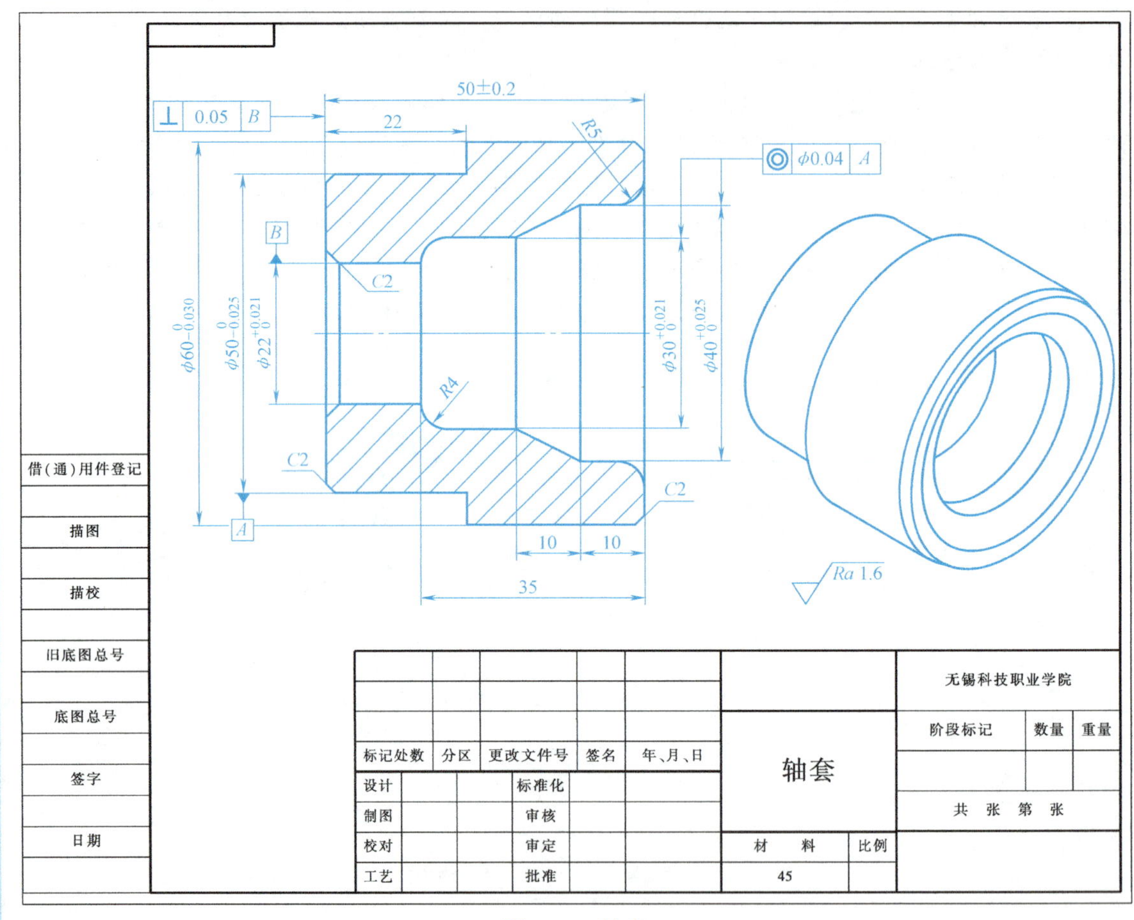

图 3-18　轴套

三、实践步骤

1. 制订零件加工工艺

1）技术要求分析。零件为轴套，外表面为圆柱面，内表面有直孔、锥孔及两处圆弧面，零件材料为 45 钢。

2）确定装夹方案。工件用自定心卡盘夹紧，加工原点设在右端面中心处。

3）制订加工工艺路线，确定刀具及切削用量，填写工序卡。

2. 编制数控加工程序

3. 零件数控加工

4. 零件精度检测

零件检测及评分标准见表 3-13。

表 3-13　零件检测及评分标准

准考证号				操作时间		总得分	
工件编号				系统类型			
考核项目		序号	考核内容与要求	配分	评分标准	检测结果	得分
工件加工评分（60%）	内轮廓	1	$\phi40^{+0.025}_{0}$mm	5	超差 0.01mm 扣 1 分		
		2	$\phi30^{+0.021}_{0}$mm	5	超差 0.01mm 扣 1 分		
		3	$\phi22^{+0.021}_{0}$mm	5	超差 0.01mm 扣 1 分		
		4	R4mm、R5mm	6	不符合要求无分		
	外轮廓	5	$\phi60^{0}_{-0.030}$mm	5	超差 0.01mm 扣 1 分		
		6	$\phi50^{0}_{-0.025}$mm	5	超差 0.01mm 扣 1 分		
		7	50mm±0.2mm	5	超差 0.01mm 扣 1 分		
	其他	8	倒角（三处）	6	不符合要求无分		
		9	一般尺寸	6	超差一处扣 1 分		
		10	Ra1.6μm	7	一处降 1 级扣 2 分		
		11	按时完成无缺陷	5	缺陷一处扣 2 分 未按时完成全扣		
程序与工艺（30%）		12	工艺制订合理、选择刀具正确	10	每错一处扣 1 分		
		13	指令应用合理、正确	10	每错一处扣 1 分		
		14	程序格式正确、符合工艺要求	10	每错一处扣 1 分		
现场操作规范（10%）		15	刀具正确使用	2			
		16	量具正确使用	3			
		17	刃的正确使用	3			
		18	设备正确操作和维护保养	2			
		19	安全操作	倒扣	出现安全事故停止操作，酌情扣 5～30 分		

5. 对工件进行误差与质量分析并优化程序

6. 安全操作和注意事项

1）装刀时，应使所有刀具的刀尖与工件回转轴线高平齐。装夹钻头时，钻头中心必须对准工件回转轴线。

2）钻削时，钻头部分进入工件后，进给率应大些，以提高生产率；即将钻透时，进给率应小一些，以防“拉”钻头造成钻头损坏。钻大孔时，主轴转速应低些；而钻小孔时，主轴转速应高一些，以尽可能通过改变切削用量提高钻孔效果。

3）内孔车刀的换刀点应较远些，以防打刀。

3 PROJECT

4）内孔车刀加工内孔时，退刀应不碰伤已加工表面，应先使刀具向直径缩小的方向退刀，再 Z 向退出工件。

5）孔加工时，需加切削液进行冷却润滑。

四、盘套类零件加工的常见误差现象及原因

盘套类零件加工的常见误差现象及原因见表 3-14。

表 3-14　常见误差现象及原因

现象	产生原因	解决方法
内、外表面尺寸超差	1. 对刀数据不正确	调整或重新对刀
	2. 切削用量选择不当	合理选择切削用量
	3. 工件尺寸计算错误	正确计算工件尺寸
内、外表面有锥度	1. 车床主轴轴线偏斜	检查调整导轨和主轴的平行度
	2. 车床主轴间隙过大	调整车床主轴间隙
	3. 刀杆变形，产生让刀现象	增加刀杆刚度或减小背吃刀量
内孔粗糙	1. 刀具安装低于工件中心线	正确安装刀具
	2. 刀具磨损	刃磨刀具或更换刀具
	3. 刀具产生振动	增加刀杆刚度或减小背吃刀量
出现扎刀现象	1. 进给速度过大	减小进给速度
	2. 刀具角度选择不当	合理选择刀具
出现振动现象	1. 工件安装不正确	检查工件安装，保证装夹刚度
	2. 刀杆伸出过长	正确安装刀具
	3. 切削用量选择不当	合理选择切削用量
台阶出现倾斜现象	1. 程序错误	正确编制程序
	2. 刀具安装不正确	正确安装刀具
锥面不符合要求	1. 锥度不正确	检查程序或锥面加工刀具
	2. 刀尖圆弧半径补偿不正确	检查程序和修改刀具补偿

项目自测题

一、填空题

1. FANUC 系统中，内、外圆车削循环指令是________，端面切削循环指令是________。

2. FANUC 系统中，钻孔循环指令是________，其指令格式为________、________。

3. 程序执行结束，同时使记忆恢复到起始状态的指令是______，自动返回参考点的指令是______。

4. 一般常用________（刀具）钻中心孔，其目的是____________________。

5. 麻花钻一般采用________材料制成，故钻孔时应开启____________________。

6. FANUC 系统 G71 和 G72 循环指令中，________参数为负值，表示加工内孔。

7. 外圆车刀刀位点取________位置点；内（镗）孔车刀刀位点取________位置点。

8. 使用 G74 循环指令加工内孔时，刀具起点应处于________位置；使用 G71 和 G72 循环指令加工阶梯孔时，刀具起点应处于________位置。

9. 内孔车刀安装时，刀尖可____________________工件回转轴线。

10. 不通孔车刀刀具主偏角一般________90°，刀尖至刀背距离应________内孔半径。

11. 车孔的关键技术是要解决________________和________________问题。

12. G17 指令是指________平面，G18 指令是指________平面，车床默认是________平面。

*13. SIEMENS 系统 LCYC95 循环中，R105 = ________表示纵向内孔粗加工循环，R105 = ________表示纵向内孔精加工循环，R105 = ________表示纵向内孔综合加工循环。

*14. SIEMENS 系统中钻削沉孔（或浅孔）循环指令是________；钻削深孔循环指令是________；镗孔钻削循环指令是________。

*15. SIEMENS 系统和 FANUC 系统的回参考点指令分别是________、________。

二、选择题

1. 加工 ϕ10H7 孔，拟采用（　　）加工方法。

A. 钻中心孔→钻孔→车孔　　B. 钻中心孔→钻孔→镗孔

C. 钻中心孔→钻孔→铰孔　　D. 钻孔→铰孔

2. 大直径孔的精加工常采用（　　）。

A. 钻孔　　B. 铰孔　　C. 扩孔　　D. 镗孔

3. 小直径孔的精加工常采用（　　）。

A. 钻孔　　B. 铰孔　　C. 扩孔　　D. 镗孔

4. 通孔车刀主偏角应（　　）。

A. 大于 90°　　B. 小于 90°　　C. 无所谓

5. 不通孔车刀主偏角应（　　）。

A. 大于 90°　　B. 小于 90°　　C. 无所谓

6. 在数控车削加工中，如果工件为回转体，并且需要进行二次装夹，常采用（　　）装夹。

A. 硬爪自定心卡盘　　B. 硬爪单动卡盘

C. 软爪自定心卡盘　　D. 软爪单动卡盘

7. 在数控车削加工时，如果（　　），可以使用单一固定循环指令。

A. 加工余量较大，不能一刀加工完成

B. 加工余量不大

C. 加工比较麻烦

D. 加工程序比较复杂

8. 单一固定循环指令 G90（　　）。

A. 只能加工外圆表面　　B. 只能加工内孔表面

C. 只能加工圆柱表面　　D. 以上都不对

9. FANUC 系统使用的内圆粗车切削复合固定循环指令（如加工阶梯孔）是（　　）。

A. G70　　B. G71　　C. G76　　D. G74

10. 关于固定循环编程，以下说法正确的是（　　）。

A. 固定循环是预先设定好的一系列连续加工动作

B. 利用固定循环编程，可大大缩短程序的长度，减少程序所占内存

C. 利用固定循环编程，可以减少加工时的换刀次数，提高加工效率

D. 固定循环编程，可分为单一与复合固定循环两种类型

11. 当指令“G74　R（e）；G74　X（U）__ Z（W）__ P（Δi）__ Q（Δk）__ R（Δd）F __；”作为钻孔循环加工时，下列参数（　　）中的值需为0。

A. R（e）　　B. Q（Δk）　　C. P（Δi）　　D. R（Δd）

12. 数控系统中，（　　）指令在加工过程中是模态的。

A. G01　　B. G27　　C. G28　　D. M02

13. G18是指选择（　　）。

A. XY平面　　B. XZ平面　　C. YZ平面　　D. 未定义指令

14. FANUC系统中，返回参考点的指令是（　　）。

A. G29　　B. G74　　C. G28　　D. G75

15. 内孔直径不能用（　　）来测量。

A. 游标卡尺　　B. 外径千分尺　　C. 内径百分表　　D. 塞规

16. 内孔车刀加工前需进行（　　）对刀。

A. X轴　　B. Z轴　　C. X轴和Z轴　　D. 无所谓

17. 车$\phi30^{+0.039}_{0}$mm孔，运行精加工程序后，测量孔径为$\phi29.90$mm，需将刀具X轴磨损量修改为（　　）。

A. 0.06mm　　B. −0.06mm　　C. −0.12mm　　D. 0.12mm

*18. SIEMENS系统车内阶梯孔循环指令是（　　）。

A. LCYC94　　B. LCYC95　　C. LCYC97　　D. LCYC83

*19. SIEMENS系统中，下列循环功能中为深孔钻削循环的是（　　）。

A. LCYC83　　B. LCYC93　　C. LCYC95　　D. LCYC73

*20. SIEMENS系统中，返回参考点的指令是（　　）。

A. G29　　B. G74　　C. G28　　D. G75

三、判断题

1. 钻孔是在实心材料上加工出孔。（　　）

2. 钻孔前钻中心孔是为了车削时定心方便。（　　）

3. 普通数控车床只能采用手动钻中心孔、钻孔。（　　）

4. 数控车床没有G19指令。（　　）

5. FANUC系统钻孔指令为模态有效指令。（　　）

6. 钻深孔循环时钻头钻入一定深度后需停顿一定时间或退出一定距离，以便于断屑或排屑。（　　）

7. 加工圆锥面的指令“G90　X __ Z __ R __ F __”中，R后的值为圆锥面切削起点与切削终点的半径差。（　　）

8. 加工圆锥面的指令“G90　X __ Z __ R __ F __”中，R后的值不可以为负数。（　　）

9. 执行FANUC系统G74指令中，刀具完成一次轴向钻孔后，在X方向的偏移方向由指

令中参数 Q 后的正负号确定。(　　)

10. FANUC 系统 G74 循环指令执行过程中，Z 向每次钻孔深度均相等。(　　)

11. 车内孔时，机床刀具磨损量设置越大，孔径尺寸越大。(　　)

12. 精度较高的孔常采用内径百分表测量。(　　)

13. 塞规也可以用来测量精度较高的孔。(　　)

14. 不通孔车刀刀尖至刀背距离没有要求。(　　)

15. 钻深孔时需要充分浇注切削液。(　　)

16. 回机床参考点前，为安全考虑，应取消刀尖圆弧半径补偿。(　　)

*17. SIEMENS 系统钻孔循环指令中，不需要指定主轴转速；但 FANUC 钻孔循环指令中，需指定主轴转速。(　　)

*18. SIEMENS 系统需经中间点回参考点；但 FANUC 系统可以直接回参考点。(　　)

*19. SIEMENS 系统钻孔和钻深孔循环指令都是 LCYC83。(　　)

*20. SIEMENS 系统钻孔循环为模态有效指令。(　　)

四、简答题

1. 简述孔的常用加工方法及各方法的使用场合。
2. 简述通孔车刀和不通孔车刀刀具角度的异同。
3. 简述钻浅孔与钻深孔循环工作过程有何不同。
4. 简述内（镗）孔车刀的对刀步骤。

五、编程题

如图 3-19 所示，套类零件材料为 45 钢，试分别用 FANUC 系统和 SIEMENS 系统格式编写数控加工程序。

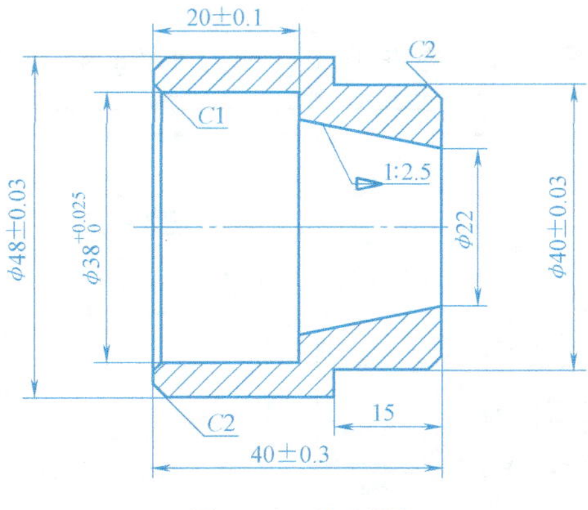

图 3-19　编程题

3 PROJECT

项目四 槽类零件的加工

槽类零件一般有外沟槽、内沟槽、端面沟槽等，不同的槽又有单槽、多槽、宽槽、深槽之分。槽类零件的槽底一般都有相应的尺寸精度、表面粗糙度和几何公差要求。

项目目标

1. 了解槽类零件的数控车削工艺，会制订槽类零件的数控加工工艺。
2. 正确选择和安装凹槽加工刀具，选择正确的刀位点对刀。
3. 合理安排槽类零件的加工工艺，正确选择工艺参数。
4. 正确运用编程指令编制槽类零件的数控加工程序。
5. 进一步掌握数控车床的独立操作技能，能够进行参数的合理修改。
6. 正确使用检测量具，并能够对槽类零件进行质量分析。

项目任务一　均布槽的加工

加工图 4-1 所示的均布槽零件，零件毛坯直径为 ϕ65mm，材料为 45 钢。

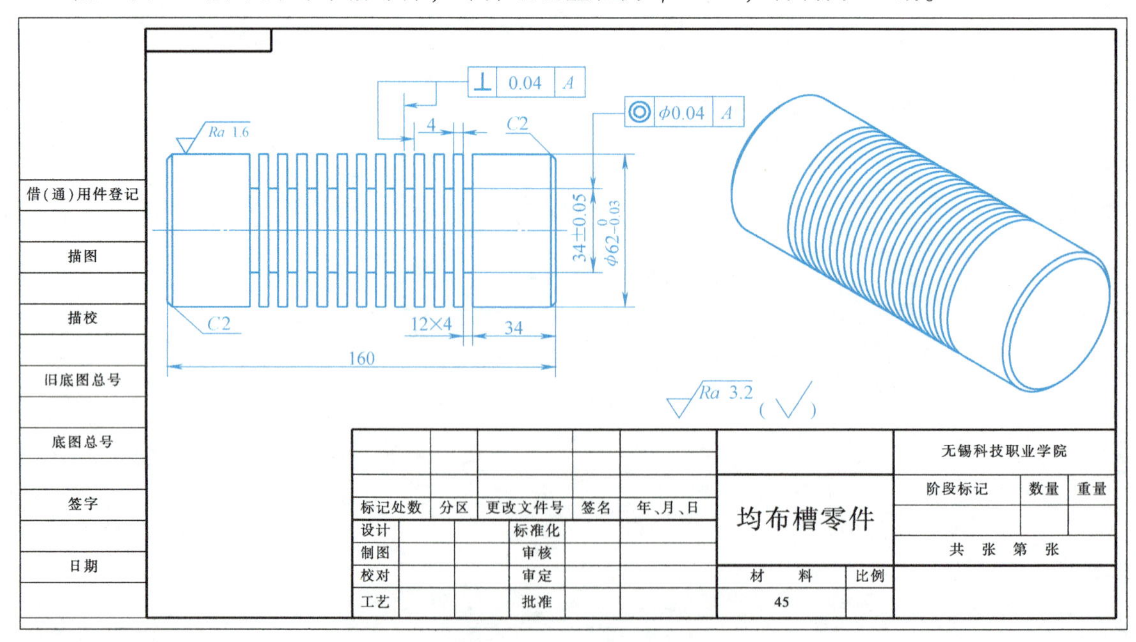

图 4-1　均布槽零件

一、切槽的加工工艺

1. 切槽刀具

目前常用的切槽刀具的材料有高速钢和硬质合金。切槽刀的结构如图 4-2 所示，前端为主切削刃，两侧为副切削刃，有两个刀尖，刀头窄又长，强度较差。

选用时，主切削刃的宽度可按下列经验公式计算

$$a \approx (0.5 \sim 0.6)d$$

式中　a——主切削刃的宽度；

d——待加工零件表面直径。

选用时，刀头的长度可按下列经验公式计算

$$L = h + (2 \sim 3)\text{mm}$$

式中　L——刀头的长度；

h——切入深度。

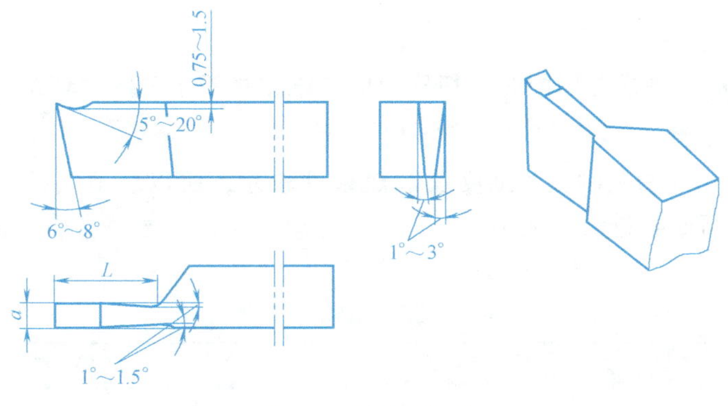

图 4-2　切槽刀结构

2. 切槽加工的特点

1）切削变形大。当切槽时，由于切槽刀的主切削刃和左、右副切削刃同时参加切削，切屑排出时，受到槽两侧的摩擦、挤压作用，导致切削变形大。

2）切削力大。由于切屑与刀具、工件的摩擦，切槽过程中被切金属的塑性变形大，所以在切削用量相同的条件下，切槽时的切削力比一般车外圆时的切削力大 20%~25%。

3）切削热比较集中。切槽时，塑性变形大，摩擦剧烈，故产生的切削热也多，会加剧刀具的磨损。

4）刀具刚性差。切槽刀主切削刃宽度通常较窄（一般为 2~6mm），刀头狭长，所以刀具的刚性差，切断过程中容易产生振动。

3. 槽加工的方法

1）对于宽度、深度值不大，精度要求不高的槽，可选用与槽宽相等的刀具，直接径向切入，一次加工成形，如图 4-3 所示。刀具切入槽底后可用 G04 进行暂停，以修正槽底精度。同时退出时也可采用进给速度，以修正槽两侧精度。

2）对于宽度不大但较深的深槽，可采用分次径向进刀的方法。刀具在径向切入工件一定深度后，回退一段距离，再切入工件，再回退，一直到刀具切入槽底，如图 4-4 所示。这种方法可以达到断屑的目的，也可以使排屑顺利，避免扎刀和断刀现象。刀具切入槽底后也可用 G04 指令进行暂停，以修正槽底精度。

3）对于深度不深但宽度较大的宽槽，可采用多次径向直进切入（每次左右方向要有一定的接刀量），并在槽底留一定的精加工余量（如 0.5mm），最后一刀再纵向左右切去精加工余量，如图 4-5 所示，这样可以保证槽底的精度。

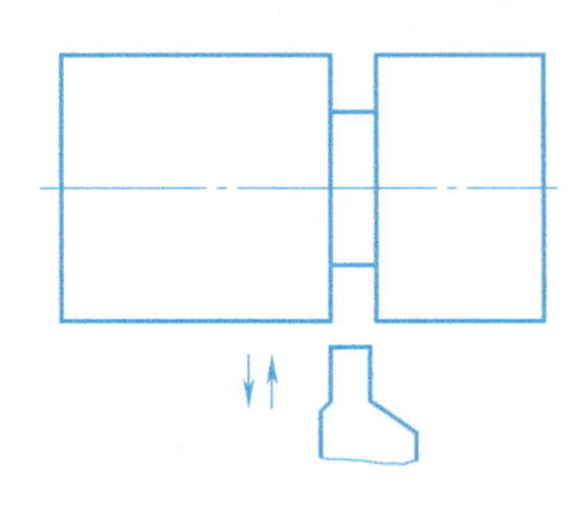
图 4-3　宽度、深度值不大的槽加工

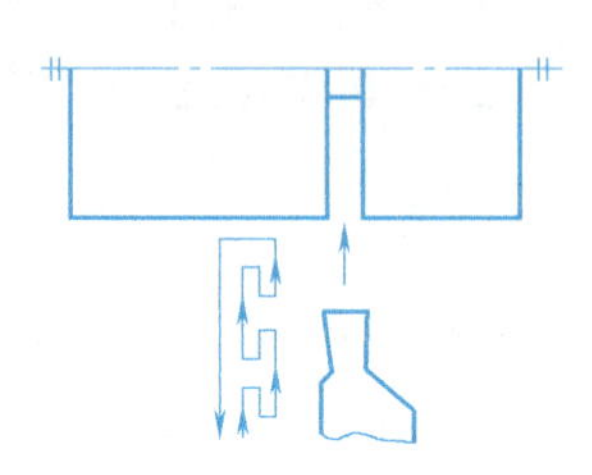
图 4-4　宽度不大但较深的深槽加工

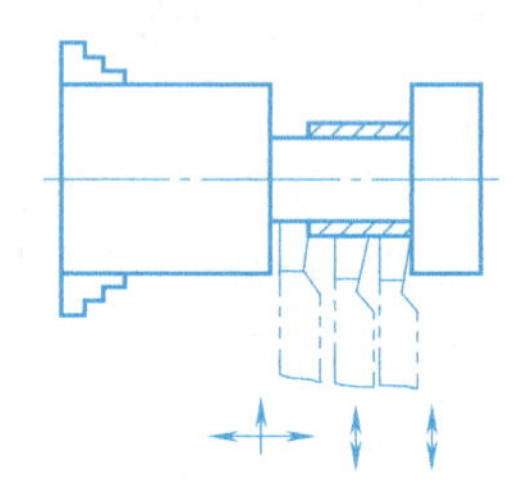
图 4-5　深度不深但宽度较大的宽槽加工

4. 切削用量的选择

1）背吃刀量 a_p。当横向切削时，切槽刀的背吃刀量等于刀的主切削刃宽度，所以只需确定切削速度和进给量。

2）进给量 f。由于刀具刚性、强度及散热条件较差，所以应适当减小进给量。进给量太大时，容易使刀折断；进给量太小时，刀具与工件产生强烈摩擦会引起振动。切槽的进给量推荐值见表 4-1。

表 4-1　切槽的进给量推荐值

工件直径/mm	切槽刀宽度/mm	工件材料	
		碳素钢、合金结构钢	铸铁、铜合金及铝合金
		进给量/(mm/r)	
≤20	3	0.06～0.08	0.11～0.14
>20～40	3～4	0.10～0.12	0.16～0.19
>40～60	4～5	0.13～0.16	0.20～0.24
>60～100	5～8	0.16～0.23	0.24～0.32
>100～150	6～10	0.18～0.26	0.30～0.40
>150	10～15	0.28～0.36	0.40～0.55

3）切削速度 v_c。切槽或切断时的实际切削速度随刀具的切入越来越小，因此切槽或切断时切削速度可选得高一些。一般用高速钢切槽刀切削钢料时，$v_c=30\sim40$m/min；加工铸铁时，$v_c=15\sim25$m/min。用硬质合金切槽刀切削钢料时，$v_c=80\sim120$m/min；加工铸铁时，$v_c=60\sim100$m/min。

二、子程序的应用

编程时为简化程序编制，当工件上有相同加工内容时常调用子程序进行编程。

1. 子程序调用指令

编程格式：M98 P×××× ××××；

说明：P 后面的前 4 位为重复调用次数，省略时为调用一次，后 4 位为子程序号。

2. 子程序格式

编程格式：O××××；（子程序号）

…

…

M99；（子程序结束字）

说明：子程序号与主程序基本相同，只是程序结束字用 M99 表示。

3. 子程序嵌套

子程序可以被主程序调用，被调用的子程序也可以调用其他子程序，称为子程序嵌套，如图 4-6 所示。

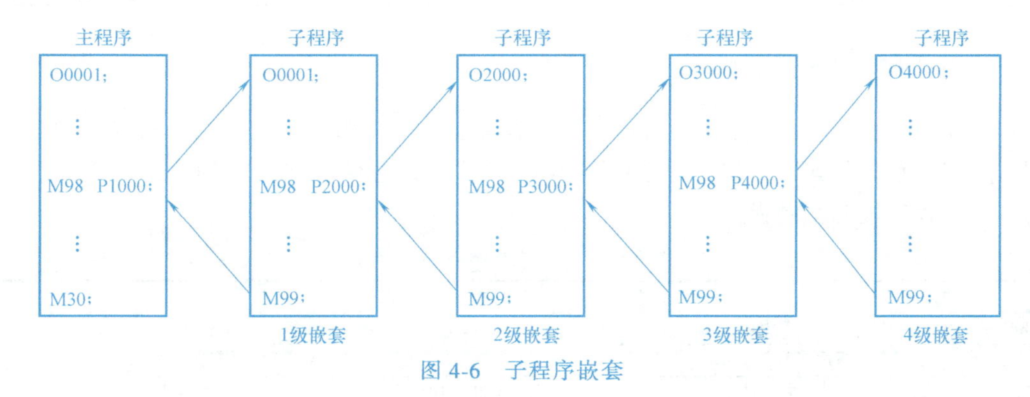

图 4-6　子程序嵌套

三、暂停指令

指令格式：G04　P __（X __）；

说明：1）P 表示暂停时间的单位为 ms，X 表示暂停时间的单位为 s 。例：G04　P2000 或 G04　X2 均表示暂停 2s 。

2）G04 指令不是续效（模态）指令，该程序段只对自身程序段有效。

一、制订零件加工工艺

1. 零件结构分析

1）图 4-1 所示零件外轮廓由外圆柱面、多槽及倒角组成。

2）本工序要求完成零件各外轮廓的加工。

2. 数控车削加工工艺分析

（1）装夹方式的选择　采用自定心卡盘一夹一顶装夹。

（2）编程方法的选择　采用宽 4mm 的切槽刀，左刀尖对刀，采用子程序及嵌套编制，并在程序中调用子程序。

（3）刀具的选择　轮廓加工采用93°外圆机夹车刀（80℃形菱形刀片）；多槽加工采用宽4mm的切槽刀。

3. 数控加工工序卡

填写数控加工工序卡（表4-2）。

表4-2　均布槽的数控加工工序卡

工序号		工序内容				
零件名称		零件图号	材料	夹具名称	使用设备	
均布槽零件		4-1	45	自定心卡盘	数控车床	
工步号	工步内容	刀具号	主轴转速 n/(r/min)	进给量 f/(mm/r)	背吃刀量 a_p/mm	备注
1	粗、精车外轮廓	T0101	900	0.15		程序略
2	车多槽	T0202	500	0.1		
3	切断	T0202	500	0.1		程序略
编制		审核		批准		第　页　共　页

二、编制数控加工程序

如图4-1所示，选取工件右端面中心为编程原点，外轮廓加工程序略。FANUC 0iT系统中用子程序编程时的均布槽加工程序见表4-3，其中，表左侧为调用子程序编制程序，表右侧为利用子程序嵌套编制程序。

表4-3　子程序编制加工程序

方案一	注　释	方案二	注　释
O0002;	主程序	O0003;	主程序
调用子程序		子程序嵌套	
G28　U0　W0;	回参考点	G28　U0　W0;	回参考点
T0202;	切槽刀（刀宽4mm，左刀尖对刀）	T0202;	切槽刀（刀宽4mm，左刀尖对刀）
S500　M03;		S500　M03;	
G00　X65　Z-30　M08;	刀具到第一槽附近	G00　X65　Z-30　M08;	刀具到第一槽附近
M98　P120022;	调用子程序	M98　P120033;	子程序一级嵌套，共调用12次
G28　U0　W0;	回参考点	G28　U0　W0;	回参考点
M09;		M09;	
M05;		M05;	
M30;		M30;	
O0022;	子程序	O0033;	子程序（单槽Z向移动）
G00　W-8　F0.3;	(65,-38)	G00　W-8　F0.3;	
U-10　F0.1;	径向切入（ϕ55mm）	M98　P40333;	子程序二级嵌套，共调用4次
U3　F0.3;	径向回退（ϕ58mm）	G01　X65;	
U-10　F0.1;	径向切入（ϕ48mm）	M99;	子程序结束
U3　F0.3;	径向回退（ϕ51mm）		
U-10　F0.1;	径向切入（ϕ41mm）		
U3　F0.3;	径向回退（ϕ44mm）	O0333	子程序（单槽径向切入回退）
U-10　F0.1;	径向切入（ϕ34mm）	U-10　F0.1;	径向切入
G04　P2000;	暂停2s	G04　P2000;	暂停2s
U3　F0.3;	径向回退（ϕ37mm）	U3　F0.3;	径向回退
G01　X65; M99;	子程序结束	M99;	子程序结束

三、零件的数控加工（FANUC 0i T）

1）选择机床、数控系统并开机。
2）机床各轴回参考点。
3）安装工件。
4）安装 1 号、2 号刀具并对刀。
5）输入加工程序，并检查、调试。
6）手动移动刀具退至距离工件较远处。
7）自动加工及精度检查。
8）测量工件，优化程序，对工件进行误差与质量分析。

项目任务二　内外槽的加工

加工图 4-7 所示的内外槽零件，零件毛坯直径为 ϕ80mm，材料为 45 钢。

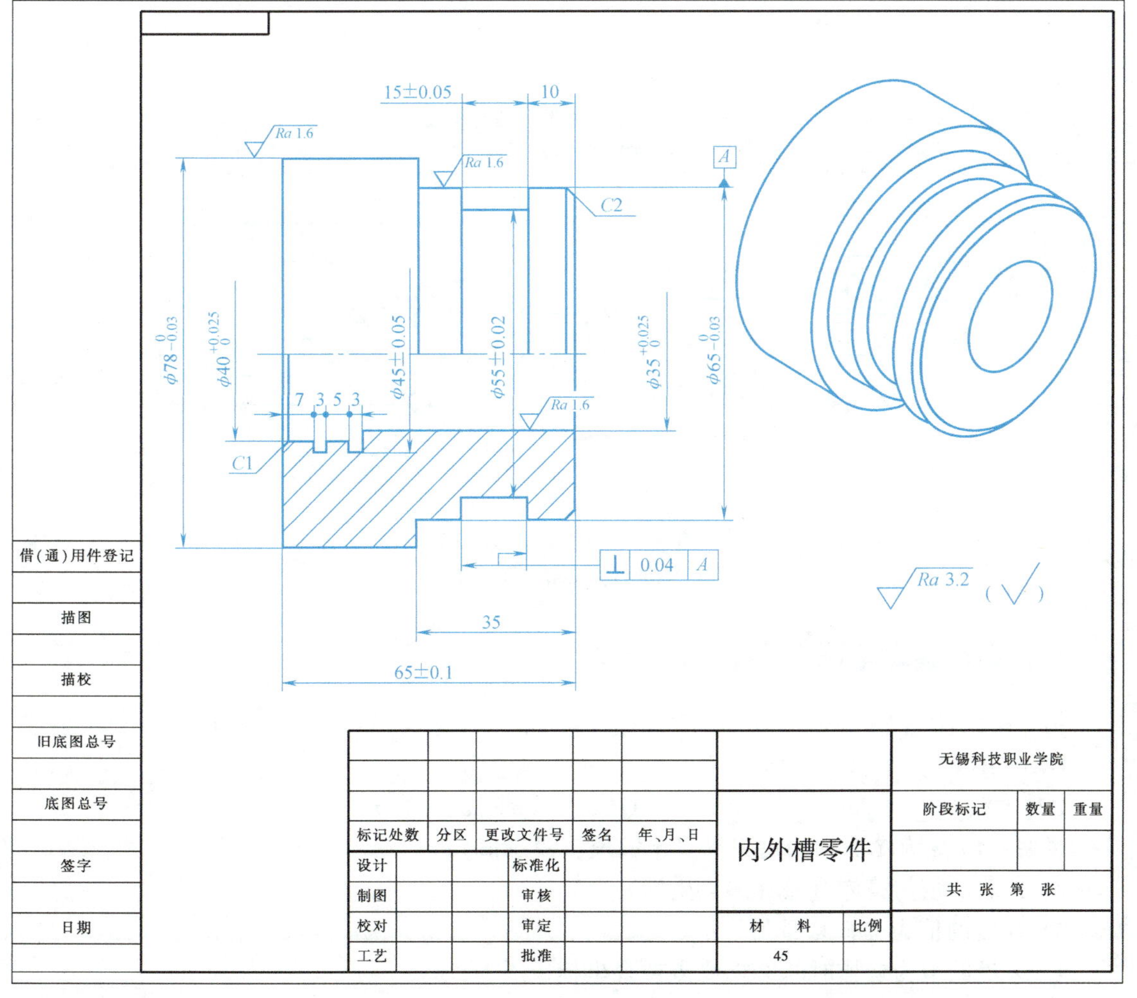

图 4-7　内外槽零件

一、内槽的加工工艺

内槽车刀有整体式和装夹式两种，如图 4-8 所示。加工内沟槽时，刀杆直径受孔径和槽深的限制，排屑特别困难，断屑首先要从沟槽内出来，然后再从内孔排出，切屑的排出要经过 90°的转弯。因此，加工宽度较小和要求不高的窄槽时，可用主切削刃宽度等于槽宽的内槽车刀采用直进法一次车出，如图 4-9a 所示；加工要求较高或较宽的内沟槽时，可采用直进法分几次加工，粗车时，槽壁与槽底留精车余量，然后根据槽宽、槽深进行精加工，如图 4-9b 所示；若内沟槽深度较浅、宽度很大，可用内圆粗车刀先车出凹槽，再用内槽车刀车沟槽两端垂直面，如图 4-9c 所示。

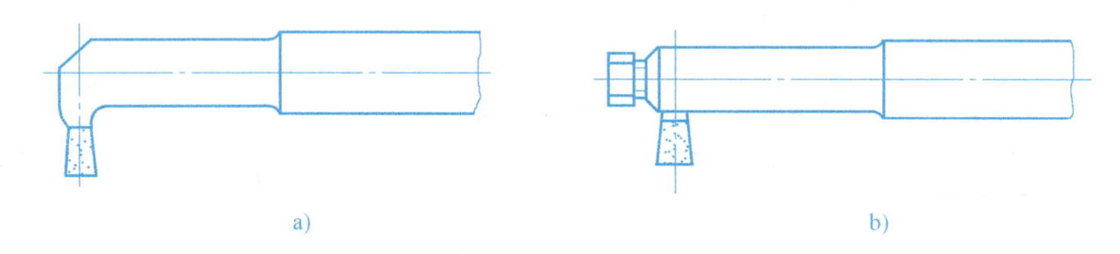

图 4-8　内槽车刀的种类

a）整体式　b）装夹式

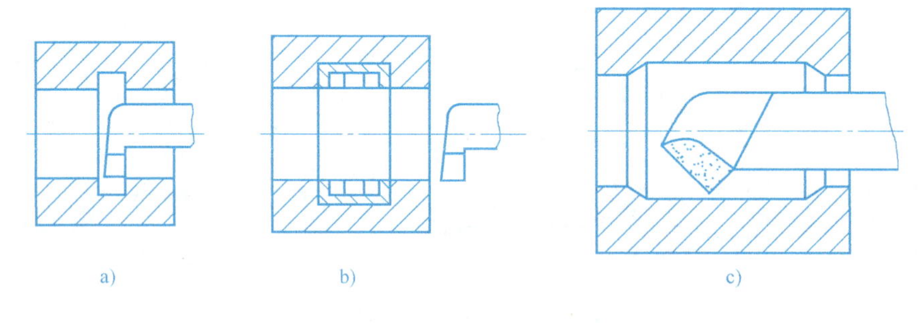

图 4-9　内沟槽加工方法

a）窄槽　b）宽槽　c）大宽槽

二、切槽循环指令

指令格式：

G75　R(e)；

G75　X(U)__　Z(W)__　P(Δi)　Q(Δk)　R(Δd)　F(f)；

说明：1）e 为 X 方向的退刀量（半径值，模态值）。

2）X 后的值为槽底直径（终点坐标）。

3）U 后的值为 X 向增量值。

4）Z 后的值为切槽时的 Z 向终点位置坐标。

5）W 后的值为 Z 向增量值。

6）Δi 为切槽时的 X 向的每次切入量（不带符号，半径值，μm）。

7）Δk 为 Z 向的每次切削移动量，其值应小于刀宽（不带符号，μm）。

8）Δd 为刀具在切削终点时的 Z 向退刀量，通常不指定，以免断刀。

9）f 为切削进给量。

注意：1）G75 切槽循环指令用于外圆面上的沟槽切削和切断加工，如图 4-10 所示。

2）如果 Z（W）和 Q（Δk）省略，则只在 X 向进行切断加工。

3）刀尖圆弧半径补偿不能用于 G75 指令。

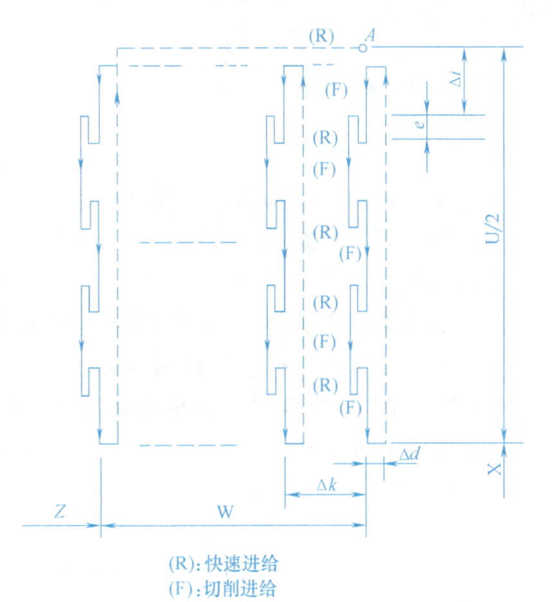

图 4-10　G75 切槽循环指令示意

例：用 G75 粗车切削循环指令，4mm 宽的切槽刀（左刀尖为刀位点）切图 4-11 所示的宽槽。

数控车削加工程序见表 4-4。

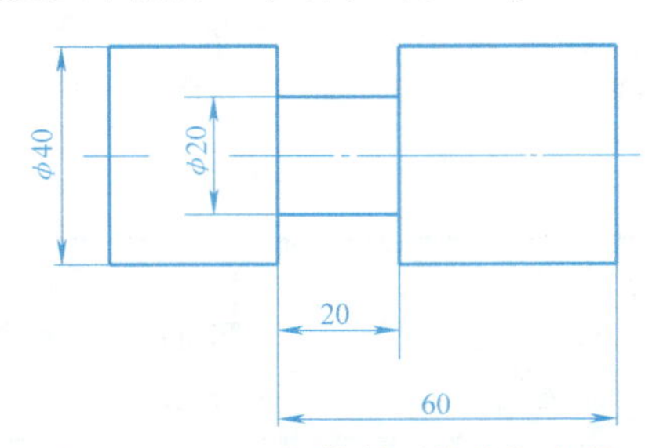

图 4-11　G75 切槽循环指令切宽槽

表 4-4　G75 切槽循环指令编程

顺序号	程　序	注　释
…	…	…
N50	G00　X48　Z-44；	刀具定位
N60	G75　R1；	切槽循环
N70	G75　X20　Z-60　P3000　Q3500　F0.1；	
…	…	…

如采用刀宽为 3mm 的切槽刀（左刀尖对刀），并且采用切槽循环指令 G75 及子程序，图 4-1 所示的均布槽零件切削加工程序见表 4-5。

表 4-5　G75 循环编制加工程序

程　序	注　释	程　序	注　释
O0004；	主程序	M05；	
G28　U0　W0；	回参考点	M30；	
T0404；	切槽刀（刀宽 3mm，左刀尖对刀）	O0044；	子程序
		W-8；	
S500　M03；		G75　R1；	切槽循环
G00　X65　Z-30　M08；	刀具到第一槽附近	G75　X34　P4000　Q1000　F0.1；	
M98　P120044；	调用子程序	G01　X65；	
G28　U0　W0；	回参考点	M99；	
M09；			

4 PROJECT

一、制订零件加工工艺

1. 零件结构分析

（1）零件由内外轮廓面、内外槽等组成。

（2）本工序要求完成零件的端面、轮廓、槽、倒角等加工。

2. 数控车削加工工艺分析

（1）装夹方式的选择　采用自定心卡盘夹紧。

（2）加工方法的选择　零件材料为45钢。零件外轮廓表面粗糙度值为 $Ra1.6\mu m$，尺寸的公差等级为IT7，可按粗、精车方案加工。零件外宽槽采用槽加工循环进行粗、精加工。零件内轮廓加工可预先钻 $\phi3mm$ 中心孔和 $\phi32mm$ 的孔，内轮廓表面粗糙度值为 $Ra1.6\mu m$，尺寸的公差等级为IT7，按粗、精镗方案加工。零件内沟槽采用直接切入一次成形的加工方法。

（3）刀具的选择　T0101为93°外圆机夹车刀（80℃形菱形刀片），T0202为刀宽3mm的外切槽刀，T0303为 $\phi3mm$ 的中心钻，T0404为 $\phi32mm$ 的麻花钻，T0505为93°内孔车刀（55°D形菱形刀片），T0606为刀宽3mm的内槽车刀。

3. 数控加工工序卡

填写数控加工工序卡（表4-6）。

表4-6　内外槽零件数控加工工序卡

工序号		工序内容				
零件名称		零件图号	材料	夹具名称	使用设备	
内外槽零件		4-7	45	自定心卡盘	数控车床	
工步号	工步内容	刀具号	主轴转速 n/(r/min)	进给量 f/(mm/r)	背吃刀量 a_p/mm	备注
1	车右端面	T0101	1000	0.15		
2	粗、精车外轮廓	T0101	粗:1000 精:1500	粗:0.2 精:0.1	粗:1.5 精:0.5	
3	外宽槽加工	T0202	500	0.06	5	
4	自动(手动)钻中心孔	T0303	800	0.1	—	
5	自动(手动)钻孔 $\phi32mm$	T0404	300	0.08	6	
6	切断	T0202	600	0.1	5	
7	调头装夹 $\phi65mm$ 外轮廓面,手动车端面,保证总长	T0101	1000	0.15	—	
8	粗、精镗内轮廓面	T0505	粗:1000 精:1500	粗:0.2 精:0.1	粗:1 精:0.5	
9	内沟槽加工	T0606	300	0.05	2.5	
编制		审核		批准		第　页　共　页

二、编制数控加工程序

FANUC 0i T 系统中数控车削加工程序见表 4-7。

表 4-7　数控车削加工程序

顺序号	程序	注释
工步 1:车右端面		
N10	T0101;	换 1 号刀
N20	M03　S1000;	
N30	G00　X90　Z0;	刀具定位
N40	G01　X-1　F0.15;	车右端面
工步 2:粗、精车 ϕ65mm 和 ϕ78mm 外轮廓面		
N50	G00　X80　Z5;	粗加工刀具定位
N60	G71　U1.5　R0.5;	粗加工外轮廓面,留 0.5mm 精车余量
N70	G71　P80　Q140　U1　W0.5　F0.2;	
N80	G00　X57;　//*ns*	*ns*~*nf* 描述外轮廓
N90	G01　Z2　F0.1　S1500;	
N100	X65　Z-2;	
N110	Z-35;	
N120	X78;	
N130	Z-70;	
N140	X80;　//*nf*	
N150	G70　P80　Q140;	精加工外轮廓面
N160	G00　X100　Z200;	
N170	M05;	
N180	M30;	
工步 3:外宽槽加工		
N10	T0202;	换 2 号刀
N20	M03　S500;	
N30	G00　X68　Z-13;	切槽定位
N40	G75　R2;	切槽循环
N50	G75　X55　Z-25　P5000　Q2500　F0.06;	
N60	G00　X100;	退刀
N70	Z200;	
N80	M05;	
N90	M30;	
工步 4:钻中心孔		
N10	T0303;	换 3 号刀
N20	M03　S800;	

（续）

顺序号	程序	注释
工步4:钻中心孔		
N30	G00 X0 Z5;	刀具定位,距端面正向5mm
N40	G01 Z-4 F0.1;	钻中心孔深4mm
N50	G00 Z200;	退刀
N60	X100;	
N70	M05;	
N80	M30;	
工步5:钻孔 ϕ32mm		
N10	T0404;	换4号刀
N20	M03 S300;	
N30	G00 X0 Z5;	定位至 ϕ32mm 孔外,距端面正向5mm
N40	G74 R2;	钻深70mm,保证65mm有效长度
N50	G74 Z-70 Q6000 F0.08;	
N60	G00 Z200;	退刀
N70	X100;	
N80	M05;	
N90	M30;	
工步6:切断		
N10	T0202;	换2号刀
N20	M03 S600;	
N30	G00 X85 Z-68;	定位,包括切槽刀宽3mm
N40	G01 X25 F0.1;	切断
N50	G00 X100;	退刀
N60	Z200;	
N70	M05;	
N80	M30;	
工步7:调头装夹 ϕ65mm 外轮廓面,手动车端面,保证总长		
工步8:粗、精镗内轮廓面		
N10	T0505;	换5号刀
N20	M03 S1000;	
N30	G0 X30 Z5;	粗镗定位
N40	G71 U1 R0.5;	粗镗内轮廓
N50	G71 P60 Q120 U-1 W0.5 F0.2;	
N60	G00 X42 //ns;	ns~nf 描述内轮廓
N70	G01 Z1 F0.1 S1500;	
N80	G00 X40 C1;	

4 PROJECT

（续）

顺序号	程序	注释
工步 8：粗、精镗内轮廓面		
N90	Z-18；	ns～nf 描述内轮廓
N100	X35；	
N110	Z-68；	
N120	X30；　//nf；	
N130	G70　P60　Q120；	精镗内轮廓
N140	G00　Z200；	退刀
N150	M05；	
N160	M30；	
工步 9：内沟槽加工		
N10	T0606；	换 6 号刀
N20	M03　S300；	
N30	G00　X30；	第一个内沟槽定位
N40	Z-10；	
N50	G01　X45　F0.05；	内沟槽加工
N60	G04　X4；	
N70	G00　X30；	退刀
N80	Z-18；	第二个内沟槽定位
N90	G01　X45　F0.05；	内沟槽加工
N100	G04　X4；	
N110	G00　X30；	退刀
N120	G00　Z200；	
N130	X100；	
N140	M05；	
N150	M30；	

三、零件的数控加工（FANUC 0i T）

1）选择机床、数控系统并开机。

2）机床各轴回参考点。

3）安装工件，安装 1 号和 2 号刀具并对刀。

4）输入端面、外轮廓加工程序，检查、调试并加工。

5）输入外宽槽加工程序，检查、调试并加工。

6）安装 3 号刀具并对刀，输入中心孔加工程序，检查、调试并加工。

7）安装 4 号刀具并对刀，输入孔加工程序，检查、调试并加工。

8）用 2 号刀具断料，并留余量。

9）工件调头，重新装夹，用 1 号刀具手动加工端面，控制总长。

10）安装5号和6号刀具并对刀。

11）输入内轮廓加工程序，检查、调试并加工。

12）输入内沟槽加工程序，检查、调试并加工。

13）测量工件，优化程序，对工件进行误差与质量分析。

注意：加工时可手动打开切削液。

SIEMENS 802S T 系统的基本编程（三）

1. 子程序

（1）子程序结构和命名　子程序的结构与主程序的结构一样，在子程序中在最后一个程序段中用M02或RET结束程序运行，子程序结束后返回主程序。

子程序名与主程序名的选取方法一样，例：LRAHMEN 7。另外，在子程序中还可以使用地址字“L”，其后的值可以有7位（只能为整数）。

注意：地址字L之后的每个零均有意义，不可省略。例：L128、L0128和L00128表示三个不同的子程序。

（2）子程序调用　在一个程序中（主程序或子程序）可以直接用程序名调用子程序，子程序调用要求占用一个独立的程序段。

例：N10　L785；　　　调用子程序L785

（3）程序重复调用次数P　如果要求多次连续地执行某一子程序，则在设置时必须在所调用子程序的程序名后地址P下写入调用次数，最大次数可以为9999（P1~P9999）。

例：N10　L785　P3；　调用子程序L785，运行三次

（4）嵌套深度　子程序不仅可以从主程序中调用，也可以从其他子程序中调用，这个过程称为子程序的嵌套。子程序的嵌套深度可以为三层，也就是四级程序界面（包括主程序界面），如图4-12所示。

注意：在使用加工循环进行加工时，要注意加工循环程序也同样属于四级程序界面中的一级。

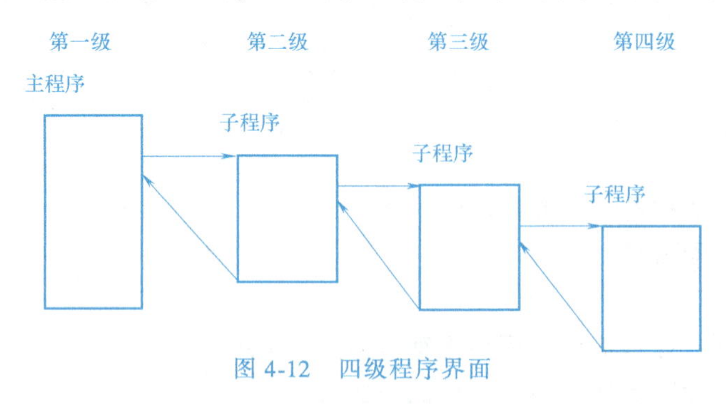

图4-12　四级程序界面

（5）子程序结束　除了用M02指令外，还可以用RET指令结束子程序。RET要求占用一个独立的程序段。

2. 暂停指令

指令格式：G04　F__　（S__）；

说明：

F 后的值表示暂停时间，单位为 s；S 后的值表示暂停主轴转速。

3. 切槽循环指令 LCYC93

指令格式：R100=　R101=　R105=　R106=　R107=　R108=　R114=　R115=
　　　　　R116=　R117=　R118=　R119=；
　　　　　LCYC93；

说明：1）LCYC93 指令参数的含义及数值范围见表 4-8。

表 4-8　LCYC93 指令参数的含义及数值范围

参　数	含义及数值范围	参　数	含义及数值范围
R100	横向坐标轴起始点	R114	槽宽，无符号
R101	纵向坐标轴起始点	R115	槽深，无符号
R105	加工类型，数值 1~8	R116	角度　范围：0~89.999
R106	精加工余量，无符号	R117	槽沿倒角
R107	刀具宽度，无符号	R118	槽底倒角
R108	切入深度，无符号	R119	槽底停留时间

2）R100 为横向坐标轴起始点参数，规定 *X* 向切槽起始点。

3）R101 为纵向坐标轴起始点参数，规定 *Z* 向切槽起始点。

4）R105 所确定加工方式见表 4-9。

表 4-9　R105 确定的加工方式

数值	纵向/横向	外部/内部	起始点位置	数值	纵向/横向	外部/内部	起始点位置
1	纵向	外部	左边	5	纵向	外部	右边
2	横向	外部	左边	6	横向	外部	右边
3	纵向	内部	左边	7	纵向	内部	右边
4	横向	内部	左边	8	横向	内部	右边

5）R106 为精加工余量参数，切槽粗加工时由其设定精加工余量。

6）R107 为刀具宽度参数，确定刀具宽度，实际所用的刀具宽度必须与此参数相符。

7）R108 为切入深度参数，通过在 R108 中设置进刀深度可以把切槽加工分成许多个切深进给。在每次切深之后刀具上提 1mm，以便断屑。

8）R114 为切槽宽度参数，切槽宽度是指槽底（不考虑倒角）的宽度值。

9）R115 为切槽深度参数。

10）R116 为螺纹啮合角参数，确定切槽齿面的斜度，其值为 0 时表明要加工一个与轴平行的切槽（矩形形状）。

11）R117 为槽沿倒角参数，确定槽口的倒角。

12）R118 为槽底倒角参数，确定槽底的倒角。

13）R119 为槽底停留时间参数，在 R119 下设定合适的槽底停留时间，其最小值至少为主轴旋转一转所用时间。

例：用 LCYC93 编制图 4-13 所示的零件中宽槽的加工程序。

参考程序如下：

```
…
T3  D1;
M03  S500;
G00  X56  Z10;
R100=40.000  R101=-35.000  R105=1.000  R106=0.500
R107=2.000  R108=1.000  R114=25.000  R115=5.000
R116=0.000  R117=0.000  R118=0.000  R119=1.000
LCYC93;
…
```

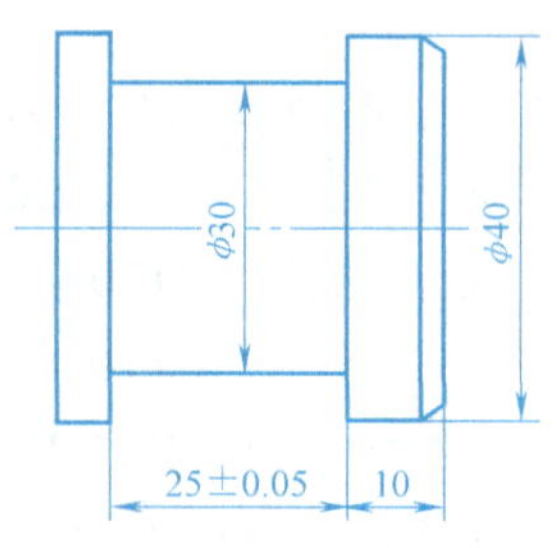

图 4-13 带宽槽的短轴

例：用 SIEMENS 802S T 系统编制图 4-14 所示多槽零件的加工程序。

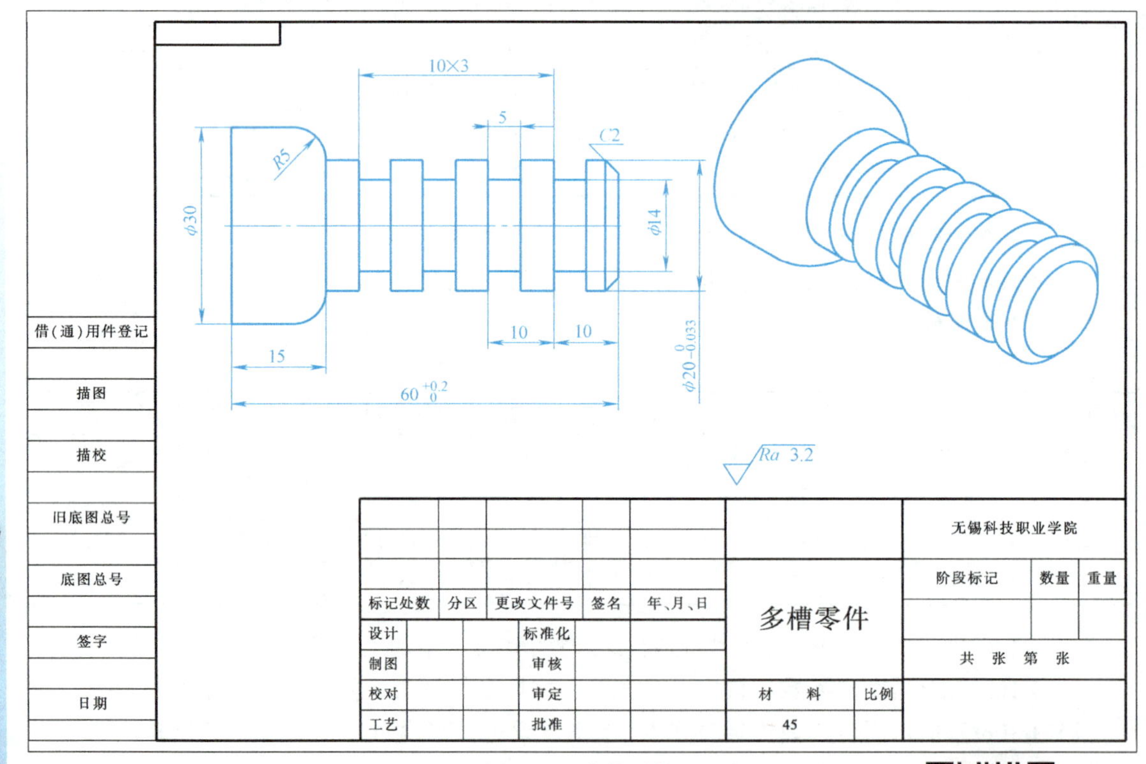

图 4-14 多槽零件

该零件数控车削加工程序见表 4-10。

4-2 任务拓展

表 4-10 SIEMENS 802S T 系统数控车削加工程序

顺 序 号	程 序	注 释
	CA0.MPF;	主程序名
N10	M03 S1500;	
N20	T1D1 M08;	
N30	G00 X35 Z0;	
N40	G01 X-0.5 F0.2;	

（续）

顺序号	程序	注释
N50	G00 X35 Z5;	
N60	-CNAME="L1";	
N70	R105=9 R106=0.2 R108=1.5 R109=7;	设置切削循环参数
N80	R110=0.8 R111=0.2 R112=0.1;	
N90	LCYC95;	调用粗精加工循环加工外轮廓
N100	G00 X50 Z150;	
N110	T1D0;	
N120	M05;	
N130	M01;	
N140	T2D1;	换 2 号刀（左刀尖对刀，刀宽 5mm）
N150	M03 S500;	
N160	G00 X25 Z0;	切槽子程序定位
N170	L2P4;	调用 4 次切槽子程序
N180	G00 X35;	
N190	G00 Z-65;	
N200	G01 X0 F0.1;	切断
N210	G00 X50;	
N220	Z150;	
N230	M05;	
N240	M30;	
	L1.SPF;	子程序名
N10	G00 X12 Z2;	子程序描述零件外轮廓
N20	G01 X20 Z-2 F0.1;	
N30	Z-45;	
N40	G03 X30 Z-50 CR=5;	
N50	G01 Z-70;	
N60	M02;	
	L2.SPF;	子程序名
N10	G00 G91 Z-10;	切槽子程序
N20	G01 X-11 F0.15;	
N30	G04 F1	
N40	X11;	
N50	G90;	
N60	M02;	

例：用 SIEMENS 802S T 系统编制图 4-15 所示的双槽零件程序，刀宽 3mm。该零件数控车削加工程序见表 4-11。

4 PROJECT

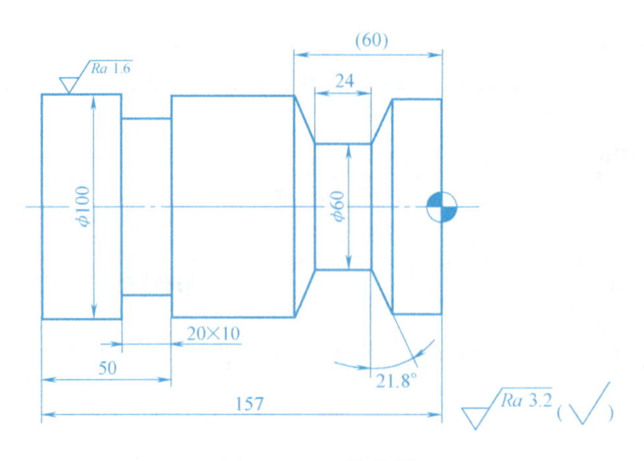

图 4-15　双槽零件

表 4-11　SIEMENS 802S T 系统数控车削加工程序

顺序号	程　序	注　释
	SHUANGCAO. MPF;	主程序名
N10	M3　S600;	主轴正转
N20	T1D1　M08;	1 号刀具 1 号刀补
N30	G0　X110　Z2;	
N40	Z-107;	刀具定位，加工左槽
N50	R100=100　R101=-110　R105=5 R106=0.1　R107=3　R108=5 R114=20　R115=10　R116=0 R117=0　R118=0　R119=1;	设置切槽循环参数
N60	LCYC93;	调用切槽循环加工
N70	G0　X110;	
N80	Z-60;	刀具定位，加工右槽
N90	R100=100　R101=-60　R105=1 R106=0.1　R107=3　R108=5 R114=24　R115=20　R116=21.8 R117=0　R118=0　R119=1;	设置切槽循环参数
N100	LCYC93;	调用切槽循环加工
N110	G0　X100;	
N110	Z150;	
N120	T1D0;	1 号刀取消刀补
N130	M05;	
N140	M30;	

槽类零件的加工及精度检测

一、槽类零件的检测

1. 外槽的测量

槽的宽度和深度测量采用卡钳和钢直尺配合测量，也可用游标卡尺和千分尺测量。图 4-16 所示是测量外槽的方法。

2. 内沟槽的测量

内沟槽的测量方法与外槽的测量方法基本相同，不同的是内沟槽的直径尺寸应采用弹簧内卡钳测量，如图 4-17 所示。

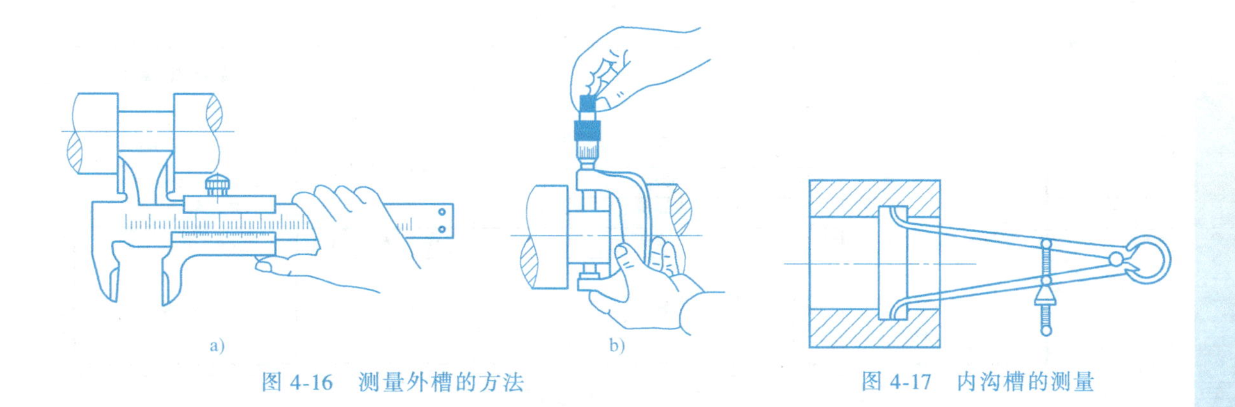

图 4-16　测量外槽的方法

图 4-17　内沟槽的测量

二、实践内容

完成图 4-18 所示沟槽零件的数控加工程序的编制，并对零件进行加工。

三、实践步骤

4-3　切窄槽　4-4　切宽槽

1. 制订零件加工工艺

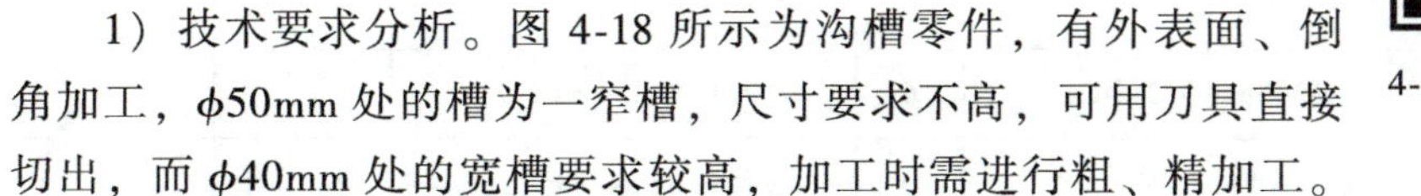

1）技术要求分析。图 4-18 所示为沟槽零件，有外表面、倒角加工，ϕ50mm 处的槽为一窄槽，尺寸要求不高，可用刀具直接切出，而 ϕ40mm 处的宽槽要求较高，加工时需进行粗、精加工。

2）确定装夹方案。由于工件较长，为保证切槽安全，故采用自定心卡盘和顶尖一夹一顶的装夹方式。加工原点设在右端面的中心。

3）确定加工工艺路线，确定刀具及切削用量，填写工序卡。

2. 编制数控加工程序

3. 零件数控加工

4. 零件精度检测

零件检测及评分标准见表 4-12。

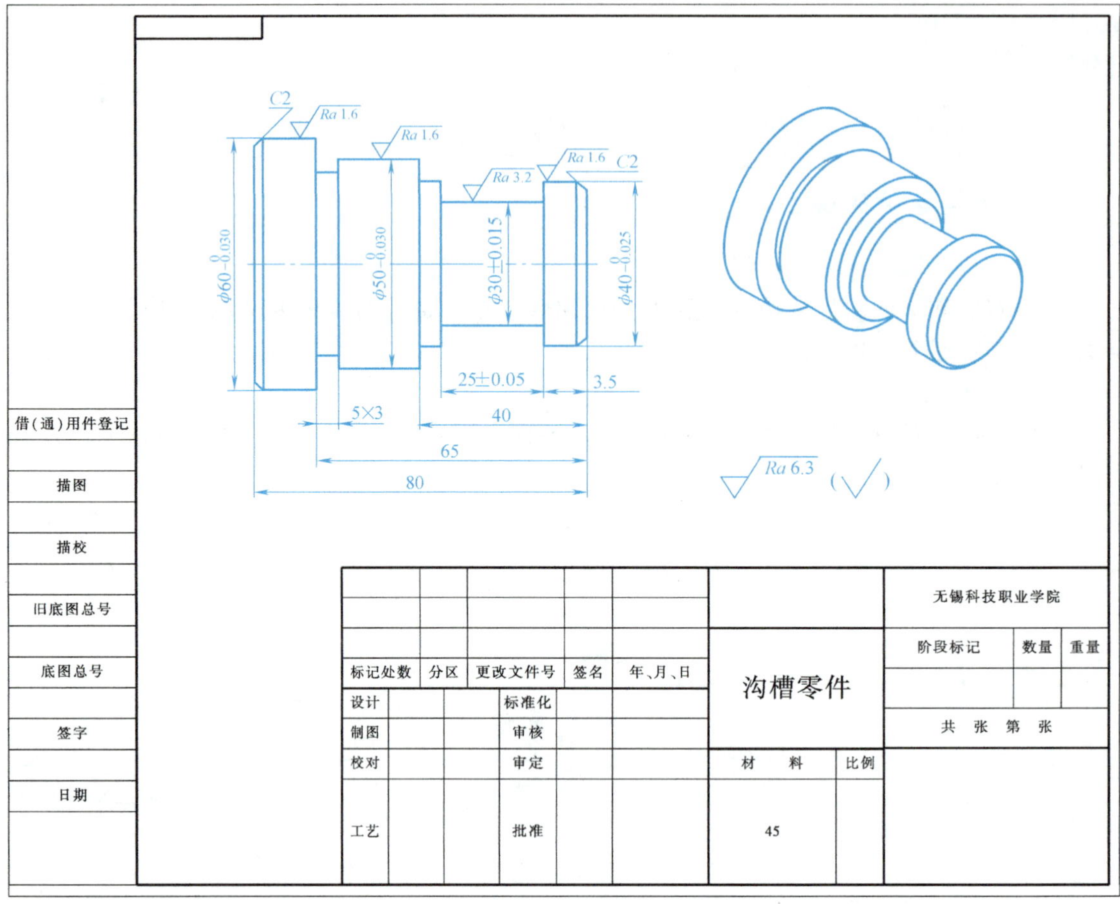

图 4-18　沟槽零件

表 4-12　零件检测及评分标准

准考证号				操作时间		总得分	
工件编号				系统类型			
考核项目		序号	考核内容与要求	配分	评分标准	检测结果	得分
工件加工评分(60%)	轮廓	1	$\phi 60_{-0.030}^{0}$mm	6	超差 0.01mm 扣 1 分		
		2	$\phi 50_{-0.030}^{0}$mm	6	超差 0.01mm 扣 1 分		
		3	ϕ30mm±0.015mm	6	超差 0.01mm 扣 1 分		
		4	$\phi 40_{-0.025}^{0}$mm	6	超差 0.01mm 扣 1 分		
		5	5mm×3mm	6	不符合要求无分		
		6	25mm±0.05mm	6	超差 0.01mm 扣 1 分		
		7	Ra3.2μm、Ra1.6μm	8	降 1 级扣 2 分		
	其他	8	一般尺寸及倒角	10	每错一处扣 1 分		
		9	按时完成无缺陷	6	缺陷一处扣 2 分，未按时完成全扣		

（续）

准考证号			操作时间		总得分	
工件编号			系统类型			
考核项目	序号	考核内容与要求	配分	评分标准	检测结果	得分
程序与工艺（30%）	10	工艺制订合理、选择刀具正确	10	每错一处扣1分		
	11	指令应用合理、正确	10	每错一处扣1分		
	12	程序格式正确、符合工艺要求	10	每错一处扣1分		
现场操作规范（10%）	13	刀具正确使用	2			
	14	量具正确使用	3			
	15	刃的正确使用	3			
	16	设备正确操作和维护保养	2			
	17	安全操作	倒扣	出现安全事故停止操作，酌情扣5~30分		

5. 对工件进行误差与质量分析并优化程序

6. 切槽安全操作和注意事项

1）切槽时工件和刀具装夹应牢固，刀具主切削刃与工件回转轴线高平齐，如刀尖低于工件回转轴线，容易造成扎刀现象；如高于工件回转轴线，车刀将不能正常切削工件。

2）对刀时，用切槽刀左刀尖作为刀位点。

3）切槽时，需加切削液进行冷却润滑。

4）切削过程出现切削平面呈凸凹形、主切削刃磨损、扎刀等现象，要注意调整车床主轴转速和进给量。

四、槽类零件加工的常见误差现象及原因

槽类零件加工的常见误差现象及原因见表4-13。

表4-13　常见误差现象及原因

现象	产生原因	解决方法
尺寸超差	1. 对刀数据不正确	调整或重新对刀
	2. 切削用量选择不当	合理选择切削用量
	3. 工件尺寸计算错误	正确计算工件尺寸
表面有锥度	1. 车床主轴轴线偏斜	检查调整导轨和主轴的平行度
	2. 车床主轴间隙过大	调整车床主轴间隙
	3. 刀杆变形，产生让刀现象	增加刀杆刚度或减小背吃刀量
表面粗糙度较差	1. 刀具安装过高	正确安装刀具
	2. 产生积屑瘤	合理选择切削速度
	3. 刀具磨损	刃磨刀具或更换刀具
	4. 切削液选择不合理	合理选择切削液

（续）

现象	产生原因	解决方法
出现扎刀现象	1. 进给速度过大	减小进给速度
	2. 刀具角度选择不当	合理选择刀具
槽底出现振纹	1. 工件安装不正确	检查工件安装，保证装夹刚度
	2. 刀杆伸出过长	正确安装刀具
	3. 切削用量选择不当	合理选择切削用量
	4. 程序槽底停留时间过长	缩短槽底停留时间
槽底出现倾斜	1. 刀具刃磨不正确	正确刃磨刀具
	2. 刀具安装不正确	正确安装刀具

项目自测题

一、填空题

1. 在FANUC数控系统中，程序段“G04　P1000”的含义是________；而“G04　X1.8”的含义是________。

2. 切槽刀有________、________及________等三个刀位点，在整个加工程序中应采用________________，一般采用__________作为刀位点，对刀编程较方便。

3. 加工窄浅直槽，切槽刀用____________________指令直进法一刀切至槽底。

4. 加工宽直槽，切槽刀应采用________切削循环指令进行____________________切削法加工。

5. 为简化编程，加工形状相似的多槽，一般调用____________________指令完成加工。

6. 切槽后，为避免撞刀，切槽刀应先沿____________________方向退出刀具，再沿____________________方向退出刀具。

7. FANUC系统子程序名和主程序名的命名原则是__________，程序号是以字母________开头，子程序结束字是________，调用子程序字是________。

8. “M98　P00051100”的含义是______________________________。

9. G75切槽循环指令可用于外圆面上的____________或____________加工，指令中如果________或________省略，则只在X向进行切断加工。

10. 内沟槽车刀刀尖至刀背距离应__________内孔半径。

*11. SIEMENS系统主程序用扩展名为__________，子程序用扩展名为__________。

*12. SIEMENS系统中，“L11　P5”的含义是______________________________。

*13. SIEMENS系统子程序并返回指令是__________或__________。

*14. SIEMENS系统中，程序段“G04　F5”的含义是__________；而“G04　S15”的含义是________________。

*15. SIEMENS系统加工宽直槽，切槽刀应采用__________切削循环指令进行__________切削法加工，并在________________留精加工余量进行精加工。

二、选择题

1. 在程序中含有某些固定程序或重复出现的区域时，这些顺序或区域可作为（　　）存入存储器，反复调用，以简化程序。

A. 主程序　　B. 子程序　　C. 程序　　D. 调用程序

2. 子程序结束返回到主程序用（　　）指令。

A. M98　　B. M99　　C. G98　　D. G99

3. FANUC 系统调用 O0002 子程序，则以下程序段中（　　）是正确的。

A. M98　O0002　　B. M98　P0002　　C. M98　0002　　D. M98　PO0002

4. 程序段“N01　M98　P1001”的含义是（　　）。

A. 调用 P1001 子程序

B. 调用 O1001 子程序

C. 调用 P1001 子程序，且执行子程序时用 01 号刀尖圆弧半径补偿值

D. 调用 O1001 子程序，且执行子程序时用 01 号刀尖圆弧半径补偿值

5. 被调用的子程序还可以调用其他子程序，FANUC 系统最多可嵌套（　　）级。

A. 1　　B. 2　　C. 3　　D. 4

6. 子程序调用格式为“M98　P××××　××××”，P 后的前 4 位数字代表重复调用次数，若不指定则默认为调用（　　）次。

A. 1　　B. 2　　C. 3　　D. 4

7. 对于指令“G75　R（e）；G75　X（U）__　Z（W）__　P（Δi）__　Q（Δk）__　R（Δd）__　F __；”中的“P（Δi）”，下列描述不正确的是（　　）。

A. 每次切深量　　B. 直径量　　C. 始终为正值　　D. 不带小数点值

8. 切槽中可使用（　　）以光整槽底。

A. G00　　B. G01　　C. G03　　D. G04

9. 切槽刀切削刃应（　　）工件回转轴线。

A. 高于　　B. 低于　　C. 等于　　D. 无要求

10. 内沟槽刀刀头宽度一般（　　）槽的宽度。

A. 大于　　B. 大于或等于　　C. 等于　　D. 无要求

*11. SIEMENS 系统在主程序中调用子程序 LI. SPF，正确的是（　　）。

A. L01. SPF　　B. L01　　C. L1. SPF　　D. L1

*12. SIEMENS 系统子程序可以嵌套（　　）层，也就是（　　）级程序界面。

A. 1，2　　B. 2，3　　C. 3，4　　D. 4，3

*13. SIEMENS 系统中，子程序结束可用（　　）指令。

A. M98　　B. M99　　C. M30　　D. M02

*14. SIEMENS 系统中，RET 只能出现在（　　）内。

A. 主、子程序均可　　B. 子程序　　C. 主程序　　D. 循环语句

*15. SIEMENS 系统中，下列循环功能中（　　）为切槽循环。

A. LCYC83　　B. LCYC93　　C. LCYC95　　D. LCYC73

*16. SIEMENS 系统中，暂停指令“G04 F5”表示暂停（　　）。

A. 5ms　　B. 0. 5s　　C. 5s　　D. 5μs

三、判断题

1. FANUC 数控系统中，调用子程序指令是 M98。（　　）

2. 子程序的编写方式必须是增量方式。（　　）

3. FANUC 系统中，子程序最后一行要用 M30 结束。（　　）

4. 从子程序返回到主程序用 G99。（　　）

5. 一个主程序中只能有一个子程序。（　　）

6. 数控系统功能强大，因此子程序可以嵌套无限层。（　　）

7. 当使用子程序指令“M98　P××××　××××”时，若 P 后的前 4 位数字省略，默认为调用 0 次。（　　）

8. 执行 G75 指令中，刀具完成一次径向切削后，在 Z 方向的偏移方向，由指令中参数 P 后的正负号确定。（　　）

9. G75 循环指令执行过程中，X 向每次切深量均相等。（　　）

10. G01、G02、G03、G04 都是模态指令。（　　）

11. 切槽刀安装时切削刃略高于工件回转轴线。（　　）

12. 加工精度不高的窄槽时，可以用刀头宽度小于槽宽的切槽刀一次进给切出。（　　）

13. 切槽刀切至槽底时，用 G04 指令停留一定的时间可以光整槽底的表面。（　　）

14. 为提高效率，切槽时进给速度应选择快一些。（　　）

15. 内沟槽车刀车削前不需要检查刀具是否会发生干涉。（　　）

16. 内沟槽宽度常采用样板检测。（　　）

*17. SIEMENS 系统的调用子程序指令“L0123 P3”，表示调用子程序 L0132 P3 共计一次（　　）。

*18. SIEMENS 系统中，子程序 L10 和子程序 L010 是相同的程序。（　　）

*19. SIEMENS 系统中，LCYC93 循环指令中的 R106 表示精加工余量，是直径值。（　　）

*20. SIEMENS 系统中，LCYC93 循环指令中的 R108 表示切入深度，是半径值。（　　）

四、简答题

1. 简述切槽加工的特点。

2. 简述分别用高速钢切槽刀和硬质合金切槽刀加工钢料时切削用量如何选择。

3. 简述 FANUC 和 SIEMENS 系统调用子程序的编程格式及含义。

4. 试写出 G75 指令编程的格式，并对各参数进行解释。

五、编程题

如图 4-19、4-20 所示，槽类零件材料为 45 钢，试分别用 FANUC 系统和 SIEMENS 系统格式编写其数控加工程序。

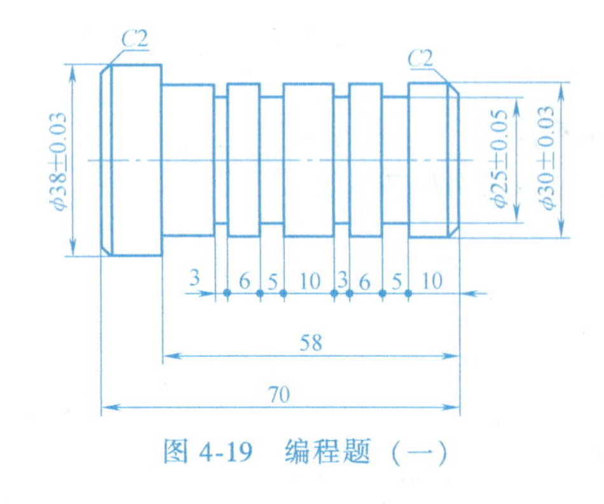

图 4-19　编程题（一）

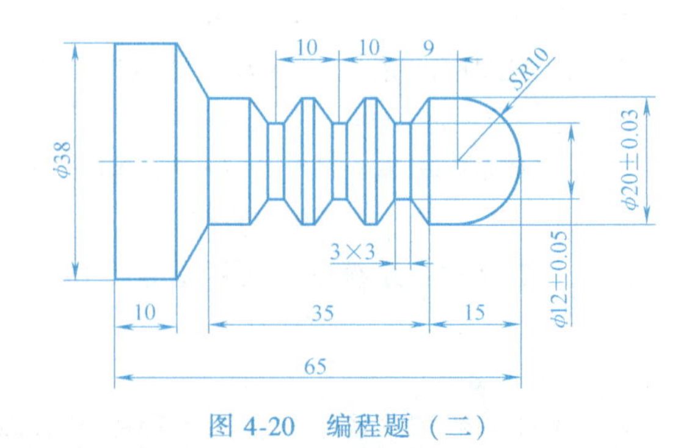

图 4-20　编程题（二）

项目五 螺纹类零件的加工

螺纹类零件一般由内、外表面、端面、沟槽和螺纹构成。螺纹分为内螺纹和外螺纹，主要起联接和传动作用。

项目目标

1. 了解螺纹零件的数控车削工艺，会制订螺纹类零件的数控加工工艺。
2. 正确选择和安装螺纹刀，并能准确对刀。
3. 合理选用车削加工螺纹的切削参数。
4. 掌握螺纹编程加工指令的适用范围和编程技能技巧。
5. 培养独立操作数控车床的能力。
6. 正确使用螺纹检测量具，并能够对螺纹类工件进行质量分析。

项目任务一 螺纹套的加工

加工图5-1所示螺纹套，零件毛坯直径为ϕ50mm，材料为45钢。

5-1 外螺纹加工

5-2 内螺纹加工

相关知识

一、普通螺纹的加工

1. 普通螺纹的基本要素

普通螺纹是联接螺纹，其基本结构如图5-2所示，标记示例如图5-3所示。

（1）牙型 沿螺纹轴线剖切时，螺纹牙齿轮廓的剖面形状称为牙型。螺纹的牙型有三角形、梯形、锯齿形等。其中普通螺纹的牙型为等边三角形（牙型角60°）。不同的螺纹牙型，有不同的用途。

（2）螺纹的直径（大径、小径、中径） 与外螺纹牙顶或内螺纹牙底相切的假想圆柱面的直径称为大径（内、外螺纹分别用D、d表示），也称为螺纹的公称直径。

与外螺纹牙底或内螺纹牙顶相切的假想圆柱面的直径为小径（内、外螺纹分别用D_1、d_1表示），其表达式（经验公式）为$D_1(d_1)=D(d)-1.3P$。

在大径与小径之间，其母线通过牙型沟槽宽度和凸起宽度相等的假想圆柱面的直径称为中径，（内、外螺纹分别用D_2、d_2表示），其表达式为$D_2(d_2)=D(d)-0.6495P$。

（3）线数（n） 螺纹有单线和多线之分，沿一条螺旋线形成的螺纹为单线螺纹；沿轴

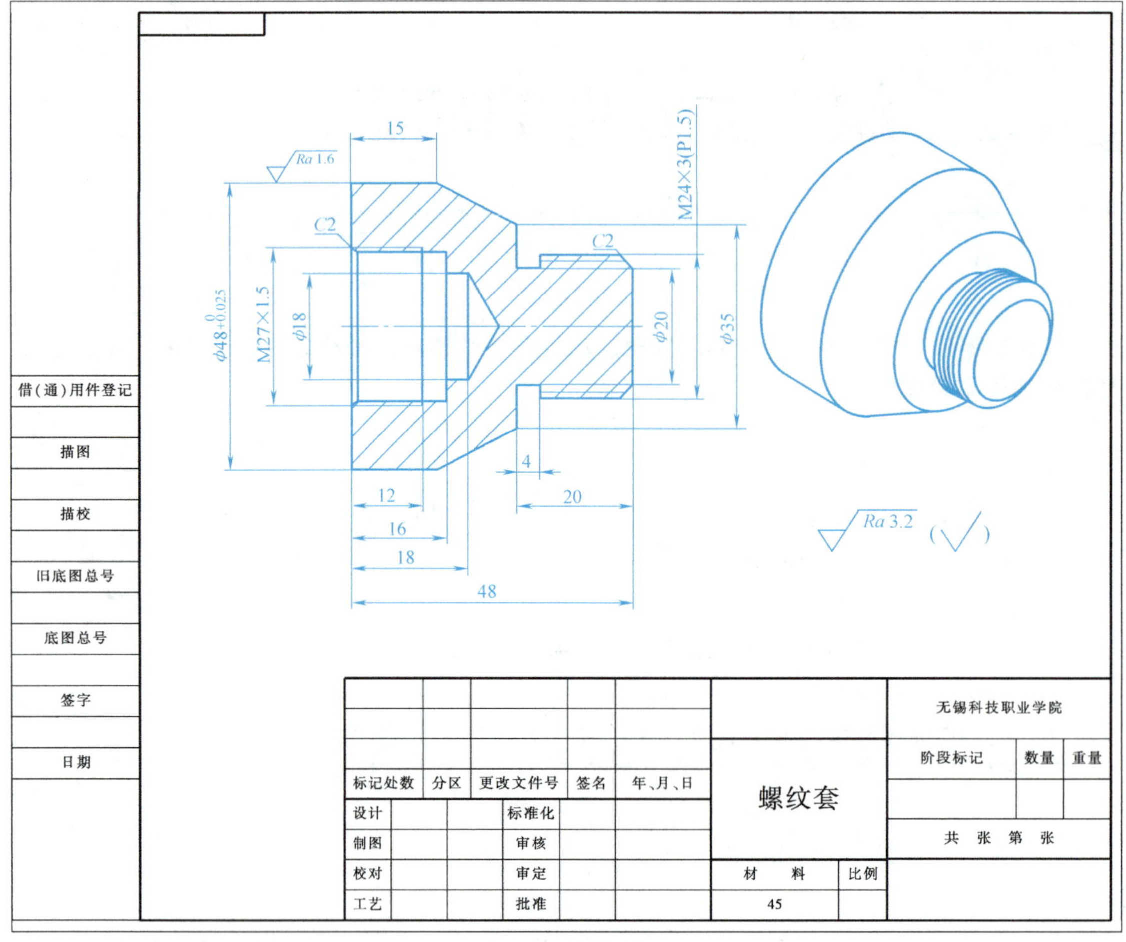

图 5-1 螺纹套

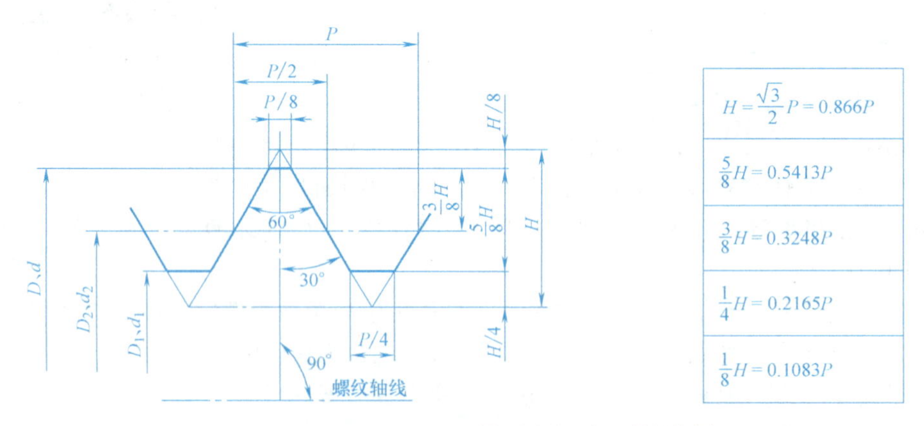

$H=\frac{\sqrt{3}}{2}P=0.866P$
$\frac{5}{8}H=0.5413P$
$\frac{3}{8}H=0.3248P$
$\frac{1}{4}H=0.2165P$
$\frac{1}{8}H=0.1083P$

D—内螺纹大径；d—外螺纹大径；D_2—内螺纹中径；d_2—外螺纹中径；
D_1—内螺纹小径；d_1—外螺纹小径；P—螺距；H—理论高度

图 5-2 普通螺纹的基本结构

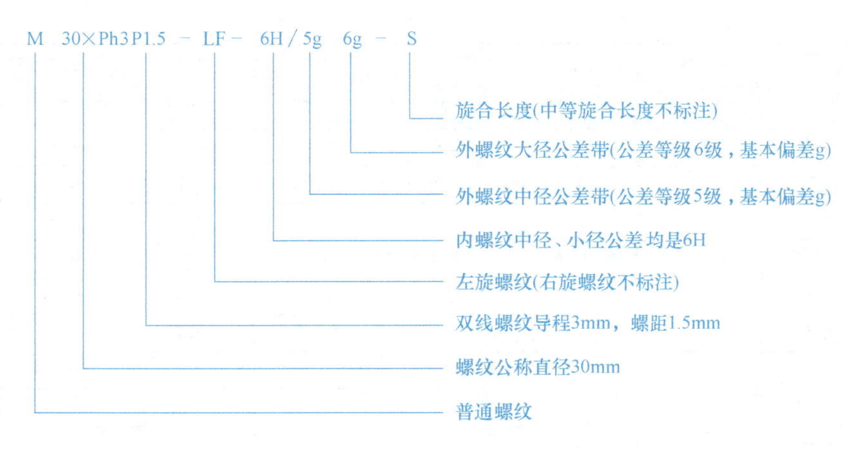

图 5-3　普通螺纹的标记示例

向等距分布的两条或两条以上的螺旋线所形成的螺纹为多线螺纹。

(4) 螺距 (P) 和导程 (Ph)　相邻两牙在中径线上对应两点之间的轴向距离称为螺距。同一螺旋线上相邻两牙在中径线上对应两点之间的轴向距离称为导程。导程与螺距的关系为 $Ph=nP$，对于单线螺纹，其螺距和导程相等。

(5) 旋向　螺纹有右旋和左旋之分。按顺时针方向旋转时旋进的螺纹称为右旋螺纹，按逆时针方向旋转时旋进的螺纹称为左旋螺纹。

(6) 精度等级　外螺纹的公差带位置有 e、f、g、h，外螺纹中径 d_2 精度等级为 3、4、5、6、7、8、9，外螺纹大径 d 精度等级为 4、6、8；内螺纹的公差带位置有 G、H，内螺纹小径 D_1 和中径 D_2 的精度等级均为 4、5、6、7、8。一般默认的公差带是 6g (外螺纹)、6H (内螺纹)。

2. 螺纹加工余量

普通外 (内) 螺纹加工前，前面的工序已将其外圆 (内孔) 直径加工到螺纹大径 (小径) 尺寸，螺纹加工的总加工余量应为大径减去小径的量，即 $2h$ (h 为牙深) 即图 5-2 中的 $5/8H$，这个值可以通过普通螺纹牙型计算公式准确地算出。在螺纹加工中，考虑刀尖圆弧半径等影响因素，h 常用经验公式计算

$$h \approx 0.6495P \approx 0.65P$$

$$2h \approx 1.299P \approx 1.3P$$

例：加工 M30×2 的螺纹时，其总加工余量为 1.299×2mm≈1.3×2mm≈2.6mm。

3. 螺纹切削加工的进给次数和背吃刀量

螺纹加工处于多刃切削，切削力大，需对加工余量进行分配，进行多次切削。常用螺纹加工的进给次数与每次背吃刀量可参考表 5-1，加工时为防止切削力过大，可适当增加切削加工次数。

4. 螺纹的预制

为保证内，外螺纹接合的互换性，需采用经验法对轴和孔进行预制。

(1) 车削三角形外螺纹　受车刀挤压，螺纹大径尺寸胀大，因此车螺纹前的外圆直径应预制成比螺纹大径小。一般螺距为 1.5~3.5mm 时，加工螺纹前的外圆直径小 0.2~0.4mm，一般取 $d_{轴} \approx d-0.1P$。

表 5-1 螺纹加工进给次数与背吃刀量（双边）参考表 （单位：mm）

螺距 P		1.0	1.5	2.0	2.5	3.0	3.5	4.0
牙深(半径值)		0.649	0.974	1.299	1.624	1.949	2.273	2.598
切削次数及背吃刀量（直径值）	1次	0.7	0.8	0.9	1.0	1.2	1.5	1.5
	2次	0.4	0.6	0.6	0.7	0.7	0.7	0.8
	3次	0.2	0.4	0.6	0.6	0.6	0.6	0.6
	4次		0.16	0.4	0.4	0.4	0.6	0.6
	5次			0.1	0.4	0.4	0.4	0.4
	6次				0.15	0.4	0.4	0.4
	7次					0.2	0.2	0.4
	8次						0.15	0.3
	9次							0.2

（2）车削三角形内螺纹 如图 5-2 所示，实际小径为 $D_1=D-5/8H\times2=D-1.08P$，但加工时受车刀挤压，螺纹内孔尺寸缩小，因此车螺纹前的内孔直径应预制成稍大些，可以按下列公式：

车削塑性金属的内螺纹时 $D_{孔}\approx D-P$

车削脆性金属的内螺纹时 $D_{孔}\approx D-1.05P$

式中 D——内螺纹公称直径；

P——螺距。

例：加工 M30×2 的单线外螺纹，材料为 45 钢。

螺纹大径（公称直径）为：$d=30\text{mm}$；

螺纹加工前外圆直经预制为：$d_{轴}=d-0.2\text{mm}=30\text{mm}-0.2\text{mm}=29.8\text{mm}$；

螺纹加工小径为：$d_1=d-1.3P=30\text{mm}-1.3\times2\text{mm}=30\text{mm}-2.6\text{mm}=27.4\text{mm}$；

螺纹牙深为：$h=0.65P=0.65\times2\text{mm}=1.3\text{mm}$；

螺纹加工背吃刀量分别为 0.9mm、0.6mm、0.6mm、0.4mm、0.1mm。

例：加工 M30×2 的单线内螺纹，材料为 45 钢。

螺纹大径（公称直径）为：$D=30\text{mm}$；

螺纹加工前内孔直径预制为：$D_{孔}=D-P=30\text{mm}-2\text{mm}=28\text{mm}$；

螺纹牙深为：$h=0.65P=0.65\times2\text{mm}=1.3\text{mm}$；

螺纹加工背吃刀量分别为 0.9mm、0.6mm、0.6mm、0.4mm、0.1mm。

5. 主轴转速和进给速度

进行螺纹切削时，数控车床根据主轴上的位置编码器发出的脉冲信号，控制刀具进给运动形成螺旋线，主轴每转一转，刀具进给一个螺距。例如，切削螺距为 2mm 的螺纹，即主轴每转的刀具进给量为 2mm，相应刀具的进给量就是 2mm/r，而车削工件时常选择的刀具进给速度为 0.2mm/r 左右。由此可以看出，切削螺纹时刀具的进给速度非常快，因此，切削螺纹时要选择较低的主轴转速，来降低刀具的进给速度。另外，螺纹切削速度很快，一定要确认加工程序和加工过程正确后方可开始加工，防止出现意外事故。

加工螺纹时主轴转速（r/min）可按下面经验公式进行计算

$$n\leqslant\frac{1200}{P}-K$$

式中　P——螺距（mm）；

　　　K——保险系数，一般取 80。

注意：如果数控系统能够支持高速螺纹加工，则可采用高档螺纹加工刀具，主轴转速可提高；而对经济型数控车床，如果采用高主轴转速加工螺纹，会出现乱牙现象。

6. 螺纹切入量、切出量的确定

为保证螺纹加工质量，螺纹切削时应在两端设置足够的切入量、切出量（图 5-4 所示）。因此，螺纹的实际加工长度为

$$W=L+\delta_1+\delta_2$$

式中　δ_1——切入量，一般取 2~5mm；

　　　δ_2——切出量，一般取 $0.5\delta_1$ 左右；

　　　L——螺纹理论长度。

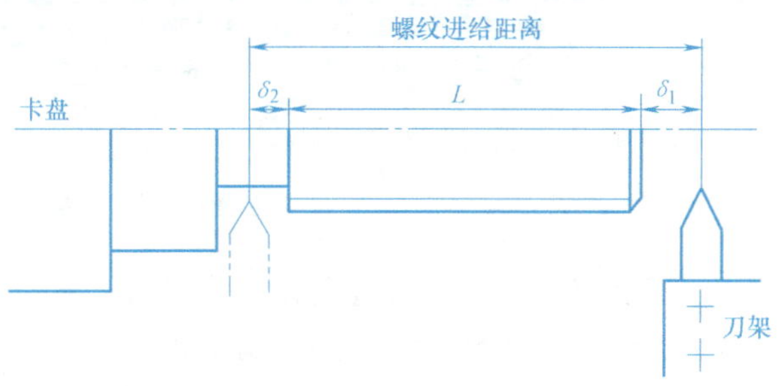

图 5-4　螺纹的切入、切出量

7. 螺纹的加工方法

（1）直进法　车削时，车刀沿横向间歇进给至牙深处（图 5-5a）。用这种方法加工螺纹时车刀三面切削，切削余量大，刀尖磨损严重，排屑困难，容易产生扎刀现象，但牙型精度高。直进法适合于小导程的三角形螺纹加工，一般采用 G32 或 G92 编程。

（2）斜进法　车削时，车刀沿牙型角方向斜向间歇进给至牙深处（图 5-5b），每个行程中车刀除横向进给外，纵向也要作少量进给。用这种方法加工螺纹时可避免车刀三面切削，切削力减少，不容易产生扎刀现象，但牙型精度较低。斜进法适合于 $P\geqslant$ 3mm 的大螺距螺纹的加工，一般采用 G76 编程。

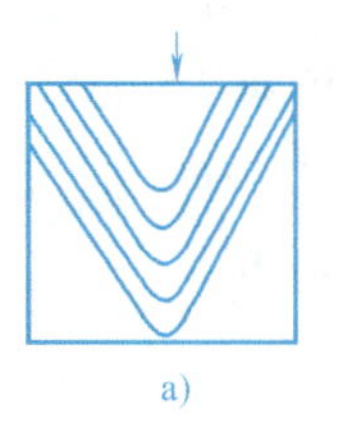

a)

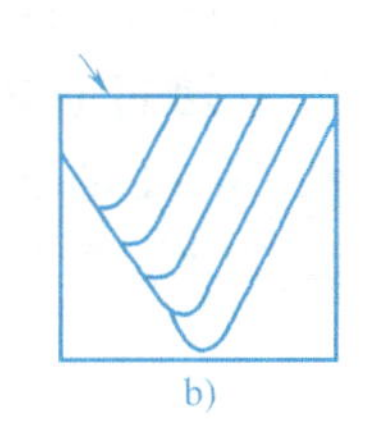

b)

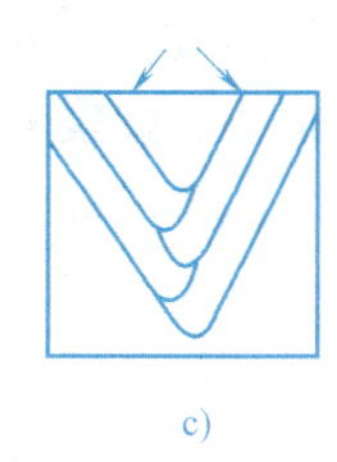

c)

图 5-5　螺纹的几种切削方法

a）直进法　b）斜进法　c）左右分层法

（3）左右分层法　车削时，车刀沿牙型角方向交错间歇进给至牙深处（图 5-5c）。左右分层法实际上是直进法和左右切削法的综合应用。在车削螺距较大的螺纹时，左右分层法通常不是一次性就把牙槽切削出来，而是把牙槽分成若干层，转化成若干个较浅的牙槽进行切削，从而降低了车削难度。每一层的切削都采用先直进后左右的车削方法，由于左右切削时槽深不变，刀具只须向左或向右纵向进给即可。用这种方法加工螺纹，同样可避免车刀三面切削，切削效果较好，而且对刀具要求较低，所用的螺纹粗车刀和精车刀与其他加工方式基本相同。左右分层法尤其适合于用宏程序进行编程，可以解决螺纹的长度、导程、公称直径、牙宽等任何一个参数发生变化时的螺纹的加工，一般用于精度和表面粗糙度要求较高的梯形螺纹加工。

二、单行程螺纹切削指令

指令格式：G32　X(U)__　Z(W)__　F__；

说明：1）X(U)、Z(W)后的值为螺纹切削的终点坐标值（单位为 mm，其中 X(U)后的值是直径值）。X 省略时为圆柱螺纹切削；Z 省略时为端面螺纹切削；X、Z 均不省略时为圆

锥螺纹切削。

2）F后的值为螺纹导程（单位为mm）。

注意：1）G32指令可加工圆柱螺纹、圆锥螺纹和涡形螺纹（图5-6）。

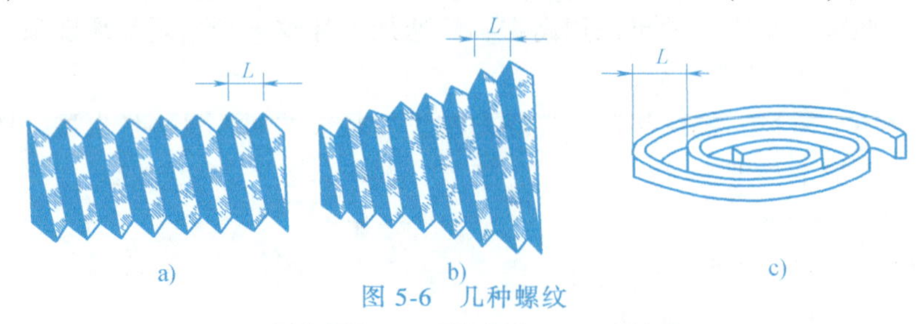

图5-6 几种螺纹

a）圆柱螺纹 b）圆锥螺纹 c）涡形螺纹

2）螺纹切削时，进给速度和主轴转速倍率开关均无效（固定在100%）。

3）螺纹切削进给时，暂停功能无效。

4）螺纹切削进给时，不要使用主轴恒线速度控制指令G96。

例：用单行程螺纹切削指令G32编制图5-7所示的普通三角形圆柱螺纹的加工程序。

取 δ_1 = 2mm、δ_2 = 1.5mm，螺纹导程为1.0mm，螺纹双向背吃刀量通过查表5-1可得：0.7mm、0.4mm、0.2mm，螺纹的公称直径为30mm，则每次螺纹切削尺寸为：29.3mm、28.9mm、28.7mm。

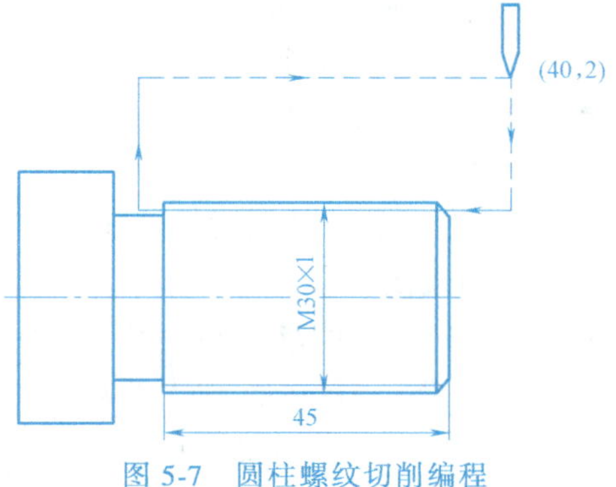

图5-7 圆柱螺纹切削编程

程序见表5-2。

表5-2 螺纹切削编程

单行程螺纹切削	单一螺纹切削循环指令	注　释
…	…	…
G00 X40 Z2 M08;	G00 X40 Z2 M08;	
X29.3; G32 Z-46.5 F1; G00 X40; Z2;	G92 X29.3 Z-46.5 F1;	a_p = 0.7mm
X28.9; G32 Z-46.5; G00 X40; Z2;	X28.9	a_p = 0.4mm
X28.7; G32 Z-46.5; G00 X40; Z2;	X28.7;	a_p = 0.2mm
…	…	…

例：用单行程螺纹切削指令G32编制图5-8所示的普通三角形圆锥螺纹（P = 1.5mm）的加工程序。

取 $\delta_1=2\mathrm{mm}$、$\delta_2=1\mathrm{mm}$，螺纹导程为 1.5mm，螺纹双向的背吃刀量通过查表 5-1 可得：0.8mm、0.6mm、0.4mm、0.16mm，则右端每次螺纹切削尺寸为：13.2mm、12.6mm、12.2mm、12.04mm，左端每次螺纹切削尺寸为：42.2mm、41.6mm、41.2mm、41.04mm。

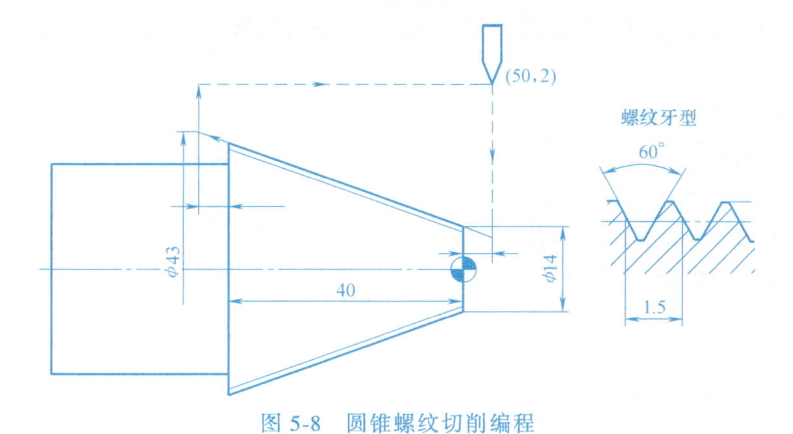

图 5-8　圆锥螺纹切削编程

程序见表 5-3。

表 5-3　螺纹切削编程

单行程螺纹切削	单一螺纹切削循环	注　释
…	…	…
G00　X50　Z2　M08；		
X13.2；	G92　X42.2　Z-41　R-14.5；	$a_p=0.8\mathrm{mm}$
G32　X42.2　Z-41　F1.5；		
G00　X50；		
Z2；		
X12.6；	X41.6；	$a_p=0.6\mathrm{mm}$
G32　X41.6　Z-41；		
G00　X50；		
Z2；		
X12.2；	X41.2；	$a_p=0.4\mathrm{mm}$
G32　X41.2　Z-41；		
G00　X50；		
Z2；		
X12.04；	X41.04；	$a_p=0.16\mathrm{mm}$
G32　X41.04　Z-41；		
G00　X50；		
Z2；		
…	…	…

三、单一螺纹切削循环指令

单行程螺纹切削指令 G32 可以执行单行程螺纹切削，螺纹车刀进给运动严格根据输入的螺纹导程进行。但是，螺纹车刀的切入、切出、返回等均需另外编入程序，编写的程序段较多，在实际编程中一般使用单一螺纹切削循环 G92（图 5-9），它可切削圆柱螺纹和圆锥螺纹。

指令格式：G92　X(U)__　Z(W)__　R__　F__;

说明：1）X(U)、Z(W)后的值为螺纹切削的终点坐标值（单位为 mm），并且 X(U)后的值是直径值。

2）R 后的值为螺纹部分半径之差，即螺纹切削起始点与切削终点的半径差。加工圆柱螺纹时，R=0；加工圆锥螺纹时，当 X 向切削起始点坐标小于切削终点坐标时，R 为负，反之为正。

3）在一些 FANUC 系统的数控车床上的切削循环中，R 有时也用“I”来执行。

4）F 后的值为螺纹导程（单位为 mm）。

注意：1）G92 指令可加工圆柱螺纹和圆锥螺纹。

2）通常 X 向循环起点取在离外圆表面 1～2mm 处，Z 向循环起点根据导入量选取。

3）螺纹切削时进给速度和主轴转速倍率开关均无效（固定在 100%）。

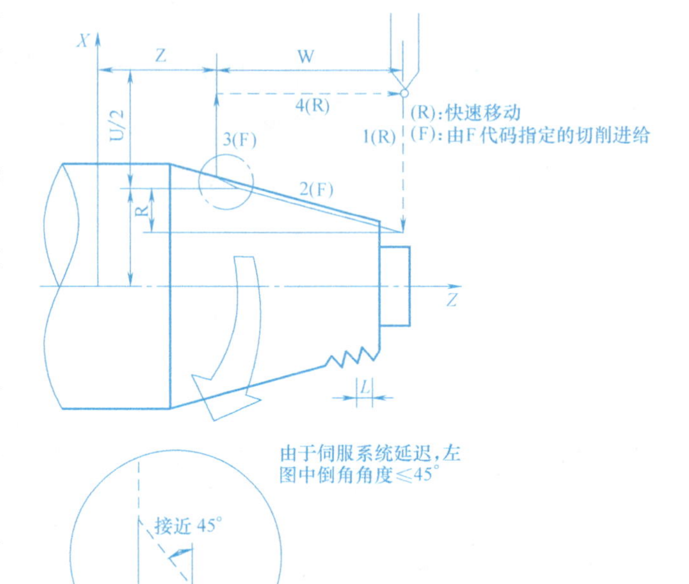

图 5-9　单一螺纹切削循环

4）螺纹切削进给时暂停功能有效。按下暂停功能，刀具立刻按斜线退回，然后先回到 X 轴的起点，再回到 Z 轴起点。

例：用单一螺纹切削循环指令 G92 编程指令编制图 5-7 所示的普通三角形圆柱螺纹的加工程序。程序见表 5-2。

例：用单一螺纹切削循环指令 G92 编程指令编制图 5-8 所示的普通三角形圆锥螺纹的加工程序。程序见表 5-3。

项目实施

一、制订零件加工工艺

1. 零件结构分析

图 5-1 所示零件由左右端面、内外圆柱面、圆锥面、内螺纹及双线外螺纹等组成。

2. 数控车削加工工艺分析

（1）装夹方式的选择　采用自定心卡盘夹紧。

（2）加工方法的选择　先用 T0101 刀具车削左端面、外圆面，用 T0606 刀具、T0707 刀具钻中心孔、钻 ϕ18mm 不通孔，用 T0202 刀具粗、精加工左侧内孔，用 T0303 刀具加工内螺纹；调头装夹找正，用 T0101 刀具车削右端面，用 T0404 刀具切槽，用 T0505 刀具加工双线外螺纹。

（3）刀具的选择　T0101 为 93°外圆机夹车刀（80℃形菱形刀片），T0202 为 93°内孔车刀（55°D 形菱形刀片），T0303 为机夹 60°内螺纹车刀，T0404 为刀宽 4mm 的外切槽刀，T0505 为机夹 60°外螺纹车刀，T0606 为 ϕ3mm 的中心钻，T0707 为 ϕ18mm 的麻花钻。

3. 数控加工工序卡

填写数控加工工序卡（表 5-4）。

表 5-4　数控加工工序卡

工序号		工序内容				
零件名称		零件图号	材料	夹具名称	使用设备	
螺纹套		5-1	45	自定心卡盘	数控车床	
工步号	工步内容	刀具号	主轴转速 n/（r/min）	进给量 f /（mm/r）	背吃刀量 a_p /mm	备注
1	粗、精车左端面，左侧外圆面	T0101	粗：800 精：1500	粗：0.2 精：0.1	粗：1.5 精：0.25	
2	自动（手动）钻中心孔	T0606	800	0.1		程序略
3	自动（手动）钻孔 ϕ18mm	T0707	300	0.08	6	程序略
4	粗、精镗左侧内孔	T0202	粗：1200 精：1500	粗：0.2 精 0.1	粗：0.5 精：0.25	
5	车左侧内螺纹	T0303	700	1.5		
6	切断	T0404	600	0.1	5	手动
7	调头装夹 ϕ48mm 外轮廓面，手动车端面，保证总长	T0101	1000	0.15		手动
8	粗、精车右端面、右侧外圆面	T0101	粗：1200 精：1500	粗：0.2 精：0.1	粗：1 精：0.25	
9	切槽	T0404	500	0.1		
10	车右侧双线外螺纹	T0505	700	3		
编制		审核		批准		第　页　共　页

二、编制数控加工程序

加工图 5-1 所示的零件前需进行编程前的相关计算。

（1）M24×Ph3P1.5 的双线外螺纹

螺纹大径（公称直径）为：$d=24\text{mm}$；

螺纹加工前外圆直径预制为：$d_{轴}=d-0.2\text{mm}=24\text{mm}-0.2\text{mm}=23.8\text{mm}$；

螺纹加工小径为：$d_1=d-1.3P=24mm-1.3\times1.5mm=24mm-1.95mm=22.05mm$；

螺纹牙深为：$h=0.65P=0.65\times1.5mm=0.975mm$。

螺纹加工背吃刀量分别为 0.8mm、0.6mm、0.4mm、0.16mm。也可根据经验选取。

车双线外螺纹时，第二线和第一线螺纹的 Z 向起点应相差一个螺距值。

（2）M27×1.5 的单线内螺纹

螺纹大径（公称直径）为：$D=27mm$；

螺纹加工前内孔直径预制为：$D_{孔}=D-P=27mm-1.5mm=25.5mm$；

螺纹牙深为：$h=0.65P=0.65\times1.5mm=0.975mm$。

螺纹加工背吃刀量分别为 0.8mm、0.6mm、0.4mm、0.16mm。也可根据经验选取。

FANUC 0i 系统数控车削加工程序见表 5-5～表 5-10。

表 5-5　粗、精车左端面，左侧外圆面加工程序

顺序号	程　序	注　释	顺序号	程　序	注　释
	O0001;		N70	X52　Z2;	
N10	M03　S800;		N80	M03　S1500;	
N20	T0101;	换 1 号刀	N90	G00　X48;	
N30	G00　X52　Z0;		N100	G01　Z-20　F0.1;	精车外圆
N40	G01　X-0.5　F0.2;	车端面	N110	G00　X100　Z200;	
N50	G00　X48.5　Z2;		N120	M05;	
N60	G01　Z-20;	粗车外圆	N130	M30;	

表 5-6　粗、精车左侧内孔加工程序（仅镗削加工）

顺序号	程　序	注释	顺序号	程　序	注释
	O0002;		N90	Z-16;	内孔深度
N10	M03　S1200;		N100	X17;	
N20	T0202;	调用 2 号刀	N110	M03　S1500;	
N30	G00　X17　Z3;		N120	G70　P60　Q100　F0.1;	精车内孔
N40	G71　U1　R0.5;	粗车内孔	N130	G00　Z100;	
N50	G71　P60　Q100　U-0.5　W0.5　F0.2;		N140	X100;	
N60	G00　X29.5;		N150	M05;	
N70	G01　Z0　F0-1;		N160	M30;	
N80	X25.5　Z-2;	内孔预制 φ25.5mm			

表 5-7　车左侧内螺纹加工程序

程　序	注　释	程　序	注　释
O0003;		O0003;	
G92 编程		G76 编程(参任务二)	
M03　S700;		M03　S700;	
T0303;		T0303;	
G00　X24　Z5;	进刀点	G00　X24　Z5;	进刀点
G92　X25.84　Z-12　F1.5; X26.44; X26.84; X27; X27;	第一刀进 0.8mm 第二刀进 0.6mm 第三刀进 0.4mm 第四刀进 0.16mm 光整螺纹	G76　P020060　Q50　R50; G76　X27　Z-12　P975　Q500　F1.5;	复合循环加工螺纹,牙深 0.974mm
G00　Z100;		G00　Z100;	
X100;		X100;	
M05;		M05;	
M30;		M30;	

表 5-8　粗、精车右端面、右侧外圆面加工程序

顺序号	程　序	注　释	顺序号	程　序	注　释
	O0004;		N110	X23.8　Z-2;	外圆直径预制 ϕ23.8mm
N10	M03　S1200;		N120	Z-20;	
N20	T0101;	调用 1 号刀	N130	X35;	
N30	G00　X52　Z0;		N140	X48　Z-33;	
N40	G01　X-0.5　F0.1;	车端面	N150	G00　X52;	
N50	Z2;		N160	M03　S1500;	
N60	G00　X52;		N170	G70　P90　Q150　F0.1;	精车外圆
N70	G71　U2　R0.5;	粗车外圆	N180	G00　X100　Z100;	
N80	G71　P90　Q150　U0.5　W0.5　F0.2;		N190	M05;	
N90	G01　X20;		N200	M30;	
N100	Z0;				

5 PROJECT

表 5-9　右侧切槽加工程序

顺序号	程　　序	注　　释	顺序号	程　　序	注　　释
	O0005；		N60	G00　X52；	
N10	M03　S500；		N70	Z100；	
N20	T0404；	调用 4 号刀	N80	X100；	
N30	G00　X40　Z5；		N90	M05；	
N40	Z-20；		N100	M30；	
N50	G01　X20　F0.1；				

表 5-10　车右侧双线外螺纹加工程序

程　　序	注　　释	程　　序	注　　释
O0005；		O0005；	
G92 编程		G76 编程（参见项目任务二）	
M03　S700；		M03　S700；	
T0505；	换螺纹刀	T0505；	换螺纹刀
G00　X30　Z5；	车第一线进刀点	G00　X30　Z5；	车第一线进刀点
G92　X23.2　Z-18　F3； X22.6； X22.2； X22.04； X22.04；	第一刀进 0.8mm 第二刀进 0.6mm 第三刀进 0.4mm 第四刀进 0.16mm 光整螺纹	G76　P020060　Q50　R50； G76　X22.04　Z-18　P975　Q500　F3；	复合循环加工 第一线螺纹
G00　X30　Z3.5；	移动 1.5mm 车第二线进刀点	G00　X30　Z3.5；	车第二线进刀点
G92　X23.2　Z-18； X22.6； X22.2； X22.04； X22.04；	第一刀进 0.8mm 第二刀进 0.6mm 第三刀进 0.4mm 第四刀进 0.16mm 光整螺纹	G76　P020060　Q50　R50； G76　X22.04　Z-18　P975　Q500　F3；	复合循环加工 第二线螺纹
G00　X100；		G00　X100；	
Z100；		Z100；	
M05；		M05；	
M30；		M30；	

三、零件的数控加工（FANUC 0i T）

5-3　任务一

1）选择机床、数控系统并开机。

2）机床各轴回参考点。

3）安装工件，安装 1 号刀具并对刀。

4）输入左侧端面、外轮廓加工程序，检查、调试并加工。

5）分别安装 6、7 号刀具，钻中心孔、钻 ϕ18mm 不通孔。

6）安装 2 号、3 号、4 号刀具并对刀，输入左侧孔加工和内螺纹程序，检查、调试并加工，4 号刀具断料，并留余量。

7）工件调头，重新装夹，安装 5 号刀具。

8）对1号、4号、5号刀具对刀，用1号刀具手动加工端面，控制总长。

9）输入右侧端面、外轮廓、退刀槽、双线外螺纹加工程序，检查、调试并加工。

10）测量工件，优化程序，对工件进行误差与质量分析。

注意：加工时可手动打开切削液。

车削螺纹时常见的问题

1）车刀安装得过高或过低。车刀安装过高时，则吃刀到一定深度时，车刀的后刀面顶住工件，增大摩擦力，甚至把工件顶弯；车刀安装过低，则切屑不易排出，车刀径向力的方向是工件中心，致使吃刀深度不断自动趋向加深，从而把工件抬起，出现啃刀现象。此时，应及时调整车刀高度，使刀尖与工件的回转轴线等高。在粗车和半精车时，刀尖位置比工件的中心高出 $0.01D$ 左右（D 表示工件直径）。

2）工件装夹不牢。工件装夹时伸出过长或本身的刚性不能承受车削时的切削力，因而产生过大的挠度，改变了车刀与工件的回转轴线高度（工件被抬高了），导致切削深度增加，出现啃刀现象。因此，应把工件装夹牢固，可使用一夹一顶装夹等，以增加工件刚性。

3）牙型不正确。车刀安装不正确，没有采用螺纹样板对刀，刀尖产生倾斜，造成螺纹的半角误差；车刀刃磨时刀尖测量有误差，产生不正确牙型。

4）刀片与螺距不符。当使用定螺距刀片加工螺纹时，刀片加工范围与工件实际螺距不符，会造成牙型不正确甚至发生撞刀事故。

5）切削速度过高。进给伺服系统无法快速响应，造成乱牙现象发生。因此，加工螺纹时不能盲目地追求高速、高效加工。

6）螺纹表面粗糙。车刀刃磨得不光滑，切削液使用不适当，切削参数和工作材料不匹配，系统刚性不足，切削过程产生振动等都会导致螺纹表面粗糙。

项目任务二　梯形螺纹副的加工

加工图5-10所示梯形螺纹副，材料为45钢。

一、梯形螺纹的加工

1. 梯形螺纹的基本要素

梯形螺纹是最常用的传动螺纹，用于传递动力或运动，其牙型为等腰梯形，牙型角为30°。与普通螺纹相比，梯形螺纹的牙根强度高，对中性好。梯形螺纹的牙型主要参数及尺寸计算如图5-11所示，其标记如图5-12所示。

2. 加工的技术要求

梯形螺纹加工时牙型要正确，螺纹中径必须与基准轴径同轴，梯形螺纹是中径定心，车削时必须保证中径尺寸公差，牙两侧的表面粗糙度值要小。梯形外螺纹的中径公差等级有（6）、7、8、9三种（6级公差仅是为了计算7、8、9级公差值而列出的），公差带位置有h、e、c三种；梯形内螺纹的中径公差等级有7、8、9三种，公差带位置只有H一种。

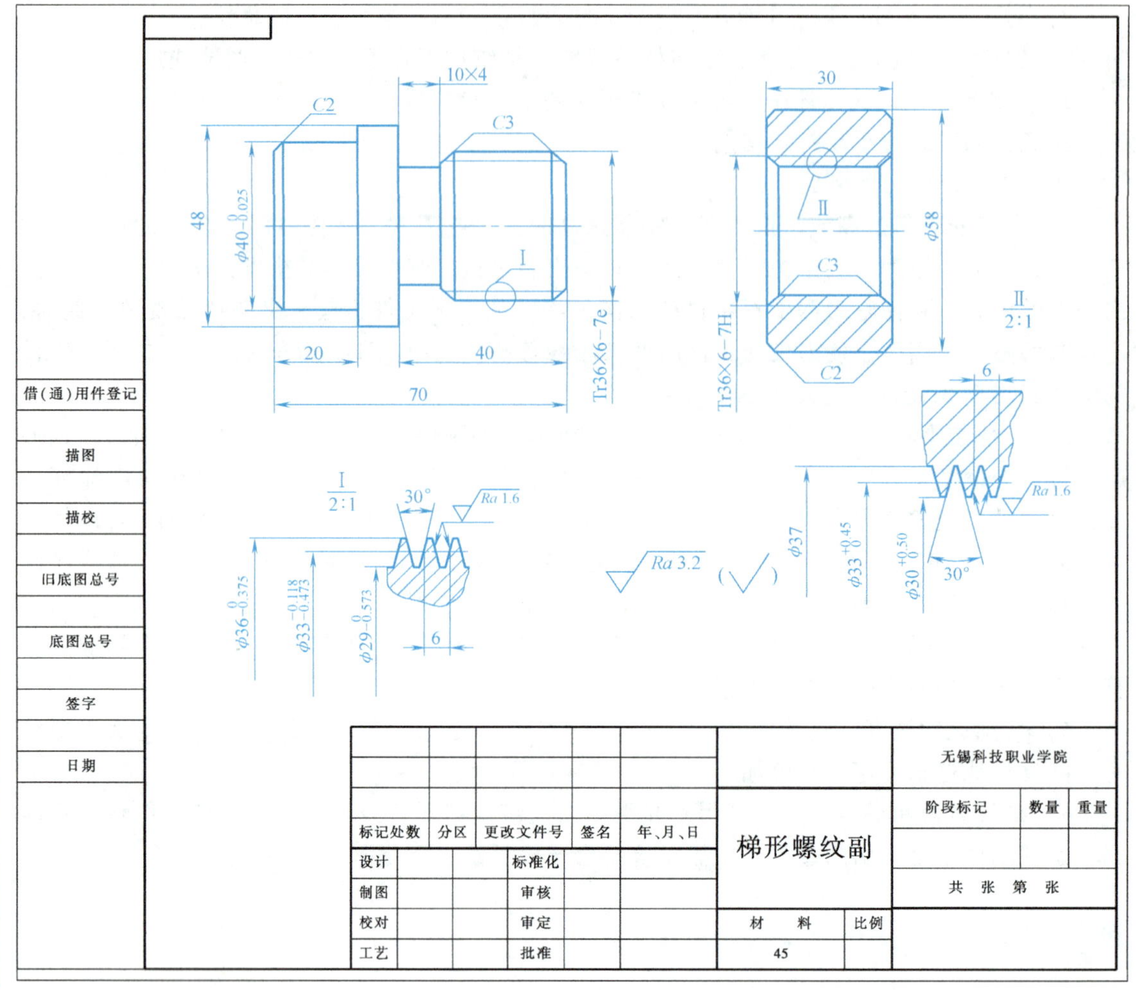

图 5-10 梯形螺纹副

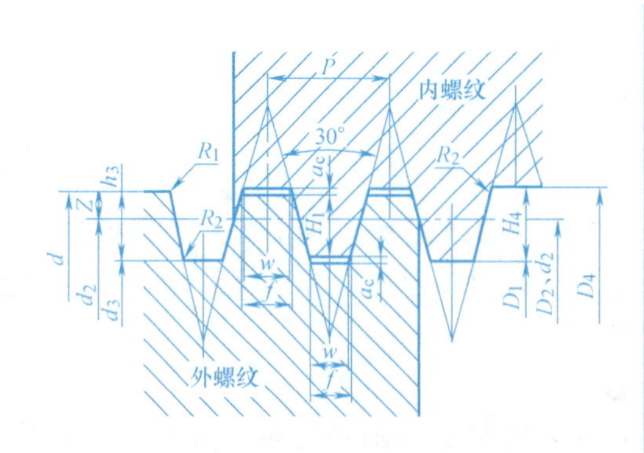

牙顶间隙	P	1.5~5	6~12	14~44
	a_c	0.25	0.5	1
基本牙型高度	$H_1=0.5P$			
外螺纹牙高	$h_3=H_1+a_c=0.5P+a_c$			
外螺纹大径	d			
外螺纹中径	$d_2=d-0.5P$			
外螺纹小径	$d_3=d-2h_3$			
内螺纹牙高	$H_4=h_3$			
内螺纹大径	$D_4=d+2a_c$			
内螺纹中径	$D_2=d-0.5P$			
内螺纹小径	$D_1=d-2H_1=d-P$			
牙顶宽	$f=f'=0.366P$			
牙槽底宽	$w=w'=0.366P-0.536a_c$			

d—外螺纹大径(公称直径)；D_4—内螺纹大径；D_2—内螺纹中径；d_2—外螺纹中径；$f(f')$—外(内)螺纹牙顶宽；$w(w')$—外(内)螺纹牙槽底宽；D_1—内螺纹小径；d_3—外螺纹小径；P—螺距；a_c—牙顶间隙；H—原始三角高度；H_1—基本牙型高度

图 5-11 牙型主要参数及尺寸计算

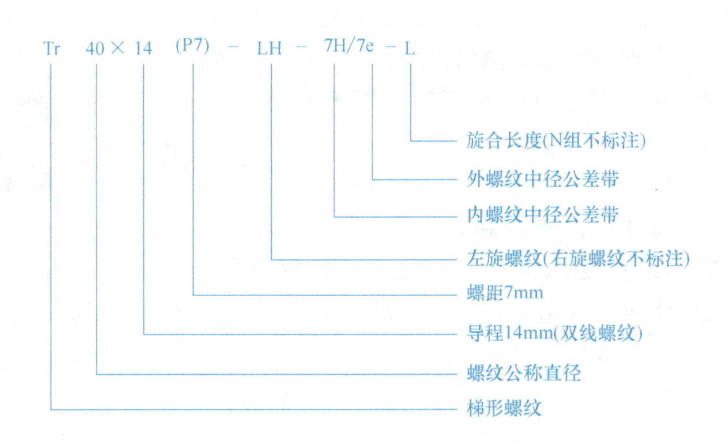

图 5-12　梯形螺纹的标记

3. 梯形螺纹车刀

常用的梯形螺纹车刀有高速钢和硬质合金两大类。低速车削时选用高速钢车刀（图5-13），加工一般精度的梯形螺纹时采用硬质合金车刀高速车削。

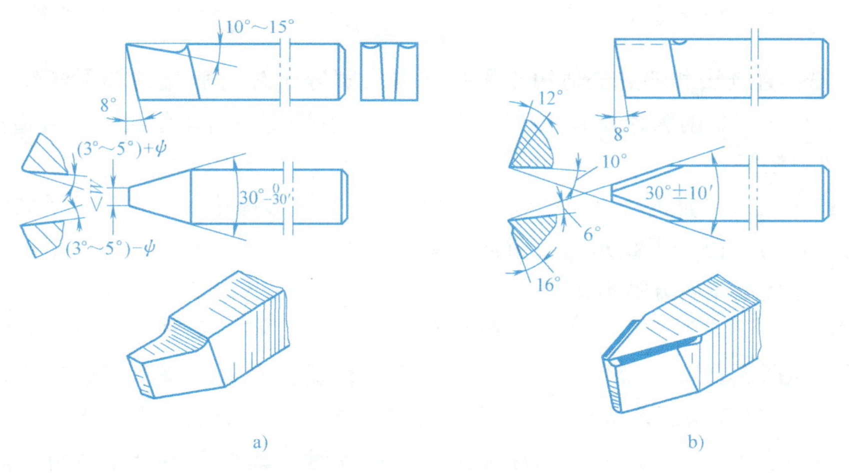

图 5-13　高速钢梯形螺纹车刀

a）粗车刀　b）精车刀

例：加工 Tr36×6-7e 梯形螺纹的高速钢螺纹车刀有以下两种。

右旋梯形螺纹粗车刀如图 5-13a 所示，两侧切削刃夹角应小于 30°牙型角，刀头宽度应小于牙槽底宽 w（$w=0.366P-0.536a_c=1.928\text{mm}$），一般刀头宽度取 $2/3w$ 左右，这里可取 1.5mm，右侧切削刃后角 $=5°+\phi\approx8°$（螺纹升角 $\phi=3.314°$），左侧切削刃后角 $=5°-\phi\approx2°$（螺纹升角 $\phi=3.314°$）。

右旋梯形螺纹精车刀如图 5-13b 所示，为保证牙型角正确，两侧切削刃之间夹角略大于牙型角，刀头宽度略小于牙槽底宽 0.05mm。

数控车床加工梯形螺纹一般采用可转位机夹式车刀，且选用有较高硬度、耐热性和耐磨性好、寿命较长的复合涂层或多元涂层的钨钛钴类（YT15）硬质合金梯形螺纹刀片（图

5-14），加工的综合性能大大提高。该梯形螺纹刀片为标准刀片，其刀尖角、刀头宽度以及牙型高度等各部分尺寸均为标准值，即当切削深度等于牙型高度时，螺纹中径尺寸就符合要求。

图 5-14　硬质合金梯形螺纹刀片

4. 梯形螺纹的加工方法

与普通三角形螺纹相比，梯形螺纹的螺距和牙型较大，且精度高，因此梯形螺纹吃刀深、走刀快、切削余量大，实际加工时应根据螺距及螺纹精度要求，合理选择加工方法（图 5-15）。

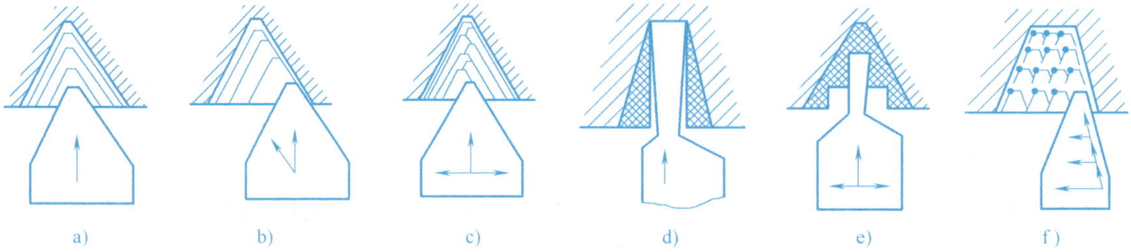

a)　b)　c)　d)　e)　f)

图 5-15　梯形螺纹的加工方法

a）直进法　b）斜进法　c）左右车削法　d）车直槽法　e）车阶梯槽法　f）分层切削法

图 5-15 中，直进法和斜进法适用于用一把刀头宽等于牙槽底宽的梯形螺纹车刀进行螺距较小的螺纹车削。车削螺距较大的梯形螺纹时，一般采用左右车削法、车直槽法、车阶梯槽法和分层切削法等。

（1）直进法　采用直进法（G32、G92 指令）加工梯形螺纹时，车刀沿横向间歇进给至牙深处（图 5-15a），由于螺纹车刀三刃同时参与切削，切削力很大，排屑不畅，刀具磨损快，很容易引起扎刀和崩刃等不良现象。

（2）斜进法　采用斜进法（G76 指令）加工梯形螺纹时，车刀沿牙型角方向斜向间歇进给至牙深处（图 5-15b），避免了三刃同时切削的情况，有效缓解了直进法存在的不良现象，但仍存在刀具磨损快、牙型角略有偏差等不良情况，不适合大螺距梯形螺纹的加工。

（3）左右切削法　采用左右切削法加工梯形螺纹时，螺纹车刀沿牙型角方向交错间歇进给至牙深处（图 5-15c），由于是车刀两个主切削刃中的一个在进行单刃切削，不易产生扎刀现象，螺纹精度和表面质量易于控制，但编程较复杂。

（4）车直槽法　采用车直槽法车削梯形螺纹时，一般选用刀头宽度稍小于牙槽底宽的切槽刀，采用横向直进法切出直槽，深度至小径尺寸（留有 0.2~0.3mm 的余量），然后换用梯形螺纹刀采用斜进法或左右切削法加工螺纹，如图 5-15d 所示。这种方法简单，但是在车削大螺距的梯形螺纹时，切削的沟槽较深，排屑不顺畅，刀具因其刀头狭长、强度不够而易折断。

（5）车阶梯槽法　为了降低“直槽法”车削时刀头的损坏程度，采用车阶梯槽法，如图 5-15e 所示。此方法同样也是采用切槽刀进行切槽，只不过不是直接切至小径尺寸，而是分成若干刀左右移动切削成阶梯槽，然后换用梯形螺纹刀采用斜进法或左右切削法加工螺纹。采用这种方法切削，排屑较顺畅，方法也较简单，批量生产能提高生产率，但换刀时不容易对准螺旋直槽，很难保证正确的牙型，容易产生倒牙现象。

（6）分层切削法　分层切削法实际上是直进法和左右切削法的综合应用，如图 5-15f 所示。在车削螺距较大的梯形螺纹时，分层切削法通常是把牙槽分成若干层，转化成若干个较浅的梯形槽进行切削，从而降低了车削难度。每一层的切削都采用“先直进后左右”的车削方法。左右切削时槽深不变，刀具只需向左或向右纵向进给即可。采用这种方法加工梯形螺纹时同样可避免三刃切削，加工过程安全可靠，加工质量稳定且效率较高，有效避免了扎刀、崩刃现象的出现。分层切削法尤其适合于用宏程序进行编程，程序通俗易懂、还可以解决螺纹的长度、导程、公称直径、牙宽等任何一个参数发生变化时的梯形螺纹加工。

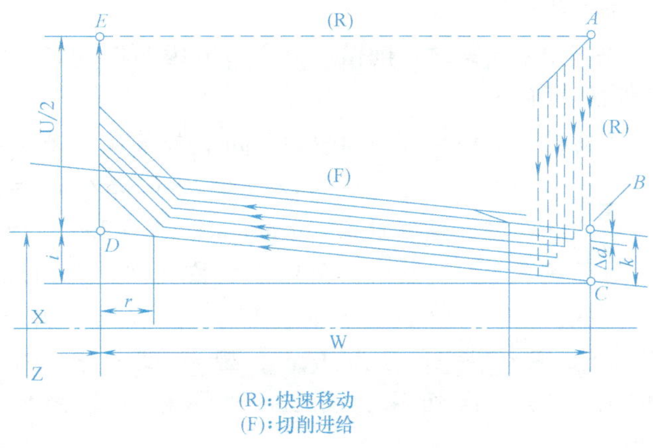

图 5-16　复合螺纹切削循环的切削循环轨迹

二、复合螺纹切削循环指令

复合螺纹切削循环指令 G76 较 G92 指令更为简捷，只需指定一次有关参数，螺纹加工即可自动进行。G76 切削循环轨迹如图 5-16 所示。

指令格式：G76　P(m)(r)(α)　Q(Δd_{min})　R(d)；

G76　X(U)__　Z(W)__　R(i)　P(k)　Q(Δd)　F(f)；

说明：1）m 为精加工重复次数（01~99，用两位数表示，模态值）。

2）r 为螺纹尾端倒角量（即斜向退刀，可设置为 0~9.9P_h，用 00~99 两位数表示，系数为 0.1 的整倍数。其中 P_h 为导程，模态值）。

3）α 为刀尖角（可选择 80°、60°、55°、30°、29°、0°，用两位数表示）。

m，r，α 用地址 P 同时指定。（例：$m=2$，$r=1.2$mm，$\alpha=60°$表示为 P021260）

4）Δd_{min} 为最小车削切入量（半径值，单位为 μm，模态值）。

5）d 为精加工余量（半径值，单位为 μm，模态值）。

6）X(U)、Z(W) 后的值为螺纹终点坐标（单位为 mm，X(U) 是直径值）。

7）i 为螺纹部分半径之差，即螺纹切削起始点与切削终点的半径差。加工圆柱螺纹时，$i=0$。加工圆锥螺纹时，当 X 向切削起始点坐标小于切削终点坐标时，i 为负，反之为正。

8）k 为螺牙的高度（X 轴方向的半径值，单位为 μm）；

9）Δd 为第一次车削切入量（X 轴方向的半径值，单位为 μm）；

10）f 为螺纹导程（单位为 mm）。

注意：1）G76 指令可以加工圆柱螺纹和圆锥螺纹，可以加工导程较大的螺纹。

2）如图 5-16 所示，G76 第一刀切削循环时，背吃刀量为 Δd，第二刀的背吃刀量为 $(\sqrt{2}-1)\Delta d$，第 n 刀的背吃刀量为 $(\sqrt{n}-\sqrt{n-1})\Delta d$。因此，执行 G76 循环的背吃刀量是逐步递减的。进刀时，螺纹车刀向深度方向并沿基本牙型一侧的平行方向进刀，从而保证了螺纹粗车过程中始终用一个切削刃进行切削，减少了切削阻力，提高了刀具寿命，为螺纹的精车

5 PROJECT

加工质量提供了保证。

例：用复合螺纹切削循环指令 G76 编写图 5-17 所示的普通三角形螺纹加工程序。采用 60°外螺纹刀。

因螺纹为单线螺纹，螺距为 3mm，故螺纹牙深

$$h \approx 0.65P = 0.65 \times 3\text{mm} = 1.95\text{mm}$$

螺纹牙底切削直径为 $36\text{mm} - 1.95 \times 2\text{mm} = 32.1\text{mm}$

程序见表 5-11。其中，精加工次数 2 次，斜向退刀数取 12mm，实际退刀量为一个导程，刀尖角 60°，最小切深取 0.05mm，精加工余量 0.05mm，螺纹终点坐标为（32.1，-27.5），螺纹半径差为 0，牙型高度计算为 1.95mm，第一次切深为 0.2mm，导程（螺距）为 3mm。

表 5-11　复合螺纹切削循环指令编程

程　序
…
M03　S600;
T0404;
G00 X40 Z2;
G76 P021260 Q50 R50;
G76 X32.1 Z-27.5 P1950 Q200 F3;

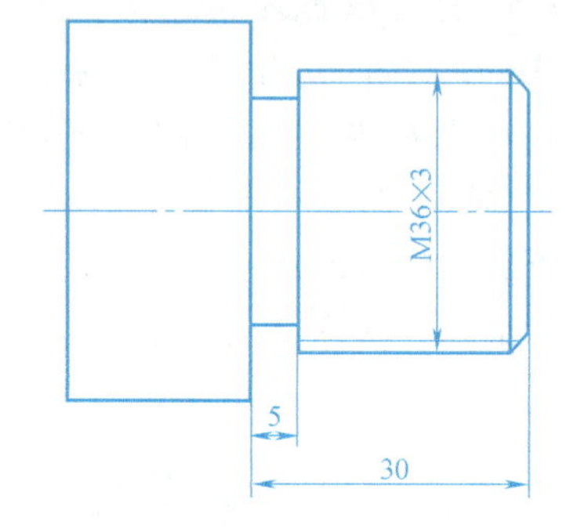

图 5-17　复合螺纹切削循环编程

例：试用复合螺纹切削循环指令 G76 编写图 5-18 所示的梯形螺纹加工程序。采用 30°梯形螺纹刀。

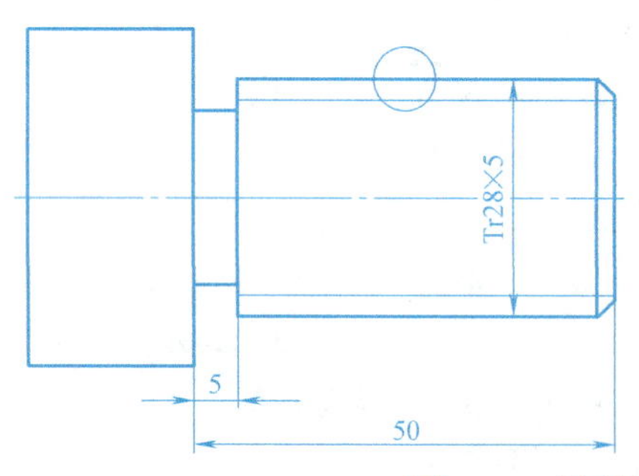

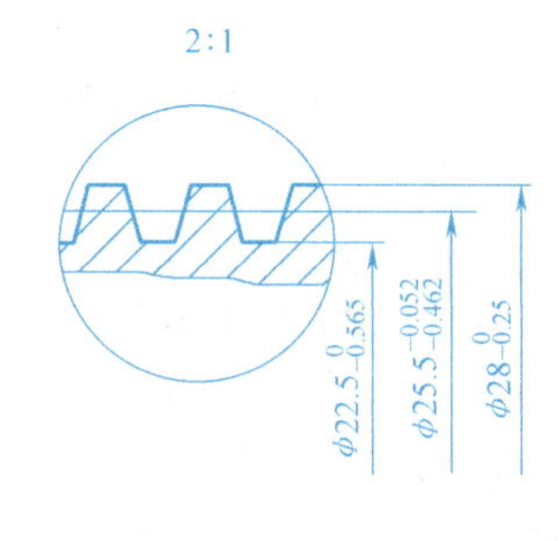

图 5-18　梯形螺纹编程

分析：1）梯形螺纹加工时，由于螺距过大，直进法进给切削力太大，使用 G32、G92 指令时计算困难，所以一般采用 G76 指令加工梯形螺纹。

2）梯形螺纹加工时，由于 G76 指令的切深按照公式（$\sqrt{n}-\sqrt{n-1}$）Δd 连续变化，故第一刀不能太大，否则可能扎刀。如图 5-16 所示，根据经验，该螺纹如果切削 70 次左右，可知牙高 $H=(28-22.5)\text{mm}/2=2.75\text{mm}$，故 $\Delta d=\dfrac{2.75}{\sqrt{70}}\text{mm}=0.329\text{mm}$。

表 5-12　梯形螺纹加工程序

程　序
…
G00　X35　Z10;
G76　P021030　Q20　R100;
G76　X22.5　Z-47.5　P2750　Q329　F5;
…

程序见表 5-12。其中，精加工次数 2 次，斜

向退刀数取 10mm，实际退刀量为一个导程，刀尖角 30°，最小切深取 0.02mm，精加工余量 0.1mm，螺纹终点坐标为（22.5，-47.5），螺纹半径差为 0，牙型高度计算为 2.75mm，第一次切深为 0.329mm，导程（螺距）为 5mm。

一、制订零件加工工艺

1. 结构分析

加工对象为图 5-10 所示的梯形螺纹副，螺杆是一个轴类零件，螺套是套类零件，内外螺纹需旋合，须保证两个零件的形状、尺寸及精度要求。

2. 数控车削加工工艺分析

（1）螺杆工艺性分析　该零件是一个轴类零件，在加工中可以采用自定心卡盘装夹。先用 T0101 93°外圆机夹车刀（80℃形菱形刀片）粗、精车右端面和外轮廓，再用刀宽 3mm 的切槽刀 T0202 切退刀槽，再用 T0303（30°）可转位机夹式梯形外螺纹刀车螺纹，最后用 T0202 切槽刀切断零件。

（2）螺套工艺性分析　该零件是套类零件，在加工中仍采用自定心卡盘装夹。先用 T0101 93°外圆机夹车刀（80℃形菱形刀片）粗、精车端面和外轮廓，再用 T0404 中心钻钻中心孔，用 T0505 麻花钻钻 ϕ26mm 的通孔，用 T060693°内孔车刀（55°D 形菱形刀片）粗、精加工内孔，再用 T0707（30°）可转位机夹式梯形内螺纹刀车内螺纹，最后用 T0202 切槽刀切断零件控制总长。

3. 数控加工工序卡

填写数控加工工序卡（表 5-13、表 5-14）。

表 5-13　螺杆数控加工工序卡

工序号		工序内容				
零件名称		零件图号	材料	夹具名称	使用设备	
螺杆		5-10	45	自定心卡盘	数控车床	
工步号	工步内容	刀具号	主轴转速 n /（r/min）	进给量 f /(mm/r)	背吃刀量 a_p/mm	备注
1	粗、精车右端面和右侧外轮廓面	T0101	粗：1000 精：1400	粗：0.15 精：0.1	粗：1 精：0.5	
2	切螺纹退刀槽	T0202	500	0.1		
3	梯形外螺纹加工	T0303	500	6/1.5	分层	
4	切断，留余量	T0202	500	0.1		手动
5	调头装夹，手动车端面，保证总长	T0101	1000	0.5		手动
6	粗、精车左端面和左侧外轮廓面	T0101	粗：1000 精：1400	粗：0.15 精：0.1	粗：1 精：0.5	
编制		审核		批准		第　页　共　页

表 5-14　螺套数控加工工序卡

工序号		工序内容				
零件名称		零件图号	材料	夹具名称	使用设备	
螺套		5-10	45	自定心卡盘	数控车床	
工步号	工步内容	刀具号	主轴转速 n /(r/min)	进给量 f /(mm/r)	背吃刀量 a_p /mm	备注
1	粗、精车右端面、右侧外轮廓面	T0101	粗:800 精:1500	粗:0.2 精:0.1	粗:1 精:0.5	
2	自动(手动)钻中心孔	T0404	800	0.1		程序略
3	自动(手动)钻通孔 ϕ26mm	T0505	300	0.08	6	程序略
4	粗、精镗内孔面	T0606	粗:800 精:1200	粗:0.15 精:0.1	粗:1 精:0.5	
5	梯形内螺纹加工	T0707	500	6/1.5	斜进/分层	
6	切断,控制总长	T0202	500	0.1		
编制		审核		批准		第　页　共　页

二、编制数控加工程序

加工图 5-10 所示的零件，可按相应的工序进行编程，这里仅考虑螺纹编程，要进行编程前的相关计算。梯形螺纹的公差计算可查阅 GB/T 5796.4-2005。

1. 螺杆上梯形外螺纹（Tr36×6-7e）

螺距 $P=6\text{mm}$　牙顶间隙 $a_c=0.5\text{mm}$；

大径（公称直径）$d=36\text{mm}$，公差为 $\phi36_{-0.375}^{0}\text{mm}$；

中径 $d_2=d-0.5P=36\text{mm}-3\text{mm}=33\text{mm}$，公差为 $\phi33_{-0.475}^{-0.118}\text{mm}$；

牙高 $h_3=0.5P+a_c=3.5\text{mm}$；

小径 $d_3=d-2h_3=36\text{mm}-7\text{mm}=29\text{mm}$，公差为 $\phi29_{-0.573}^{0}\text{mm}$；

牙顶宽 $f=0.366P=2.196\text{mm}$；

牙底宽 $w=0.366P-0.536a_c=2.196\text{mm}-0.268\text{mm}=1.928\text{mm}$。

2. 螺套上梯形内螺纹（Tr36×6-7H）

大径 $D_4=d+2a_c=36\text{mm}+2\times0.5\text{mm}=37\text{mm}$，标准螺纹规定，内螺纹大径公差不作规定；

中径 $D_2=d_2=33\text{mm}$，公差为 $\phi33_{0}^{+0.45}\text{mm}$；

牙高 $H_4=h_3=3.5\text{mm}$；

小径 $D_1=d-P=36\text{mm}-6\text{mm}=30\text{mm}$，公差为 $\phi30_{0}^{+0.45}\text{mm}$。

3. 螺杆梯形外螺纹加工

螺杆工序 3 梯形外螺纹加工可以用 G76 斜进法加工，其参考程序见表 5-15。程序运行结束，用三针测量法测得实际中径值，并计算余量，修改磨耗值后再进行精加工。

表 5-15　螺杆梯形外螺纹加工（G76 斜进法加工）

顺序号	程序	注释
N10	M03　S500	
N20	T0303;	换 3 号刀,梯形外螺纹刀
N30	G00　X45　Z10;	
N40	G76　P020530　Q20　R100;	精加工次数 2 次,斜向退刀数取 5mm,刀尖角 30°,最小切削深度取 0.02mm,精加工余量 0.1mm
N50	G76　X29　Z-35　P3500　Q700　F6;	螺纹终点坐标为(29,-35),螺纹半径差为 0,牙型高度计算为 3.5mm,第一次切削深度为 0.7mm,导程(螺距)为 6mm。
N60	G00　X80　Z200;	粗车外圆
N70	M05;	
N80	M30;	

实际加工梯形螺纹时，为了保证加工效率和加工质量，常采用标准的硬质合金梯形螺纹刀进行分层切削，如图 5-19 所示，并按粗、精分开的加工原则进行车削。粗加工时还要考虑留一定的精加工余量，根据实际加工经验，建议直径方向留 0.1~0.2mm。精车时，可通过修改 X 向磨耗值来保证尺寸精度。编程时通常采用宏程序（详见项目六），其粗加工参考程序见表 5-16。粗加工梯形螺纹后，用三针测量法测得实际中径值，并计算余量，修改磨耗值。为了减少精加工时螺纹车刀走空刀的次数，可将宏程序中的“#1=0.1”的赋值改为“#1=3”。修改后，重新运行程序，进行精加工至中径尺寸。

如采用非标准的高速钢梯形螺纹刀，分层多刀切削加工的部分参考程序见表 5-17。

表 5-16　螺杆梯形外螺纹加工（分层切削法、标准梯形螺纹刀）

程序	注释
M03　S500;	
T0303;	换 3 号刀,梯形外螺纹刀
G00　X45　Z10;	
#1=0.1;	X 向切削深度的初始值
N10　#2=TAN[15]*[3.5-#1];	Z 向借刀值
G01　X40　Z[10+#2]　F0.5;	Z 向右侧借刀
G92　X[36-2*#1]　Z-45　F6;	梯形螺纹加工
G01　X40　Z[10-#2]　F0.5;	Z 向左侧借刀
G92　X[36-2*#1]　Z-45　F6;	梯形螺纹加工
#1=#1+0.05;	每层 X 向的增加值
IF　[#1 LE 3.5]GOTO10;	牙型高度≤3.5mm 时,跳转到 N10 程序段
G0　X80;	
Z200;	
M05;	
M30;	

切削层数	刀具在梯形螺旋槽中的位置
第一层第一刀	右侧
第一层第二刀	左侧
第二层第一刀	右侧
第二层第二刀	左侧
第N层第一刀	…
…	…

图 5-19　分层切削法加工

5 PROJECT

表 5-17　螺杆梯形外螺纹加工（分层切削法、非标准梯形螺纹刀）

程　　序	注　　释
…	…
#1=36;	螺纹直径赋值
#2=6;	螺纹螺距赋值
#5=0.5;	螺纹顶隙赋值
#7=-30;	螺纹加工长度赋值
#8=0;	*X* 方向切削深度变量赋初值
#12=1.5;	螺纹刀头宽度赋值
#3=6;	螺纹导程赋值
#4=#3/#2;	螺纹线数计算
#6=2*#3;	升速进刀段距离计算
N2 #9=0;	深度方向进刀次数
N5 #10=0.5;	*Z* 向每刀移动量赋值
#11=0;	*Z* 方向进刀量累计变量赋值
#9=#9+1;	切削深度进刀累加计数
IF[#2GT5]　THEN[#14=1.5];	
#8=#14*SQRT[#9];	每层切削深度计算
IF[#8GE[2*[0.5*#2+#5]]];	
THEN#8=[2*[0.5*#2+#5]];	切削深度判别
N10 #13 =0.634*#2 -#8* [0.268*#2 +0.536*#5]/[0.5*#2+#5]-#12-0.2;	每层槽宽计算
IF[#11GE#13]　THEN[#11=#13];	本层槽宽判断
G01　X[#1+5]　Z[#6+#11] F300;	螺纹起刀定位
G92　X[#1-#8]　Z#7　F#3;	
#11=#11+#10;	
IF[#11LT[#13+#10]]　GOTO 10;	本层槽宽加工完成条件转移
IF[#8LT[2*[0.5*#2+#5]]　GOTO 5;	总切削深度加工完成判别
G01　X[#1+5]　Z[#6+0.1]　F300;	精加工左牙侧时刀具起点定位
G92　X[#1-#8]　Z#7　F#3;	精加工左牙侧
G01　X[#1+5]　Z[#6-#11-0.1]　F300;	精加工右牙侧时刀具起点定位
G92　X[#1-#8]　Z#7　F#3;	精加工右牙侧
#6=#6+#2;	
…	…

4. 螺套梯形内螺纹加工

螺套工序 5 梯形内螺纹加工参考程序见表 5-18。

表 5-18　螺套梯形内螺纹加工

顺序号	程序	注释
N10	M03　S500；	
N20	T0707；	换 7 号刀，梯形内螺纹刀
N30	G00　X28　Z5；	
N40	G76　P020530　Q20　R100；	精加工次数 2 次，斜向退刀数取 5mm，刀尖角 30°，最小切削深度取 0.02mm，精加工余量 0.1mm
N50	G76　X37　Z-32　P3500　Q700　F6；	螺纹终点坐标为(37，-32)，螺纹半径差为 0，牙型高度计算为 3.5mm，第一次切削深度为 0.7mm，导程(螺距)为 6mm
N60	G00　X80　Z200；	粗车外圆
N70	M05；	
N80	M30；	

三、零件的数控加工（FANUC 0i T）

1. 螺杆的加工

1）选择机床、数控系统并开机。
2）机床各轴回参考点。
3）安装工件，安装 1 号、2 号、3 号刀具并对刀。
4）输入右侧端面、外轮廓、退刀槽、梯形外螺纹加工程序，检查、调试并加工。
5）用 2 号刀具切断，并留余量。
6）工件调头，重新装夹。
7）1 号刀具对刀，手动车端面，保证总长。
8）输入左侧端面、外轮廓加工程序，检查、调试并加工。
9）测量工件，优化程序，对工件进行误差与质量分析。

2. 螺套的加工

1）安装工件，安装 1 号刀具并对刀。
2）输入右侧端面和外轮廓加工程序，检查、调试并加工。
3）安装 4 号和 5 号刀具，分别手动钻中心孔和 ϕ26mm 通孔。
4）安装 6 号、7 号刀具并对刀。
5）输入内孔面和梯形内螺纹的加工程序，检查、调试并加工。
6）用螺杆进行试旋合，调整加工精度。
7）调用 2 号刀具，切断，并控制总长。
8）优化程序，对工件进行误差与质量分析。

注意：加工时可手动打开切削液。

拓展知识

SIEMENS 802S T 系统的基本编程（四）

1. 恒螺距螺纹车削

（1）功能　恒螺距螺纹车削指令可以加工内、外圆柱螺纹和圆锥螺纹、单螺纹、多重螺纹、多段连接螺纹等恒螺距螺纹。左旋螺纹/右旋螺纹由主轴的旋转方向（M03、M04）确定。

（2）指令格式

圆柱螺纹：G33 Z__ K__ SF=　;

锥角小于45°圆锥螺纹：G33　Z__ X__ K__ SF=　;

锥角大于45°圆锥螺纹：G33　X__ Z__ K__ I__ SF=　;

端面螺纹：G33　X__ I__ SF=;

（3）说明

1）X、Z后的值为螺纹切削的终点坐标值（单位：mm）

2）K后的值为螺纹导程（单位：mm）;

3）SF后的值为螺纹起始点偏移（单位：度）。

G33参数示意如图5-20所示。

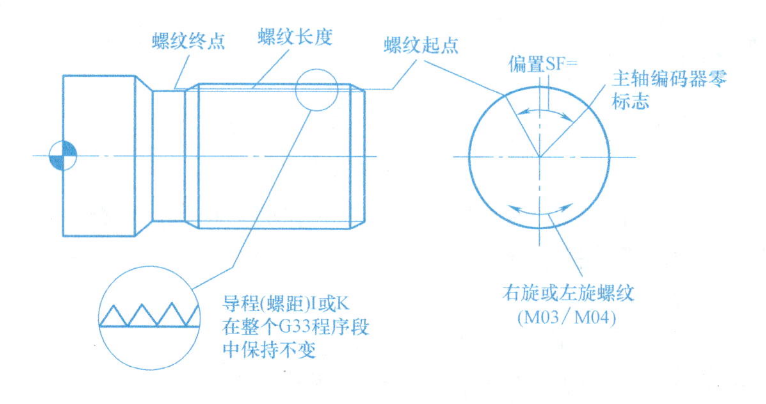

图5-20　G33参数示意图

例：用恒螺距螺纹车削指令G33编制图5-21所示的普通三角形圆柱双线螺纹的加工程序。

取δ_1=2mm、δ_2=2mm，螺纹导程为4.0mm，螺距为2.0mm，螺纹背吃刀量可通过查表5-1得到：0.9mm、0.6mm、0.6mm、0.4mm、0.1mm，螺纹的公称直径为20mm，则每次螺纹切削尺寸为：19.1mm、18.5mm、17.9mm、17.5mm、17.4mm。假设第一条螺旋线起始点偏移为0°，第二条螺旋线起始点偏移为180°，程序见表5-19。

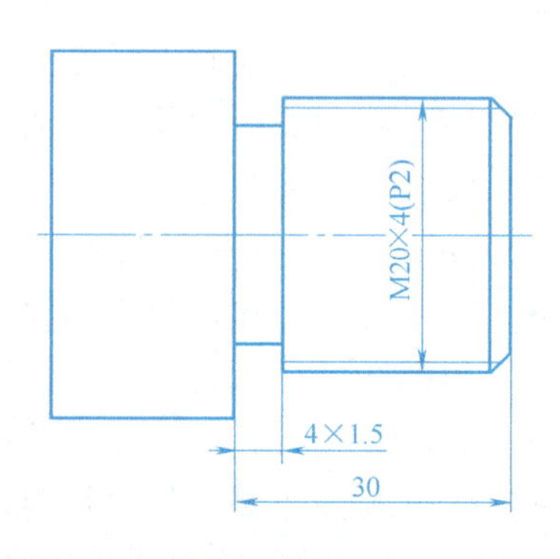

图5-21　普通三角形圆柱双线螺纹

表 5-19　SIEMENS 802ST 螺纹切削编程

恒螺距螺纹车削	注释	螺纹切削循环指令及注释
… G00　X19.1　Z4; G33　Z-28　K4　SF=0; G00　X24; Z4;	… 第一条螺旋线，起始点偏移为 0° 第一刀 $a_p=0.9\text{mm}$	G00　X24　Z4;(加工起始点) R100=20;(螺纹右端起始点直径) R101=0;(纵向轴螺纹右端起始点) R102=20;(螺纹左端终点直径) R103=-26;(纵向轴螺纹左端终点) R104=4;(螺纹导程值) R105=1;(加工类型为外螺纹) R106=0.1;(精加工余量) R109=2;(右端空刀导入量) R110=2;(左端空刀退出量) R111=1.299;(螺纹深度，计算或查表) R112=0;(起始点偏移，本题≥0 即可) R113=4;(粗切削次数，本题应≥4) R114=2;(螺纹线数，双线) LCYC97;(调用螺纹加工循环)
G00　X18.5　Z4; G33　Z-28　K4　SF=0; G00　X24; Z4;	第一条螺旋线，起始点偏移为 0° 第二刀 $a_p=0.6\text{mm}$	
G00　X17.9　Z4; G33　Z-28　K4　SF=0; G00　X24; Z4;	第一条螺旋线，起始点偏移为 0° 第三刀 $a_p=0.6\text{mm}$	
G00　X17.5　Z4; G33　Z-28　K4　SF=0; G00　X24; Z4;	第一条螺旋线，起始点偏移为 0° 第四刀 $a_p=0.4\text{mm}$	
G00　X17.4　Z4; G33　Z-28　K4　SF=0; G00　X24; Z4;	第一条螺旋线，起始点偏移为 0° 第五刀 $a_p=0.1\text{mm}$	
G00　X19.1　Z4; G33　Z-28　K4　SF=180; G00　X24; Z4;	第二条螺旋线，起始点偏移为 180° 第一刀 $a_p=0.9\text{mm}$	
G00　X18.5　Z4; G33　Z-28　K4　SF=180; G00　X24; Z4;	第二条螺旋线，起始点偏移为 180° 第二刀 $a_p=0.6\text{mm}$	
G00　X17.9　Z4; G33　Z-28　K4　SF=180; G00　X24; Z4;	第二条螺旋线，起始点偏移为 180° 第三刀 $a_p=0.6\text{mm}$	
G00　X17.5　Z4; G33　Z-28　K4　SF=180; G00　X24; Z4;	第二条螺旋线，起始点偏移为 180° 第四刀 $a_p=0.4\text{mm}$	
G00　X17.4　Z4; G33　Z-28　K4　SF=180; G00　X24; Z4;	第二条螺旋线，起始点偏移为 180° 第五刀 $a_p=0.1\text{mm}$	
…	…	

2. 螺纹切削循环

（1）功能　用螺纹切削循环可以加工圆柱螺纹或圆锥螺纹、外螺纹或内螺纹、单线螺纹或多线螺纹。左旋螺纹和右旋螺纹也由主轴的旋转方向确定，它必须在调用循环之前的程序中编入。在螺纹加工期间，进给调整和主轴调整开关均无效。

（2）指令格式

R100=　R101=　R102=　R103=　R104=　R105=　R106=　R109=　R110=

R111=　R112=　R113=　R114=　；

LCYC97；

（3）说明　指令功能说明如图5-22所示，参数含义及范围见表5-20。

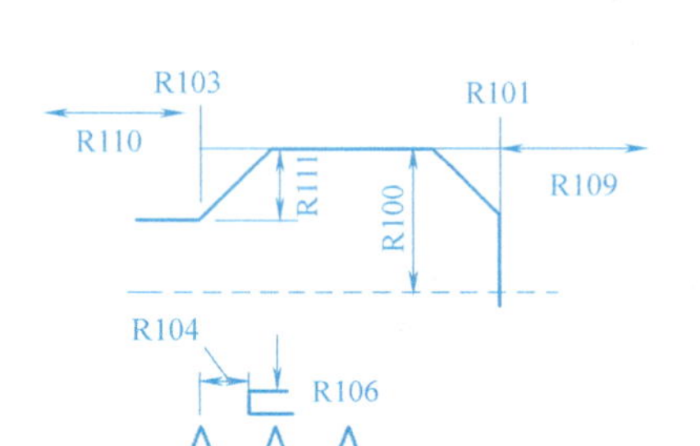

图5-22　LCYC97功能说明图

表5-20　LCYC97指令中的参数含义及数值范围

参　数	含义及数值范围
R100	螺纹起始点直径
R101	纵向轴螺纹起始点
R102	螺纹终点直径
R103	纵向轴螺纹终点
R104	螺纹导程值,无符号
R105	加工类型数值:1,2
R106	精加工余量,无符号
R109	空刀导入量,无符号
R110	空刀退出量,无符号
R111	螺纹深度,无符号
R112	起始点偏移,无符号
R113	粗切削次数
R114	螺纹线数

1）R100、R101这两个参数分别用于确定螺纹在X轴和Z轴方向上的起始点。

2）参数R102和R103确定螺纹终点。若是圆柱螺纹，则其中必有一个数值等同于R100或R101。

3）R104螺纹导程值参数，螺纹导程值为坐标轴平行方向的数值，不含符号。

4）R105加工方式参数：R105=1时加工外螺纹；R105=2时加工内螺纹。

5）R106精加工余量参数。螺纹深度减去参数R106设定的精加工余量后剩下的尺寸将被划分为几次粗切削进给。精加工余量是指粗加工之后的切削进给量。

6）参数R109和R110用于循环内部计算空刀导入量和空刀退出量，循环中设置起始点提前一个空刀导入量，设置终点延长一个空刀退出量。

7）R111为螺纹深度参数。

8）R112为起始点角度偏移参数。由该角度确定工件圆周上第一螺纹线的切削切入点位置，也就是说确定真正的加工起始点，范围+0.0001°~+359.999°。如果没有说明起始点的偏移量，则第一条螺纹线自动从0°位置开始加工。

9）R113为粗切削次数参数，循环根据参数R105和R111自动计算出每次切削的进刀深度。

10）R114确定螺纹线数，螺纹线数应该对称地分布在工件的圆周上。

螺纹切削循环参数加工圆柱螺纹参数示意如图5-23a所示，图5-23b所示的零件加工程序见表5-19。可见LCYC97循环加工普通螺纹的编程比G33指令要简洁。

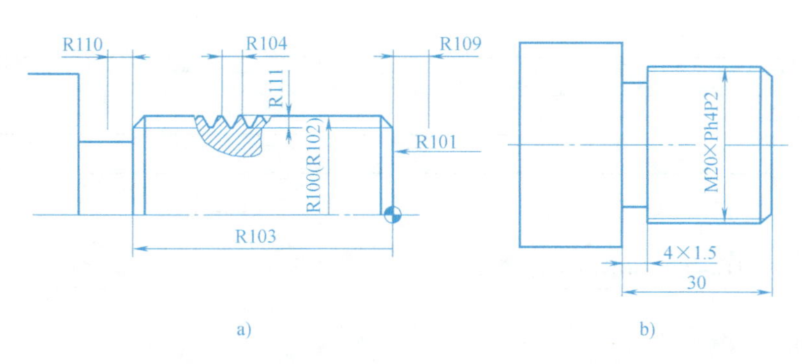

图 5-23　螺纹切削循环参数加工圆柱螺纹

a）参数示意　b）圆柱双线螺纹

例：用 SIEMENS 802ST 系统编制图 5-24 所示的 T 形螺钉零件加工程序。

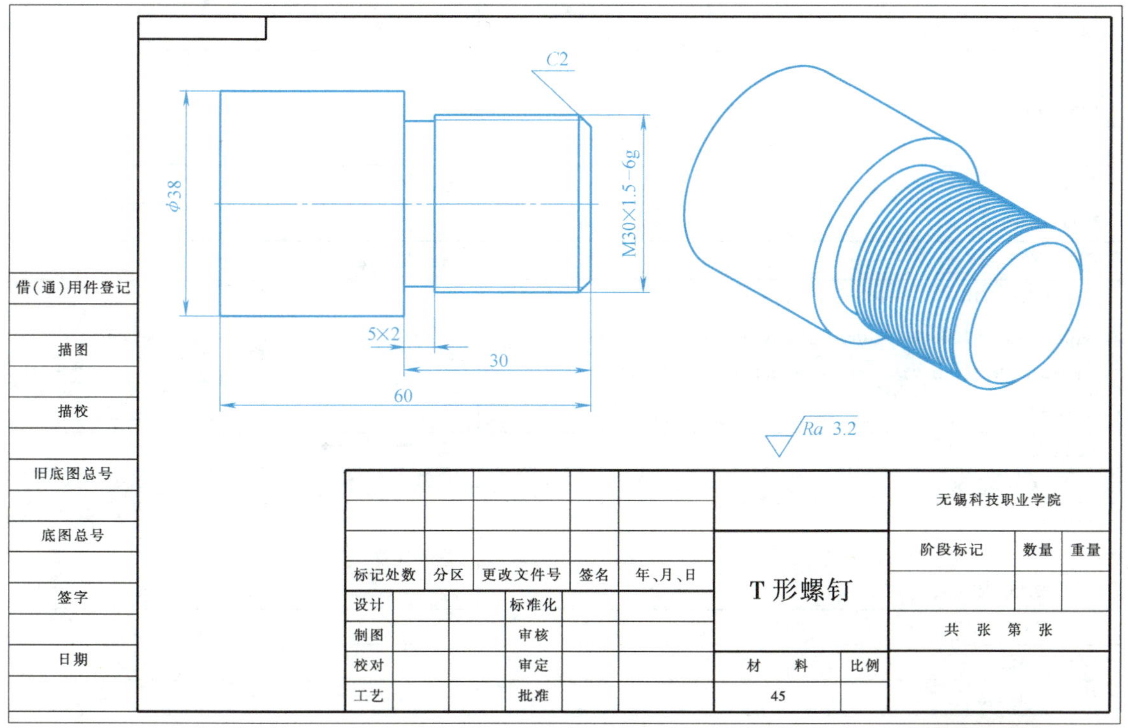

图 5-24　T 形螺钉

该零件数控车削加工程序见表 5-21。

5-4　任务拓展

表 5-21　SIEMENS 802S T 系统数控车削加工程序

程　序	注　释
LUOWEN. MPF;	主程序名
M03　S1500;	
T1D1　M08;	换 1 号刀
G00　X45　Z0;	

（续）

程　　序	注　　释
G01　X-0.5　F0.2;	切右端面
G00　X40　Z5;	加工轮廓起始点
_CNAME="L1";	
R105=9　R106=0.2　R108=1.5 R109=8　R110=1　R111=0.25　R112=0.1;	设置坯料切削循环参数
LCYC95;	调用粗、精加工循环加工外轮廓
G00　X50　Z150;	
T1D0;	
T2D1;	换2号刀(左刀尖对刀,刀宽5mm)
M03S800;	
G00　X45　Z-30;	
G01　X26　F0.1;	切退刀槽
G00　X45;	
G00　Z150;	
T2D0;	
T3D1;	换3号刀
M03　S600;	
G00　X35　Z5;	加工螺纹起始点
R100=30　R101=0　R102=30　R103=-25 R104=1.5　R105=1　R106=0.1　R109=3 R110=3　R111=0.975　R112=0　R113=5 R114=1;	设置螺纹切削循环参数
LCYC97;	调用螺纹加工循环
G00　X50　Z150;	
T3D0;	
T2D1;	换2号刀
G00　X45　Z-65;	
G01　X0　F0.1;	切断
G00　X45;	
G00　X50　Z150;	
T2　D0;	
M05;	
M02;	
L1.SPF;	子程序名
G00　X22　Z2;	子程序描述零件外轮廓
G01　X29.8　Z-2;	
G01　Z-30;	
X38;	
Z-70;	
X40;	
M02;	

螺纹加工及精度检测

一、螺纹的测量

1. 单项测量法

单项测量法是用量具测量螺纹的某一项参数。

（1）螺距的测量　对一般精度要求的螺纹，螺距常用游标卡尺和螺纹样板进行测量，如图 5-25 所示。

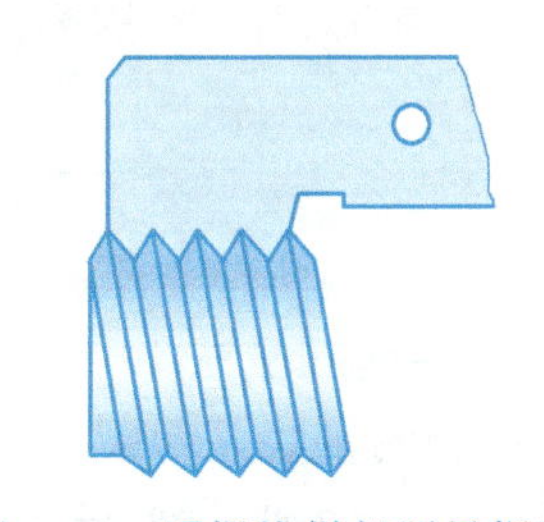

图 5-25　用螺纹样板测量螺距

（2）大、小径的测量　外螺纹的大径和内螺纹的小径公差都比较大，一般用游标卡尺或螺纹千分尺测量。

（3）中径的测量

1）用螺纹千分尺测量。三角形螺纹的中径用螺纹千分尺测量，如图 5-26 所示。螺纹千分尺的刻线原理和读数方法与千分尺相同，不同的是螺纹千分尺附有两套（60°和 55°）适用于不同牙型角和不同螺距的测量头。测量头可根据测量的需要进行选择，然后分别插入千分尺的测杆和砧座的孔内。注意，每次更换测量头之后，必须调整砧座的位置，使千分尺对准零位。

测量时，与螺纹牙型角相同的上、下两个测量头正好卡在螺纹的牙侧上。从图 5-26b 中可以看出，*ABCD* 是一个平行四边形，因此，测得的尺寸 *AD* 就是中径的实际尺寸。

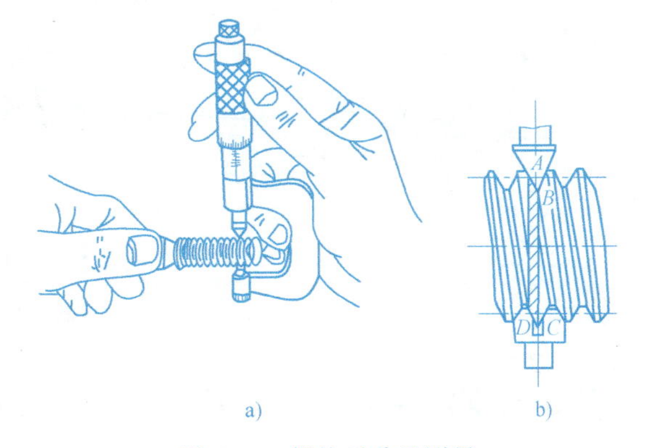

图 5-26　螺纹千分尺测量

2）用三针测量。用三针测量外螺纹中径是一种比较精密的测量方法。测量时，把三根针放置在螺纹两侧相对应的螺旋槽内，用千分尺测出两边量针顶点之间的距离 M，如图 5-27 所示，根据 M 值可以计算出螺纹中径的实际尺寸。三针测量时，M 值和中径的计算公式见表 5-22。

三针测量用的量针直径（d_D）不能太大。量针直径的最大值、最佳值和最小值可在表 5-22 中查出。选择量针时，应尽量接近最佳值，以便获得较高的测量精度。

表 5-22　三针测量螺纹中径的计算公式

螺纹牙型角 α	M 值计算公式	量针直径 d_D		
		最大值	最佳值	最小值
60°(普通螺纹)	$M=d_2+3d_D-0.866P$	$1.01P$	$0.577P$	$0.505P$
55°(寸制螺纹)	$M=d_2+3.166d_D-0.961P$	$0.849P-0.029$mm	$0.564P$	$0.481P-0.016$mm
30°(梯形螺纹)	$M=d_2+4.864d_D-1.866P$	$0.656P$	$0.518P$	$0.486P$

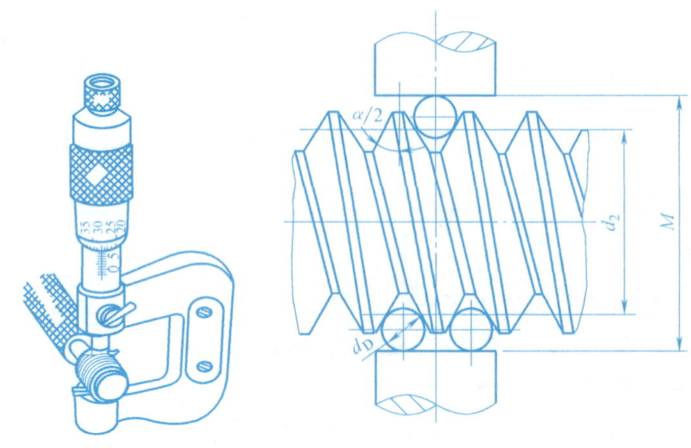

图 5-27　三针测量螺纹中径

2. 综合测量法

综合测量法是用螺纹量规对螺纹各主要参数进行综合性测量。螺纹量规包括螺纹塞规和螺纹环规，如图 5-28 所示。它们都分为通规和止规两种，在使用中不能搞错，如果通规难以拧入，应对螺纹的各直径尺寸、牙型角、牙型半角和螺距等进行检查，修正后再用量规检验。

图 5-28　螺纹量规

a）塞规　b）环规

二、实践内容

完成图 5-16 所示螺纹配套件的数控加工程序的编制，并对零件进行加工。

三、实践步骤

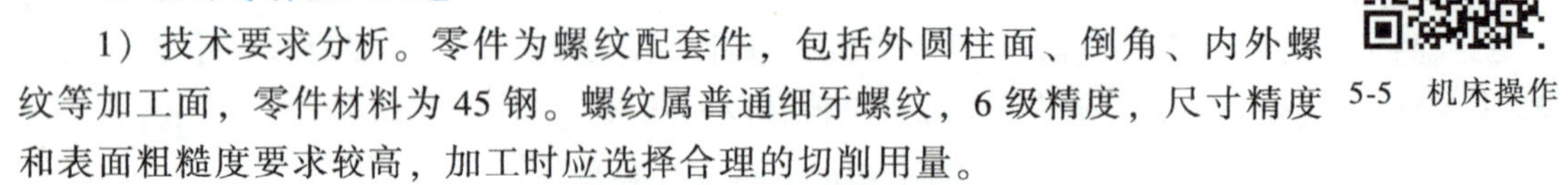

5-5　机床操作

1. 制订零件加工工艺

1）技术要求分析。零件为螺纹配套件，包括外圆柱面、倒角、内外螺纹等加工面，零件材料为 45 钢。螺纹属普通细牙螺纹，6 级精度，尺寸精度和表面粗糙度要求较高，加工时应选择合理的切削用量。

2）确定装夹方案。用自定心卡盘夹紧，加工原点设在工件右端面中心。

3）确定加工工艺路线，确定刀具及切削用量，填写工序卡。

2. 编制数控加工程序

3. 零件数控加工

4. 零件精度检测

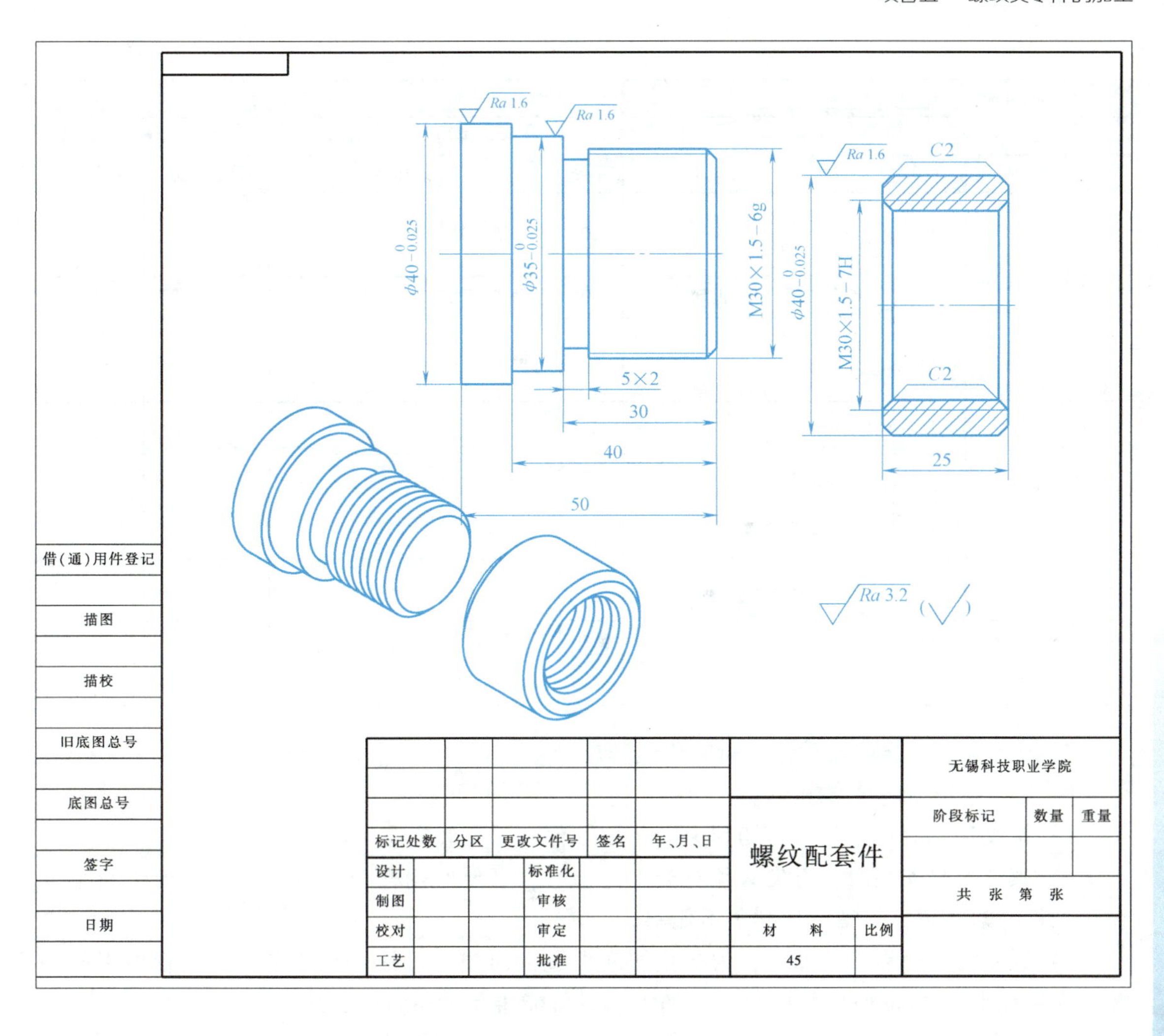

图 5-29　螺纹配套件

零件检测及评分标准见表 5-23。

表 5-23　零件检测及评分标准

准考证号			操作时间		总得分	
工件编号			系统类型			
考核项目与配分	序号	考核内容与要求	配分	评分标准	检测结果	得分
件 1（30%）	1	$\phi40_{-0.025}^{0}$mm	6	超差 0.01mm 扣 1 分		
	2	$\phi35_{-0.025}^{0}$mm	6	超差 0.01mm 扣 1 分		
	3	M30×1.5-6g	6	超差无分		
	4	5mm×2mm	8	不符合要求无分		
	5	一般尺寸及倒角	8	错一处扣 1 分		
件 2（20%）	6	$\phi40_{-0.025}^{0}$mm	8	超差 0.01mm 扣 1 分		
	7	M30×1.5-7H	9	超差无分		
	8	一般尺寸及倒角	8	错一处扣 1 分		
配合（10%）	9	螺纹配合	10	超差酌情扣 3~10 分		

（续）

准考证号			操作时间		总得分	
工件编号			系统类型			
考核项目与配分	序号	考核内容与要求	配分	评分标准	检测结果	得分
程序与工艺（30%）	10	工艺制订合理、选择刀具正确	10	每错一处扣1分		
	11	指令应用合理、正确	10	每错一处扣1分		
	12	程序格式正确、符合工艺要求	10	每错一处扣1分		
现场操作规范（10%）	13	刀具正确使用	2			
	14	量具正确使用	3			
	15	刃的正确使用	3			
	16	设备正确操作和维护保养	2			
安全文明生产（倒扣分）	17	安全操作	倒扣	出现安全事故停止操作，酌情扣5~30分		
	18	机床整理	倒扣			

5. 对工件进行误差与质量分析并优化程序

6. 安全操作和注意事项

1）螺纹切削时进给量大，切削力大，故工件和刀具装夹应牢固。

2）螺纹刀具安装时，刀尖必须对准工件中心，必要时用样板对刀，以保证刀尖角平分线与工件的轴线垂直，螺纹牙型角不偏斜。

3）螺纹加工时需多刀加工，为防止切削力过大而损坏刀具，或者在切削过程中引起振颤，在导程小于3mm时宜采用直进法加工，尽可能避免采用斜进法加工。

4）为保证螺纹加工精度，应考虑螺纹加工的切入量和切出量。

5）螺纹加工时需加切削液进行冷却润滑。

6）螺纹加工完毕，需用螺纹环规等进行检测。

四、螺纹类零件加工的常见误差现象及原因

螺纹类零件加工的常见误差现象及原因见表5-24。

表5-24 常见误差现象及原因

现象	产生原因	解决方法
尺寸超差	1. 对刀数据不正确	调整或重新对刀
	2. 切削用量选择不当	合理选择切削用量
	3. 工件尺寸计算错误	正确计算工件尺寸
表面有锥度	1. 车床主轴轴线偏斜	检查调整导轨和主轴的平行度
	2. 车床主轴间隙过大	调整车床主轴间隙
	3. 刀杆变形，产生让刀现象	增加刀杆刚度或减小背吃刀量

（续）

现象	产生原因	解决方法
表面粗糙度较差	1. 刀具安装过高	正确安装刀具
	2. 产生积屑瘤	合理选择切削速度
	3. 刀具磨损	刃磨刀具或更换刀具
	4. 切削液选择不合理	合理选择切削液
	5. 切削速度过低	调整主轴转速
出现扎刀现象	1. 进给速度过大	减小进给速度
	2. 刀具角度选择不当	合理选择刀具
螺纹牙顶太平	1. 顶径尺寸过小	准确加工尺寸合适的顶径
	2. 螺纹深度不够	增加螺纹深度
	3. 牙型角偏小	正确选择刀具
螺纹牙顶太尖，出现刃口状或翻边现象	1. 顶径尺寸过大	准确加工尺寸合适的顶径
	2. 螺纹深度过深	减小螺纹深度
	3. 牙型角偏小	正确选择刀具
螺纹牙型半角不正确	1. 刀具牙型不正确	正确选择刀具
	2. 刀具安装不正确	正确安装刀具，调整刀具安装角度
螺距错误	1. 伺服系统滞后效应	增加螺纹切削升、降速段的长度
	2. 程序不正确	检查、修改程序

项目自测题

一、填空题

1. 外螺纹 M30×1.5 的牙型为______，大径为______mm，小径为______mm，螺距为______mm，导程为______mm，牙型高度为______mm。

2. 车削螺纹时，进给速度就是螺纹的______，单线螺纹的导程和螺距是______。

3. 螺距为 1.5mm 的螺纹，其合理的切削次数为______次，但通常要加工______次，最后一次称为螺纹的光整加工。

4. 切削螺纹时，在进给和退刀过程中要留有一定的______和__________。

5. 车削塑性金属的内螺纹时，$D_{孔}$ =______；车削脆性金属的内螺纹时，$D_{孔}$ =______。

6. 螺纹切削的加工方式有______、____________和____________。

7. 车外螺纹前的外圆直径应预制成比螺纹大径______，一般为______mm。

8. FANUC 系统中，单行程螺纹切削指令是______，它可加工______、______、和______螺纹。

9. FANUC 系统中，“G32 X（U）__Z（W）__F”__中的、X、Z 指定螺纹的__________坐标，F 指定螺纹的__________。

10. FANUC 系统中，螺纹切削单一固定循环指令是______，加工圆柱螺纹的指令格式是__________________，加工圆锥螺纹的指令格式是__________________。

11. FANUC系统中复合螺纹切削加工循环指令是______，它可加工______、________，可以加工导程较____的螺纹。

12. 三角形螺纹车刀的刀尖角为____________，螺纹车刀的刀位点取____________。

13. 安装螺纹车刀时可借助__________，使螺纹车刀刀尖角平分线垂直于__________。

14. 外螺纹可以用______来测量，通常以______通和__________止作为检验标准。

15. 内螺纹可以用______来测量，通常以______通和__________止作为检验标准。

*16. SIEMENS系统中“G32　X(U)__ Z（W）__ K”__中的X指定螺纹的________坐标，Z指定螺纹的__________坐标，K指定螺纹的__________。

*17. SIEMENS系统中，螺纹切削加工循环指令LCYC97各参数的含义是：R100______________，R101______________，R102______________，R103________________，R104____________________，R105__________________，R106__________________，R109______________，R110______________，R111________________，R112__________________，R113__________________，R114__________________。

*18. SIEMENS螺纹切削循环指令中，R105 = 1时，表示加工__________；R105 = 2时，表示加工__________。

二、选择题

1. 三角形螺纹的牙型角是（　　）。

A. 55°　　B. 45°　　C. 30°　　D. 60°

2. 大螺距螺纹的加工方式是（　　）。

A. 直进法　　B. 斜进法　　C. 左右分层法　　D. 侧进法

3. 螺纹螺距小于3mm时，应采用的加工方式是（　　）。

A. 左右分层法　　B. 斜进法　　C. 直进法　　D. 侧进法

4. （　　）进给，切削力小，不易扎刀且牙侧精度高。

A. 直进法　　B. 斜进法　　C. 左右切削法　　D. 侧进法

5. 螺纹M30×2的牙深是（　　）mm。

A. 2　　B. 0.65　　C. 1.5　　D. 1.3

6. 螺纹M27-6g的螺距是（　　）mm。

A. 2　　B. 6　　C. 3　　D. 1.5

7. 车外螺纹前的外圆直径应预制成比螺纹大径（　　）。

A. 大　　B. 小　　C. 一样　　D. 凭经验

8. 螺纹切削时在两端设置足够的切入量和切出量，其目的是（　　）。

A. 切削方便　　B. 防止打刀

C. 避免螺纹起点和终点导程不正确　　D. 凭经验

9. 在程序段“G32　X（U）__Z（W）__F__;”中，F指定（　　）。

A. 主轴转速　　B. 进给速度　　C. 螺纹导程　　D. 背吃刀量

10. （　　）适用于对圆柱螺纹和圆锥螺纹进行循环切削，每指定一次，螺纹切削自动进行一个循环。

A. G32　　B. G92　　C. G78　　D. G34

11. 用 FANUC 系统指令“G92　X（U）__Z（W）__F__;”加工双线圆柱螺纹，则该指令中的“F__”是指（　　）。

A. 螺纹导程　　B. 螺纹螺距

C. 每分钟进给量　　D. 螺纹起始角

12. 用 FANUC 系统指令“G92　X（U）__Z（W）__R__F__;”加工圆锥螺纹，R 的含义是（　　）。

A. 圆锥起点和终点的直径差　　B. 圆锥终点和起点的半径差

C. 圆锥起点和终点的直径差　　D. 圆锥终点和起点的半径差

13.（　　）适用于多次自动循环车螺纹。

A. G32　　B. G92　　C. G76　　D. G34

14. 下列 FANUC 系统指令中可用于变螺距螺纹加工的指令是（　　）。

A. G76　　B. G92　　C. G32　　D. G33

15. 车螺纹期间使用（　　）进行主轴转速的控制。

A. G96　　B. G97　　C. G98　　D. G99

16. 以下选项不属于数控车削螺纹指令的是（　　）。

A. G32　　B. G92　　C. G76　　D. G90

17. 螺纹刀对刀时，其刀位点为（　　）。

A. 左切削刃　　B. 右切削刃　　C. 刀尖　　D. 刀杆

18. 内螺纹常采用（　　）测量。

A. 螺纹环规　　B. 螺纹塞规　　C. 螺纹止规　　D. 螺纹千分尺

19. 外螺纹常采用（　　）测量。

A. 螺纹塞规　　B. 螺纹环规　　C. 螺纹通规　　D. 螺纹千分尺

*20. 在 SIEMENS 数控车削系统中，下列循环功能中（　　）为螺纹切削循环。

A. LCYC93　　B. LCYC95　　C. LCYC97　　D. LCYC82

三、判断题

1. 螺纹刀的刀尖角是由螺纹牙型确定的。（　　）

2. 螺纹的公称直径就是螺纹的大径。（　　）

3. 双线螺纹的螺距是导程的 2 倍。（　　）

4. 对于单线螺纹，其编程的进给速度等于螺距。（　　）

5. 螺纹切削时要选择较低的主轴转速，来降低刀具的进给速度。（　　）

6. 车螺纹时，必须设置升速段和降速段。（　　）

7. 车螺纹期间的进给速度倍率、主轴速度倍率有效。（　　）

8. 螺纹加工的走刀次数和背吃刀量会直接影响螺纹的加工质量。（　　）

9. 车内螺纹前的内孔直径应预制成稍大些。车外螺纹前的外圆直径应预制成稍小些。（　　）

10. 直进法进给，为避免刀具损坏，应使背吃刀量越来越小。（　　）

11. 斜进法加工螺纹时可避免车刀三面切削，切削力减少，不容易产生扎刀现象。（　　）

12. G32 指令功能为螺纹切削加工，只能加工圆柱螺纹。（　　）

13. G32 指令是 FANUC 系统中用于加工螺纹的单一固定循环指令。（　　）

14. G92 指令能加工圆柱螺纹和圆锥螺纹，但不能加工内螺纹。（　　）

15. 如果在单段方式下执行 G92 循环，则每执行一次必须按 4 次循环启动按钮。（　　）

16. G76 指令用于圆柱螺纹和圆锥螺纹的加工，特别是能用于大螺距梯形螺纹的加工。（　　）

17. 车削不通孔内螺纹不需要车削螺纹退刀槽。（　　）

18. 螺纹刀如安装倾斜，对加工的螺纹牙型影响不大。（　　）

*19. SIEMENS 系统 G33 指令和 FANUC 系统的 G32 指令一样，只能加工外螺纹，不能加工内螺纹。（　　）

*20. SIEMENS 系统 LCYC97 中的起始点偏移就是空刀导入量。（　　）

四、简答题

1. 简述外螺纹车刀的对刀步骤。
2. 车外螺纹如何计算螺纹底圆直径及螺纹牙深？
3. 车削螺纹有哪几种加工方法？各有何特点？
4. 调用 FANUC 系统的 G76 循环与 SIEMENS 系统的 LCYC97 循环车削螺纹有何区别？

五、编程题

1. 根据表 5-25 确定图 5-30 所示的螺纹类零件的尺寸，零件材料为 45 钢，试分别用 FANUC 系统和 SIEMENS 系统指令格式编写数控加工程序。

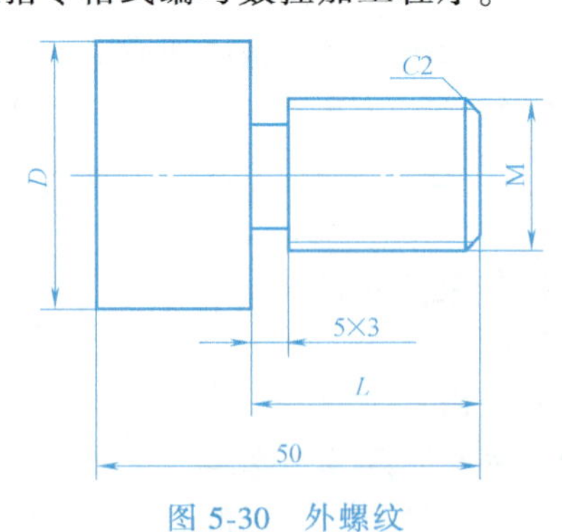

图 5-30　外螺纹

表 5-25　含外螺纹的零件尺寸

序号	D/mm	L/mm	M
1	ϕ25	20	M8×1
2	ϕ25	20	M12×1.5
3	ϕ30	30	M20×2
4	ϕ40	30	M30×2
5	ϕ45	30	M36×3
6	ϕ55	40	M42×3

2. 根据表 5-26 确定图 5-31 所示的螺纹类零件的尺寸，零件材料为 45 钢，试分别用 FANUC 系统和 SIEMENS 系统指令格式编写数控加工程序。

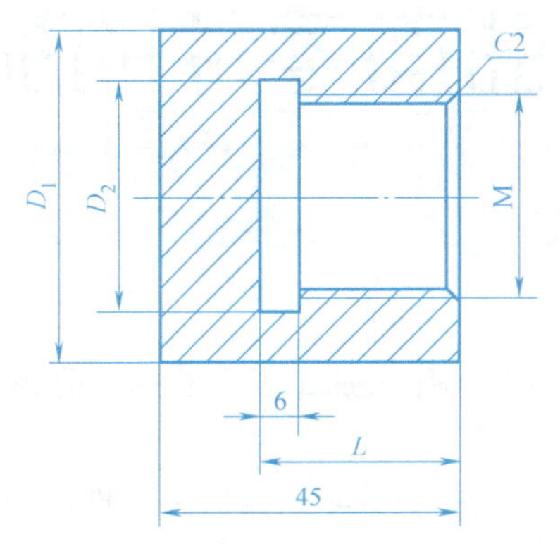

图 5-31 内螺纹

表 5-26 含内螺纹的零件尺寸

序号	D_1/mm	D_2/mm	L/mm	M
1	ϕ40	ϕ25	30	M20×1.5
2	ϕ40	ϕ30	30	M24×2
3	ϕ50	ϕ35	30	M30×1.5
4	ϕ50	ϕ40	30	M36×2
5	ϕ60	ϕ48	35	M42×3

项目六 非圆曲面零件的加工

宏程序参数编程可以扩大数控车床的加工编程功能，简化零件的加工程序，其适用范围如下：

1. 编制含有椭圆、抛物线、双曲线等非圆曲面类零件的加工程序。
2. 编制工艺路线相同但位置参数不同、形状相似但尺寸不同的系列零件的加工程序。

1. 熟悉数控车削综合件（含非圆曲面）的数学处理方法，能准确确定综合件的编程尺寸。
2. 了解宏程序的基本知识和功能，熟悉宏程序的编程方法。
3. 通过编制含二次曲线（如椭圆、抛物线等）的综合件的宏程序，掌握数控车削曲面类零件的基本方法。
4. 熟悉宏程序的输入方法，进一步掌握数控车床的操作技能。
5. 正确使用检测量具，能对曲面零件加工尺寸进行控制。
6. 培养数控车床的独立操作能力。
7. 正确使用各种车削检测量具，并能对综合件进行质量分析。

6-1 宏编程

项目任务

加工图 6-1 所示的典型综合件零件各内外轮廓，零件材料为 45 钢，工件毛坯为ϕ65mm×135mm。该零件中有椭圆面，应该用宏程序进行参数编程。

FANUC 0i 系统的宏程序

用户宏程序有 A、B 两类，FANUC 0i 系统采用 B 类宏程序。

1. 宏程序调用

指令格式：G65　P（宏程序号）L（重复次数）（变量分配）；

说明：

1）G65 为宏程序调用指令。

2）P 指定被调用的宏程序代号。

3）L 指定宏程序重复运行的次数，运行次数为 1 时，可省略不写。

4）变量分配是指宏程序中使用的变量赋值。

例：

G65　P8000　L2　A10. B2. ；

调用2次程序号8000，经自变量A传递到宏程序#1=10；自变量B传递到宏程序#2=2。地址与变量号的对应见表6-1。

表 6-1　地址与变量号

地址	变量号	地址	变量号	地址	变量号
A	#1	I	#4	T	#20
B	#2	J	#5	U	#21
C	#3	K	#6	V	#22
D	#7	M	#13	W	#23
E	#8	Q	#17	X	#24
F	#9	R	#18	Y	#25
H	#11	S	#19	Z	#26

2. 宏程序的编写格式

宏程序的编写格式与子程序相同。

例：O ×××× （宏程序号0001～8999）；

N10；

…

N××　M99；

注意：

1）宏程序中除通常使用的编程指令外，还可使用变量、算术运算指令及其他控制指令。变量值可在宏程序调用指令中赋给。

2）一个宏程序可被另一个宏程序调用，最多可调用四重。

3. 变量

使用宏程序时，数值可以直接指定或用变量指定。当用变量指定时，变量值可用程序或用MDI面板上的操作改变。

例如：

#1=#2+5；

G01　X#1　F0. 2；

（1）变量的表示　变量用符号“#”和后面的变量号指定，如#1、#2。

表达式可以用于指定变量号，此时，表达式必须封闭在括号中。例：#[#1+#2-2]，如果#1=3　#2=2，则#[#1+#2-2]等价于#3。

（2）变量的类型　变量根据变量号可以分四种类型，见表6-2。

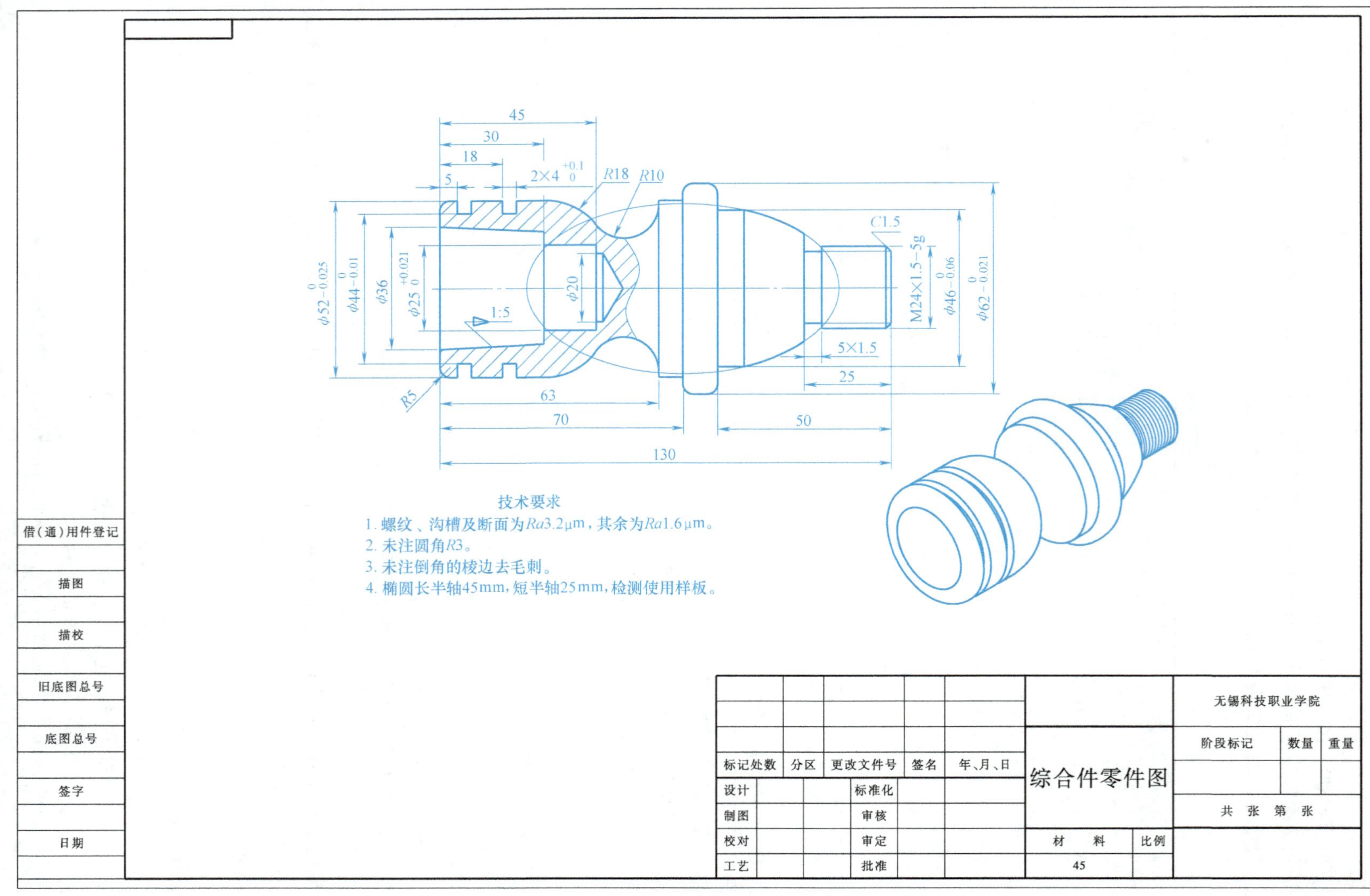
45
30
18
5
2×4 +0.1 0
R18
R10
C1.5
M24×1.5-5g
φ46-0.06 0
φ62-0.021 0
φ52-0.025 0
φ44-0.01 0
φ36
φ25 +0.021 0
φ20
1:5
R5
5×1.5
25
63
70
50
130
技术要求
1. 螺纹、沟槽及断面为Ra3.2μm，其余为Ra1.6μm。
2. 未注圆角R3。
3. 未注倒角的棱边去毛刺。
4. 椭圆长半轴45mm，短半轴25mm，检测使用样板。
借（通）用件登记
描图
描校
旧底图总号
底图总号
签字
日期
标记处数
分区
更改文件号
签名
年、月、日
设计
标准化
制图
审核
校对
审定
工艺
批准
综合件零件图
材料
45
比例
无锡科技职业学院
阶段标记
数量
重量
共 张 第 张

图 6-1 综合件零件图

表 6-2　变量的类型

变　量　号	变 量 类 型	功　　能
#0	空变量	该变量总是空,没有值能赋给该变量
#1~#33	局部变量	只能用于在宏程序中存储数据,断电后初始化为空,可以在程序中赋值
#100~#199 #500~#999	公共变量	在不同的宏程序中意义相同(即公共变量对于主程序和从这些主程序调用的每个宏程序来说是公用的),断电时#100~#199 清除为空,#500~#999 数据不清除
#1000~	系统变量	用于读和写 CNC 运行时各种数据的变化,如刀具的当前位置和补偿值等

（3）变量值的范围　局部变量和公共变量的值可以是 0，或者是$-10^{47}\sim-10^{-29}$，或者是$10^{-29}\sim10^{47}$。

（4）小数点的省略　当程序中定义变量值时，小数点可以省略，如“#1=123;”相当于“#1=123.000;”。

（5）变量的引用　在地址后指定变量即可引用其变量值，如“G01　X　[#1+#2]　F#3;”。

当引用未定义的变量时，变量及地址号都被忽略。例：#1=0，#2 为空时，“G00　X#1　Y#2;”相当于“G00　X0　Y0;”。

（6）限制　程序号、顺序号和任选程序段跳转号不能使用变量。例如：程序号“O#1”和顺序号“N#3Y200.0”是错误的。

4. 算术和逻辑运算

变量的算术和逻辑运算见表 6-3。

5. 转移和循环

（1）无条件转移（GOTO 语句）

格式：GOTO *n*;　　　*n* 指顺序号（1~9999）

例：GOTO10;

　　GOTO#10;

表 6-3　算术和逻辑运算

功能	格　式	备　注	功能	格　式	备　注
定义	#i=#j		平方根 绝对值 舍入 上整数 下整数 自然对数 指数函数	#i=SQRT[#j] #i=ABS[#j] #i=ROUND[#j] #i=FUP[#j] #i=FIX[#j] #i=LN[#j] #i=EXP[#j]	
加法 减法 乘法 除法	#i=#j+#k #i=#j-#k #i=#j * #k #i=#j/#k				
正弦 反正弦 余弦 反余弦 正切 反正切	#i=SIN[#j] #i=ASIN[#j] #i=COS[#j] #i=ACOS[#j] #i=TAN[#j] #i=ATAN[#j]/[#k]	角度以(°)为单位指定。90° 30′ 表示为 90.5°	或 异或 与	#i=#j OR #k #i=#j XOR #k #i=#j AND #k	

（2）条件转移（IF 语句）

格式：IF[〈条件表达式〉]GOTO n；　　IF 之后指定条件表达式

说明：1）如果指定的条件表达式满足，转移到标有顺序号 n 的程序段；如果指定的条件表达式不满足，执行下一个程序段。

2）条件表达式中的运算符见表 6-4。

表 6-4　条件表达式中的运算符

运算符	含义	运算符	含义
EQ	等于(=)	GE	大于或等于(≥)
NE	不等于(≠)	LT	小于(<)
GT	大于(>)	LE	小于或等于(≤)

例：以下程序表示如果变量#1 的值大于 10，转移到"N2 G00 G91 X10.0;"程序段。如果指定的条件表达式不满足，执行下一个程序段。

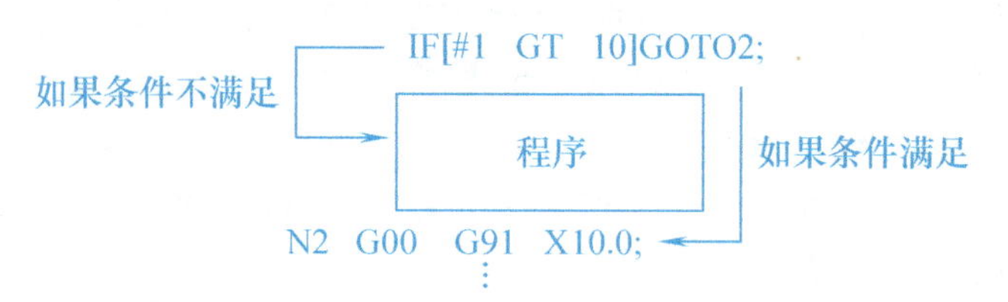

（3）循环（WHILE 语句）

格式：WHILE[条件表达式]DOm；（m=1，2，3）

…

ENDm；

说明：1）在 WHILE 后指定一个条件表达式，当条件满足时，执行从 DO 到 END 之间的程序，否则，转到 END 后的程序段。

2）m 是循环标号，最多嵌套三层。

例：

```
WHILE [⋯] DO1;
  …
    WHILE [⋯] DO2;
      …
        WHILE [⋯] DO3;
          …
          …
        END3;
      …
    END2;
  …
END1;
```

例：椭圆类零件的宏程序编程。

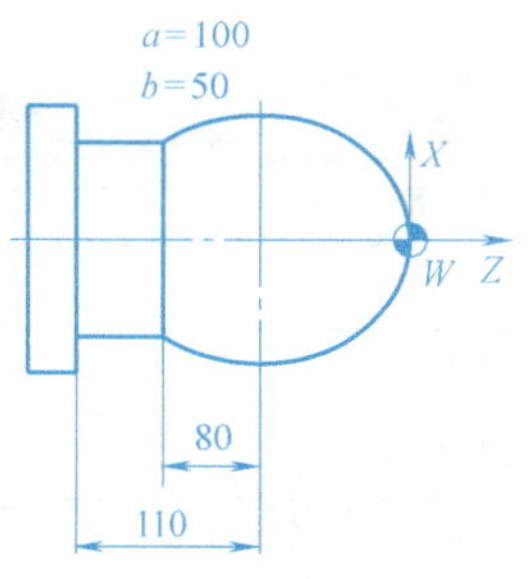

图 6-2　椭圆类零件图

如图 6-2 所示，设椭圆长轴半径为 a，短轴半径为 b，编制椭圆零件的宏程序方法有两种。

［方法一］标准方程法

车削包含椭圆的回转零件时，一般采用直线逼近法，即在 Z 向分段，取一个步距（例：1mm），并把 Z 作为自变量，X 作为 Z 的函数，可以编制一个只用变量不用具体数据的宏程序。这样，对于不同的椭圆，即使起始点、步距不同，也不必更改程序，只要修改宏指令段内的赋值数据即可。

椭圆的标准方程

$$X^2/a^2+Z^2/b^2=1 \tag{6-1}$$

转化到图 6-2 所示编程坐标系中为

$$Z^2/a^2+X^2/b^2=1 \tag{6-2}$$

根据以上公式可以推导出计算公式

$$X=\pm b\sqrt{1-Z^2/a^2} \tag{6-3}$$

式（6-3）中 X 值根据 Z 值的变化而变化，凸椭圆取正号，凹椭圆取负号。若编程时编程原点与椭圆中心不重合，需将椭圆 Z 轴负向移动长轴半径的距离，式（6-2）可转变为

$$(Z-Z_1)^2/a^2+(X-X_1)^2/b^2=1 \tag{6-4}$$

式中　Z_1——编程原点与椭圆中心的 Z 向偏距，图 6-2 中为 -100mm；

X_1——编程原点与椭圆中心的 X 向偏距，图 6-2 中为 0mm。

可推导出计算公式

$$X=\pm b\sqrt{1-(Z-Z_1)^2/a^2}+X_1 \tag{6-5}$$

图 6-2 中为凸椭圆，凸椭圆取正号，X 向无偏距，可得

$$X=b\sqrt{1-(Z-Z_1)^2/a^2}+X_1 \tag{6-6}$$

图 6-2 所示零件用椭圆标准方程法编程，参考程序见表 6-5：

表 6-5　椭圆类零件标准方程法参考程序

程序	注释
#1=0;	Z 向起点赋值
#2=100;	赋值椭圆长轴半径（a=100mm）
#3=50 ;	赋值椭圆短轴半径（b=50mm）
#5=-100 ;	Z 向偏距（Z_1=-100mm）
T0101;	
M03　S800;	
G00　X0 Z5　M08;	刀具定位，切削液开
WHILE[[#1-#5]GE-80]　DO1;	如果#1-#5≥-80，则执行循环 1
#4=#3*SQRT[1-[#1-#5]*[#1-#5]/[#2*#2]];	计算 X 值（公式太长，可以分解，写成两行） #6=[#1-#5]*[#1-#5]/[#2*#2] #4=#3*SQRT[1-[#6]];

（续）

程序	注释
G01　X[#4 * 2]　Z[#1]　F0.15;	椭圆加工
#1 = #1-1;	Z 值递减 1mm
END1;	循环 1 结束标志
G01 Z-210;	
X102;	
G00 X150 Z150 M09;	
…	

［方法二］参数法

椭圆的参数方程可表示为 $X=b\sin\theta$，$Z=a\cos\theta$。编程时首先定义一初始角度#101。图 6-2 所示的零件用椭圆参数方程法编程，参考程序见表 6-6。

表 6-6　椭圆类零件参数法参考程序

程序	注释
T0101	
M03　S800;	
G00　X0　Z5;	
G01　X0　Z0　F0.15　M08;	刀具定位，切削液开
#101 = 0;	椭圆起始角度赋值
N10　#102 = 2 * 50 * SIN[#101];	定义椭圆 X 值
#103 = 100 * COS[#101]-100;	定义椭圆 Z 值
G01　X#102　Z#103　F0.2;	椭圆加工
#101 = #101+1;	角度递增 1°
IF [[#103]GE -180]　GOTO　10;	如果 Z≥-180mm，则转移到 N10 程序段
G01　Z-210	
…	

例：抛物线类零件的宏程序。

分析：图 6-3 所示为抛物线类的零件，其抛物线方程为 $X^2=-2PZ$。假设工件编程原点在抛物线顶点上，采用直线逼近（也叫拟合）法，即在 X 向分段，以 0.2~0.5mm 为一个步距，并把 X 作为自变量，Z 作为 X 的函数，可以编制一个只用变量不用具体数据的宏程序。这样，对于不同的抛物线，即使起始点不同、步距不同，也不必更改程序，只要修改宏程序段内的赋值数据即可。

抛物线的一般方程

$$X^2=\pm 2PZ \tag{6-7}$$

可转化为

$$Z=\pm X^2/(2P) \tag{6-8}$$

如果 X 用变量#24 表示，Z 用变量#26 表示，P 用变量#16 表示，则上式可转换为

#26 = ±[#24 * #24]/[2 * #16]

根据上述工艺分析，可画出宏程序的结构流程框图，如图 6-4 所示。

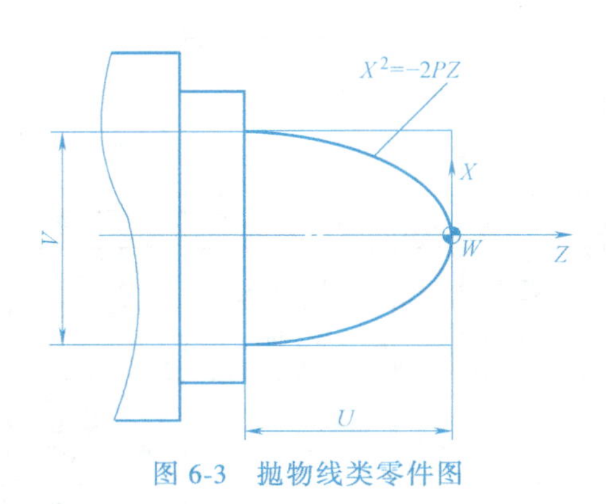

图 6-3　抛物线类零件图

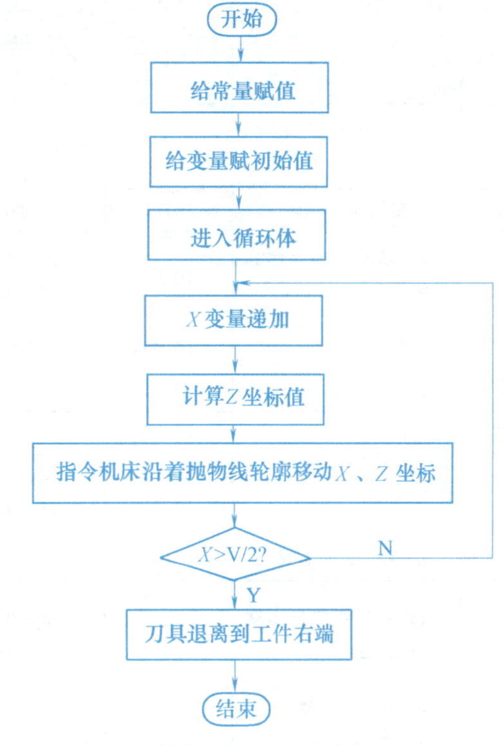

图 6-4　抛物线宏程序的结构流程框图

项目实施

一、制订零件加工工艺

1. 零件结构分析

1）图 6-1 所示零件外轮廓由外圆柱面、圆弧面、椭圆面等组成，内轮廓由圆柱面、圆锥面组成。

2）本工序要求完成粗、精加工零件各内、外轮廓。

2. 加工工艺分析

（1）装夹方式的选择　采用自定心卡盘夹紧。

（2）编程方法的选择　零件需进行调头加工，编程采用 G71、G73 循环指令及宏程序。

（3）刀具的选择　T0101 采用 93°外圆机夹粗车刀（80℃形菱形刀片）；T0202 采用 95°外圆机夹精车刀（35°V 形菱形刀片）；T0303 采用宽度为 4mm 的切槽刀；T0404 为 60°螺纹刀；T0505 为中心钻；T0606 为 ϕ20mm 麻花钻；T0707 为内孔车刀。

3. 数控加工技术文件的拟订

数控加工工序卡见表 6-7，数控加工刀具卡见表 6-8。

表 6-7　数控加工工序卡

工序号		工序内容				
零件名称		零件图号	材料	夹具名称		使用设备
综合件		6-1	45	自定心卡盘		CK6140
工步号	工步内容	刀具号	主轴转速 n/(r/min)	进给量 f/(mm/r)	背吃刀量 a_p/mm	备　注
1	装夹毛坯，伸出长度 95mm					
2	车左端面	T0101	800	0.2		手动
3	粗、精车零件左端外圆面	T0202	粗：600 精：1000	粗：0.3 精：0.1	粗：1.5 精：0.2	游标卡尺测量
4	切左端两槽	T0303	500	0.1		游标卡尺测量
5	钻左端中心孔	T0505				手动
6	钻左端孔	T0606				手动
7	镗左端内孔	T0707	粗：500 精：1000	粗：0.3 精：0.1		游标卡尺测量
8	工件调头，车右端面	T0101	800	0.2		手动
9	粗车、精车零件右端外圆、椭圆面	T0202	粗：600 精：1000	粗：0.3 精：0.1	粗：1.5 精：0.2	游标卡尺测量
10	切 5mm 退刀槽	T0303	500	0.1		游标卡尺测量
11	车 M24 外螺纹	T0404	600	螺距 1.5mm		螺纹量规检测
编制		审核		批准		第　页　共　页

表 6-8　数控加工刀具卡

产品名称或代号			零件名称	综合件	零件图号	6-1
序号	刀具号	刀具名称及规格	数量	加工表面	刀尖圆弧半径/mm	备注
1	T0101	93°外圆机夹粗车刀（80° C 形菱形刀片）	1	端面		手动
2	T0202	95°外圆机夹精车刀（35° V 形菱形刀片）	1	外轮廓	0.4	
3	T0303	切槽刀	1	槽	刀宽 4	
4	T0404	外螺纹刀	1	外螺纹		刀尖角 60°
5	T0505	A3.5mm 中心钻	1	钻中心孔		手动
6	T0606	ϕ20mm 麻花钻	1	钻孔		手动
7	T0707	内孔车刀	1	镗内孔		
编制		审核		批准	年　月　日	共　页　第　页

二、编制数控加工程序

编写图 6-1 所示零件的 FANUC 0i T 系统的部分参考程序，见表 6-9。

表 6-9　FANUC 0i T 系统参考程序

顺序号	程序内容 （FANUC 0i T 系统）	注　　释
	粗、精车零件左端外轮廓	
N015	T0202　M03　S600;	主轴正转，转速 600r/min，换 2 号外圆刀
N020	G00　X100　Z100;	准备下刀点
N025	X67　Z2;	下刀位置
N030	G73　U10　W0　R10;	用 G73 粗加工左端各圆柱面、圆弧面
N035	G73　P40　Q90　U1　W0.1　F0.3;	
N040	G00　X42;	下刀点
N045	G01　Z0　F0.1;	
N050	G03　X52　Z-5　R5;	车圆弧 $R5$mm
N055	G01　Z-30;	加工圆柱面 $\phi52$mm
N060	G03　X37　Z-45　R18;	车圆弧 $R18$mm
N065	G02　X49　Z-63　R10;	车圆弧 $R10$mm
N070	G01　X52;	加工圆柱面 $\phi52$mm
N075	Z-70;	
N080	X56;	X 退至 56mm
N085	G03　X62　Z-73　R3;	车圆弧 $R3$mm
N090	G01　Z-78;	
N095	G00　X100;	快速退刀
N096	Z100;	
	粗、精车零件左端外轮廓	
N100	M05;	主轴停转
N105	M00;	程序暂停
N110	M03　S1000　T0202;	主轴变速，转速为 1000r/min
N115	G00　X67　Z2;	快速定位至下刀点
N120	G70　P40　Q90;	精车零件左侧各表面
N125	G00　X100　Z150;	快速退刀
	切左端两槽	
N130	M03　S500　T0303;	主轴变速，转速为 500r/min，换 3 号刀
N135	M08;	打开切削液
N140	G00　X55;	X 向下刀点
N145	Z2;	Z 向下刀点
N150	Z-9;	Z 向定位

（续）

顺序号	程序内容（FANUC 0i T 系统）	注　释
N160	X44　F0.1;	X 向加工至 ϕ44mm
N165	X55　F0.1;	X 向退刀
N170	Z-22　F0.3;	Z 向左移定位
N175	X44　F0.05;	X 向加工至 ϕ44mm
N180	G00　X100;	X 向退刀
N185	Z100;	Z 向退刀
N190	M05M09;	主轴停转
N195	M30;	程序停止
镗左端内孔		
N205	T0707　M03　S500;	主轴变速，转速为 500r/min，换 7 号刀
N210	G00　X100　Z100;	换刀点
N215	X18　Z5;	下刀点
N220	G71　U0.7　R0.5;	用 G71 粗加工内孔
N225	G71　P230　Q250　U-0.5　W0.1　F0.3;	
N230	G00　X36;	X 向下刀点
N235	G01　Z0　F0.1;	Z 向下刀点
N240	X28　Z-30;	加工锥度孔
N245	X25;	镗孔至 ϕ25mm
N250	Z-45;	Z 向移至内孔底
N255	X20;	X 向快速退刀
N260	Z50;	Z 向快速退刀
N265	M05;	主轴停转
N270	M00;	程序暂停
N275	M03　S1000　T0707;	主轴变速，转速为 1000r/min，换 7 号刀
N280	G00　X18　Z5;	快速定位至下刀点
N285	G70　P230　Q250;	精镗内孔
N290	G00　X20;	退刀
N292	Z100;	
调头装夹左端，粗车、精车零件右端外圆、椭圆面		
N300	M03　S600　T0202;	主轴变速，转速为 600r/min，换 2 号刀
N305	G00　X67　Z2;	快速定位至下刀点
N310	G73　U19　W0　R18;	用 G73 粗加工右端各表面
N315	G73　P320　Q380　U1　W0.1　F0.3;	
N320	G00　X20.8;	下刀点

（续）

顺序号	程序内容 （FANUC 0i T 系统）	注　　释
N323	G01　Z0　F0.1；	
N325	G01　X23.8　Z-1.5；	倒角 $C1.5$
N330	Z-25；	Z 向左移
N335	X31.942；	椭圆起始下刀点
N340	#101=38.942；	椭圆起始角度
N345	#102=2*25*SIN[#101]；	定义椭圆值
N350	#103=45*COS[#101]-60；	椭圆 Z 值
N355	#101=#101+1；	角度递增
N360	G01　X#102　Z#103	加工椭圆
N365	IF　[#102 LE 46]　GOTO　345；	判断语句
N370	G01　Z-50；	加工圆柱面
N375	G00　X56；	X 向退刀
N380	G03　X62　Z-53　R3；	车削 $R3$mm 圆弧
N385	G00　X100；	X 向快速退刀
N390	Z100；	Z 向快速退刀
N395	M05；	主轴停转
N400	M00；	程序暂停
N405	M03　S1000；	主轴变速，转速为 1000r/min
N410	G00　X67　Z2；	下刀点
N415	G70　P320　Q380；	精车零件右端
N420	M05；	主轴停转
N425	M00；	程序停止
切右端 5mm 退刀槽		
N430	M03　S500　T0303；	主轴变速，转速为 500r/min，换 3 号刀
N435	G00　X30　Z2；	刀具 X 向下刀点
N440	Z-25；	刀具 Z 向下刀点
N445	G01　X21　F0.1；	切槽深至 ϕ21mm
N450	X30；	X 向退刀
N455	Z-24；	Z 向右移
N460	X21；	切槽深至 ϕ21mm
N465	G00　X100；	X 向退刀
N470	Z100；	Z 向退刀
车右端 M24 外螺纹		
N475	T0404　M03　S600；	换 4 号刀，主轴变速，转速为 600r/min

（续）

顺序号	程序内容 （FANUC 0i T 系统）	注　释
N480	G00　X26　Z3；	刀具下刀点
N485	G92　X23.2　Z-23　F1.5；	车削螺纹第一刀
N490	X22.6；	车削螺纹第二刀
N495	X22.2；	车削螺纹第三刀
N500	X22.04；	车削螺纹第四刀
N505	X22.04；	精修螺纹第五刀，螺纹车削至尺寸
N510	G00　X100；	*X* 向退刀
N515	Z100；	*Z* 向退刀
N520	M05；	主轴停转
N525	M30；	程序停止

6-2　虚拟加工

三、零件的数控加工（FANUC 0i T）

1）选择机床、数控系统并开机。

2）机床各轴回参考点。

3）安装工件。

4）安装刀具并对刀。

5）输入加工程序，并检查、调试。

6）手动移动刀具退至距离工件较远处。

7）自动加工。

8）测量工件，对工件进行误差与质量分析，并优化程序。

零件检测及评分标准见表 6-10。

表 6-10　零件检测及评分标准

准考证号				操作时间		总得分	
工件编号				系统类型			
考核项目		序号	考核内容与要求	配分	评分标准	检测结果	得分
工件加工评分（60%）	外轮廓	1	$\phi52_{-0.025}^{0}$mm	4	超差 0.01mm 扣 1 分		
		2	$\phi44_{-0.01}^{0}$mm	4	超差 0.01mm 扣 1 分		
		3	$\phi62_{-0.021}^{0}$mm	4	超差 0.01mm 扣 1 分		
		4	$\phi46_{-0.06}^{0}$mm	4	超差 0.01mm 扣 1 分		
		5	M24×1.5-5g	4	超差无分		
		6	5mm×1.5mm	3	超差无分		
		7	$2\times4_{0}^{+0.1}$mm	5	超差无分		
		8	*R*18mm、*R*10mm、*R*5mm	6	超差无分		
	内轮廓	9	$\phi36$mm	3	超差无分		
		10	$\phi25_{0}^{+0.021}$mm	4	超差 0.01mm 扣 1 分		
		11	锥度 1∶5	4	不符合要求无分		
	其他	12	一般尺寸及倒角	10	错一处扣 1 分		
		13	按时完成无缺陷	5	缺陷一处扣 2 分，未按时完成全扣		

（续）

准考证号			操作时间		总得分	
工件编号			系统类型			
考核项目	序号	考核内容与要求	配分	评分标准	检测结果	得分
程序与工艺（30%）	14	工艺制订合理、选择刀具正确	10	每错一处扣 1 分		
	15	指令应用合理、正确	10	每错一处扣 1 分		
	16	程序格式正确、符合工艺要求	10	每错一处扣 1 分		
现场操作规范（10%）	17	刀具正确使用	2			
	18	量具正确使用	3			
	19	刃的正确使用	3			
	20	设备正确操作和维护保养	2			
	21	安全操作	倒扣	出现安全事故停止操作，酌情扣 5~30 分		

拓展知识

SIEMENS 802S T 系统的宏程序（五）

R 参数是 SIEMENS 的 SINUMERIK 数控系统制造厂家给用户在平台上进行开发的工具，R 参数化编程可以简化程序。

一、R 参数及运算符

1. R 参数

SIEMENS 系统有 R0~R299 共 300 个 R 参数供用户自由使用。其中，R0~R99 可自由使用，R100~R249 为加工循环传递参数（如果程序中没有使用加工循环，那么这部分参数可自由使用），R250~R299 为加工循环内部计算参数（如果程序中没有使用加工循环，那么这部分参数可自由使用）。

一般可以在以下数值范围内给计算参数赋值：±0.000 0001~9999 9999（8 位，带符号和小数点），在取整数值时可以去除小数点，正号可以省去。

例如：R0=1.2356，R1=37.3，R2=5，R3=-7，R4=-123.4567。

也可采用指数表示法，可以赋更大的数值范围，指数值写在 EX 符号之后。

例如：R0=-0.1EX-5；含义：R0=-0.000001

R1=2.745EX8；　含义：R1=274500000

一个程序段中可以有多个赋值语句，也可以用计算表达式赋值。

例如：R1=1；

R2=0.5；

R3=3；

R4=0.2；

N10 G01　X=R1+R2　Y=R3　F=R4；

则执行程序段后，N10 的常量形式为“G01　X1.5　Y3　F0.2”。

2. 运算符

（1）计算运算符　+、-、*、/分别作为加号、减号、乘号、除号。

（2）条件运算符　等于==，不等于<>，大于>，小于<，大于等于>=，小于等于<=。

（3）逻辑运算符　逻辑与 AND，逻辑或 OR，逻辑非 NOT，逻辑异或 XOR。

（4）函数　见表 6-11，角度单位为（°）。

表 6-11　函数

SIN(　)正弦	ATAN(　)反正切	TRUNC(　)舍位到整数
COS(　)余弦	SQRT(　)开平方	ROUND(　)舍入到整数
TAN(　)正切	ABS(　)绝对值	LN(　)自然对数
ASIN(　)反正弦	POT(　)平方	EXP(　)指数

参数计算时遵循通常的数学运算法则，即先乘除后加减、括号优先的原则。角度单位为（°）。

二、程序跳转

1. 程序跳转目标

标记符可以自由选取，但必须由 2~8 个字母或数字组成，其中，开始两个符号必须是字母或下划线。跳转目标程序段中，标记符后面必须为冒号。标记符位于程序段段首，如果程序段有段号，则标记符紧跟着段号。在一个程序段中，标记符不能含有其他意义。

格式：

N10　MARKE1：G01　X20；　　MARKE1 为标记符，作为跳转目标程序段的标识。

…

GY123：G00　X10　Z20；　　GY123 为标记符，跳转目标程序段可以没有段号。

N100　G00　X100　Z100；　　程序段号也可以是跳转目标。

2. 绝对跳转

数控程序在运行时以写入时的顺序执行程序段。程序在运行时，可通过插入程序跳转指令改变执行顺序。跳转目标只能是有标记符或一个程序段号的程序段，且此程序段必须位于该程序之内。

绝对跳转指令必须占有一个独立的程序段。

格式：

GOTOF　Label；向程序结束方向跳转至所选标记处，label 为所选标记符或程序段号。

GOTOB　Label；向程序开始方向跳转至所选标记处，label 为所选标记符或程序段号。

3. 条件跳转

用 IF 条件语句表示有条件跳转。如果满足跳转条件，则进行跳转。跳转目标只能是有标记符的程序段，该程序段必须在此程序之内。

条件跳转指令要求一个独立的程序段。在一个程序段中，可以有多个条件跳转指令。

格式：

IF<条件>GOTOF　Label；　　向程序结束方向跳转

IF<条件>GOTOB　Label；　　向程序开始方向跳转

说明：1）IF 表示跳转条件导入符。

2）〈条件〉作为条件的计算参数，计算表达式。

3）GOTOF 表示向程序结束方向跳转。

4）Label 表示所选跳转目标程序段标记符或程序段号。

5）GOTOB 表示向程序开始方向跳转。

比较运算的结果有两种：一种为“满足”，另一种为“不满足”。“不满足”时，该运算结果值为零。

例如：

R1>1　　　;　　　　　R1 大于 1

1<R1　　　;　　　　　1 小于 R1

R1<R2+R3　;　　　　　R1 小于 R2 加 R3

条件跳转编程举例如下：

N10　IF　R1<>0　GOTOF　GY1;　R1≠0 时，跳转到有 GY1 标记符的程序段

…

N90　GY1：…;

N100　IF　R1>1　GOTOF　GY2;　R1>1 时，跳转到有 GY2 标记符的程序段

…

N190　GY2：…;

N200　IF　R45==R7+1　GOTOF　MARKE3;

R45=R7+1 时，跳转到有 MARKE3 标记符的程序段

…

N290　MA1：…;

N300　IF　R1==1　GOTOB　MA1　IF　R1==2　GOTOF　MA2…;

R1=1 时跳转到有 MA1 标记符的程序段，R1=2 时跳转有 MA2 标记符的程序段（第一个条件实现后就进行跳转）

三、椭圆类零件的宏程序编程

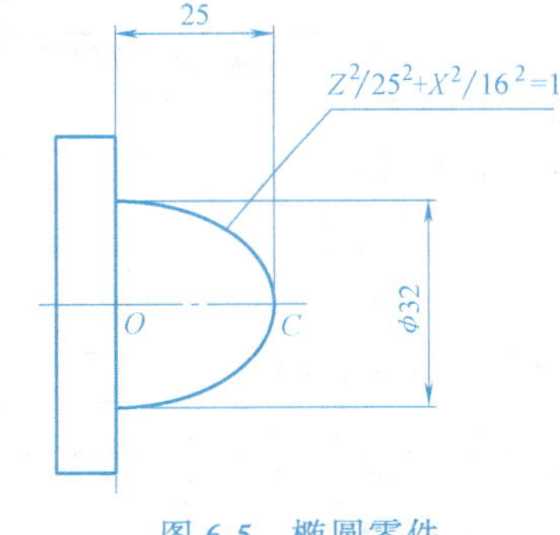

图 6-5　椭圆零件

如图 6-5 所示，椭圆长轴半径为 a，短轴半径为 b，编制椭圆零件的宏程序方法有两种。

［方法一］　标准方程法

椭圆的标准方程

$$X^2/a^2+Z^2/b^2=1 \tag{6-9}$$

将式（6-9）转变为

$$X=\pm b\sqrt{1-Z^2/a^2} \tag{6-10}$$

式（6-10）中 X 值根据 Z 值的变化而变化，凸椭圆取正号，凹椭圆取负号。

编程时，若编程原点 C 与椭圆中心 O 不重合，如图 6-5 所示，可采用与前面 FANUC 系统相同的方法，直接将式（6-9）转变为

$$(Z-Z_1)^2/a^2+(X-X_1)^2/b^2=1 \tag{6-11}$$

式中　Z_1——编程原点与椭圆中心的 Z 向偏距；

X_1——编程原点与椭圆中心的 X 向偏距。

图 6-5 中 X 向无偏距，可将式（6-10）转变为

$$X=\pm b\sqrt{1-(Z-Z_1)^2/a^2} \tag{6-12}$$

为简化编程，通常直接以原点 O 为参考点，用式（6-10）计算，然后对 Z 向进行偏置，见表 6-12（$a=25$，$b=16$）。

表 6-12　椭圆类零件方程法参考程序

顺序号	程序	注　　释
N10	T1D1;	
N20	M03　S800;	
N30	G00　X0　Z5;	
N40	G01　Z0　F0.2;	刀具定位
N50	R2=25;	Z 向赋值
N60	AA1:R3=1-(R2*R2)/(25*25);	椭圆公式中 X 向中间运算变量
N70	R4=16*SQRT(R3);	
N80	R2=R2-0.5;	Z 变量递减 0.5mm
N90	G01　X=R4*2　Z=R2-25;	走刀(Z 向进行偏置)
N100	IF　R2>=0　GOTOB　AA1;	Z 值未到椭圆终点,返回 AA1 继续椭圆的加工
N110	G00　X60　Z100;	
…	…	…

注意：一般情况下，外轮廓凹圆弧用负号，X 轴偏移量为半径正值，Z 轴偏移量为负值，偏移量是椭圆中心相对于工件原点的偏移距离，偏移量的运算即是将数学计算出的位置换算到工件坐标系中以便于坐标统一。

[方法二] 参数法

椭圆的参数方程可表示为 $X=b\sin\theta$，$Z=a\cos\theta$。编程时首先定义一初始角度#101。图 6-5 所示椭圆零件参数法参考程序与方程法参考程序对比见表 6-13。

表 6-13　椭圆类零件参数法参考程序与方程法参考程序对比

参数法参考程序	方程法参考程序
N10　T1D1;	N10　T1D1;
N20　M03　S800;	N20　M03　S800;
N30　G00　X0　Z5;	N30　G00　X0　Z5;
N40　G01　Z0　F0.2;	N40　G01　Z0　F0.2;
N50　R2=25;	N50　R2=25;
N60　AA1:R3=16*SIN(R2);	N60　AA1:R3=1-(R2*R2)/(25*25);
N70　R4=25*COS(R2);	N70　R4=16*SQRT(R3);
N80　G01　X=R3*2　Z=R4-25;	N80　R2=R2-0.5;(Z 值递减)
N90　R2=R2+1;(角度递增)	N90　G01　X=R4*2　Z=R2-25;
N100　IF R4>=0　GOTOB　AA1;	N100　IF　R2>=0　GOTOB AA1;
N110　G00　X60　Z100;	N110　G00　X60　Z100;
…	…

扩展

通过该例可进一步得出各种曲线方程的编程处理基本方法，步骤如下。

1）先将曲线方程变形为 $X=\cdots$，$Z=\cdots$

2）设式中 X 为 R3；Z 为 R2，将公式变形。

3）程序设计如下：

R1＝Z 方向曲线加工起点相对于曲线数学零点（或中心）的距离；

R2＝曲线 Z 轴起点坐标；

AA1：R3＝…R1＝…；

R4＝±ABS(R3)+X 轴偏移量；

G01　X＝R4*2　Z＝R2；

R1＝R1－0.5；

R2＝R1+Z 轴偏移量；

IF（R2>曲线 Z 轴终点编程坐标）GOTOB　AA1。

四、实例

编制图 6-6 所示带椭圆面的零件数控加工程序。其数控加工工序卡见表 6-14，SIEMENS 802S T 系统参考程序见表 6-15。

表 6-14　数控加工工序卡

工序号		工序内容				
零件名称		零件图号	材料	夹具名称		使用设备
椭圆面			45	自定心卡盘		CK6140
工步号	工步内容	刀具号	主轴转速 n/(r/min)	进给量 f/(mm/r)	背吃刀量 a_p/mm	备　注
1	装夹毛坯，伸出长度 95mm					手动
2	车右端面	T0101	800	0.2		手动
3	粗、精车零件右端外圆面	T0101	粗：800 精：1000	粗：0.15 精：0.1	粗：1.5 精：0.2	游标卡尺测量
4	切右端 V 形槽和 4mm×2mm 退刀槽	T0202	400	0.1		游标卡尺测量
5	车 M30 螺纹	T0303	600	螺距：2mm		螺纹量规检测
6	工件调头，车左端面	T0101	800	0.2		手动
7	粗车、精车零件左端外圆、椭圆面	T0101	粗：400 精：600	粗：0.15 精：0.1	粗：1.5 精：0.2	游标卡尺测量
8	钻左端中心孔	T0606				手动
9	钻左端孔	T0707				手动
10	镗左端内孔	T0505	粗：500 精：800	粗：0.15 精：0.1		游标卡尺测量
编制		审核		批准		第　页　共　页

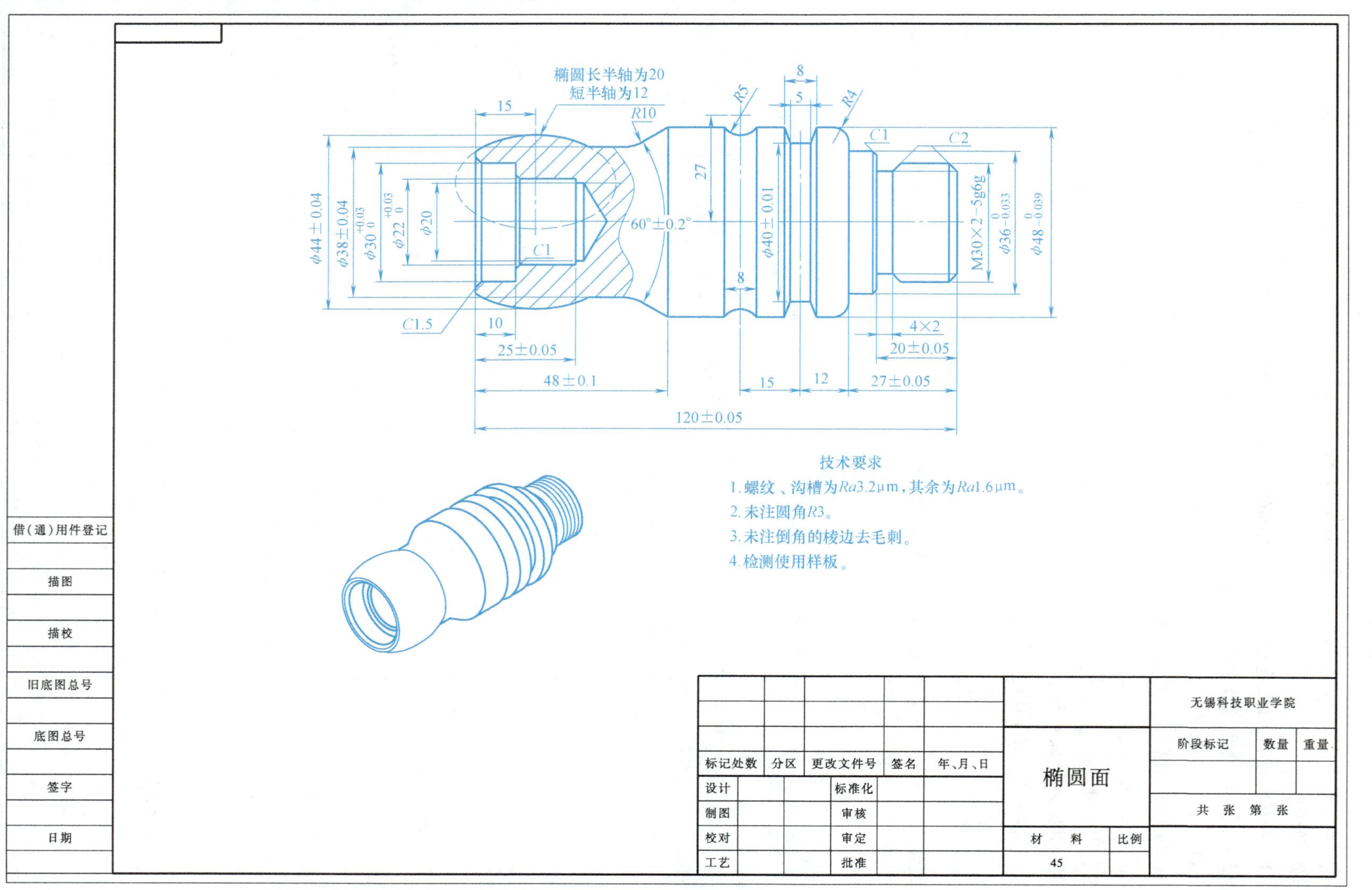
椭圆长半轴为20
短半轴为12
技术要求
1.螺纹、沟槽为Ra3.2μm，其余为Ra1.6μm。
2.未注圆角R3。
3.未注倒角的棱边去毛刺。
4.检测使用样板。
借（通）用件登记
描图
描校
旧底图总号
底图总号
签字
日期
标记处数
分区
更改文件号
签名
年、月、日
设计
标准化
制图
审核
校对
审定
工艺
批准
椭圆面
材料
45
比例
无锡科技职业学院
阶段标记
数量
重量
共 张 第 张

图 6-6 带椭圆面的零件

表 6-15　零件 SIEMENS 802ST 数控系统参考程序

<table>
<tr><th>顺序号</th><th>程　序</th><th>注　释</th></tr>
<tr><td colspan="3">零件右端加工</td></tr>
<tr><td colspan="3">粗、精车零件右端外轮廓</td></tr>
<tr><td></td><td>ABC. MPF;</td><td>主程序名</td></tr>
<tr><td>N005</td><td>T1D1;</td><td>换 1 号刀</td></tr>
<tr><td>N010</td><td>M03　S800;</td><td></td></tr>
<tr><td>N015</td><td>G00　X100　Z100;</td><td rowspan="2">定位点</td></tr>
<tr><td>N020</td><td>X52　Z2;</td></tr>
<tr><td>N025</td><td>_CNAME="L20";
R105=1.000　R106=0.400
R108=1.500　R109=0.000
R110=1.000　R111=0.150
R112=0.100;
LCYC95;</td><td>右端轮廓粗加工循环</td></tr>
<tr><td>N030</td><td>M03　S1000;</td><td>精加工时主轴转速</td></tr>
<tr><td>N035</td><td>_CNAME="L20";
R105=5.000　R106=0.000;
LCYC95;</td><td>右端轮廓精加工循环参数</td></tr>
<tr><td>N040</td><td>G00　Z-46;</td><td>定位</td></tr>
<tr><td>N045</td><td>R10=2;</td><td rowspan="3">偏移循环粗加工参数</td></tr>
<tr><td>N050</td><td>AA1:G158　X=R10;</td></tr>
<tr><td>N055</td><td>R10=R10-1;</td></tr>
<tr><td>N060</td><td>M03　S500　F0.15;</td><td rowspan="3">R5mm 凹圆偏移循环粗加工</td></tr>
<tr><td>N065</td><td>L21;</td></tr>
<tr><td>N070</td><td>IF　R10>=0.4　GOTOB　AA1;</td></tr>
<tr><td>N075</td><td>G158　R10=0;</td><td rowspan="3">R5mm 凹圆偏移循环精加工</td></tr>
<tr><td>N080</td><td>S600　F0.1;</td></tr>
<tr><td>N085</td><td>L21;</td></tr>
<tr><td>N090</td><td>G00　X100;
Z100;</td><td>退刀</td></tr>
<tr><td colspan="3">切右端 V 形槽和 4mm×2mm 退刀槽</td></tr>
<tr><td>N095</td><td>T1D0;
T2D1;</td><td>换 2 号刀</td></tr>
<tr><td>N100</td><td>M03　S400　F0.1;</td><td></td></tr>
<tr><td>N105</td><td>G00　X52　Z2;</td><td rowspan="2">定位点</td></tr>
<tr><td>N110</td><td>Z-35;</td></tr>
</table>

（续）

顺序号	程　　序	注　　释
N115	R100=48.000　R101=-43.000 R105=1.000　R106=0.100 R107=4.000　R108=4.000 R114=5.000　R115=4.000 R116=20.560　R117=0.000 R118=0.000　R119=0.100 LCYC93;	切 V 形槽
N120	G00　X50;	车 4mm×2mm 退刀槽
N125	Z-20;	
N130	X37;	
N135	G01　X26　F0.1;	
N140	X30　Z-18;	
N145	X26　Z-20;	
N150	X37;	
N155	G00　X100; Z100;	退刀
	车右端 M30 螺纹	
N160	T2D0; T3D1;	换 3 号刀
N165	G00　X32　Z2;	定位
N168	M03　S600;	
N170	R100=30.000　R101=0.000 R102=30.000　R103=-16.000 R104=2.000　R105=1.000 R106=0.100　R109=2.000 R110=2.000　R111=1.300 R112=0.000　R113=5.000 R114=1.000 LCYC97;	螺纹加工循环
N175	G00　X100;	退刀
N180	Z100;	
N185	T3D0;	取消刀补
N190	M05;	主轴停转
N200	M30;	回程序起点
	右端外轮廓子程序	
	L20.SPF;	外轮廓子程序名
N005	G00　X26;	定位
N010	G01　Z0;	
N015	X29.8　Z-2;	倒角 *C*2

（续）

顺序号	程　序	注　释
N020	Z-20;	加工螺纹圆柱面
N025	X34;	
N030	X36　Z-21;	倒角 *C*1
N035	Z-27;	加工 ϕ36mm 圆柱面
N040	X40;	
N045	G03　X48　Z-31　CR=4;	加工 *R*4mm 圆弧
N050	G01　Z-75;	加工 ϕ48mm 圆柱面
N055	X50;	
N060	RET;	返回主程序
	加工 *R*5mm 的凹圆子程序	
	L21. SPF;	
N065	G00　X49　Z-49;	
N070	G01　X48　Z-50;	
N075	G02　X48　Z-58　CR=5;	
N080	RET;	返回主程序
	零件左端加工	
	粗、精车零件左端外轮廓	
	XYZ. MPF;	主程序名
N002	T1D1;	换 1 号刀
N004	M03 S400;	粗加工时主轴转速
N005	G00　X100　Z100;	下刀点
N010	X52　Z2;	
N015	R10=9;	左端外轮廓偏移粗加工及参数
N020	AA1:G158　X=R10;	
N025	R10=R10-1;	
N030	F0. 15;	
N035	L22;	
N040	IF　R10>0. 4　GOTOB　AA1;	
N045	G158　R10=0;	左端外轮廓偏移精加工及参数
N050	S600　F0. 1;	
N055	L22;	
N100	G00　X100; Z100;	退刀
	镗左端内孔	
N105	T1D0; T5D1;	换 5 号刀

（续）

顺序号	程　序	注　释
N110	G00　X100　Z100；	刀具下刀点
N115	X18　Z5；	
N118	M03　S500；	
N120	_CNAME="L23" R105=3.000　R106=0.300 R108=1.200　R109=0.000 R110=1.000　R111=0.150 R112=0.100； LCYC95；	粗镗内孔参数
N125	S800；	精镗内孔时主轴转速
N130	_CNAME="L23"； R105=7.000　R106=0.000； LCYC95；	精镗内孔参数
N135	G00　Z100； X100；	退刀
N140	T5　D0；	取消刀补
N145	M05；	主轴停转
N150	M30；	返回程序起点
左端外轮廓子程序		
	L22.SPF；	偏移子程序名
N005	G00　X38；	定位
N010	R1=20；	赋参数
N015	R2=12；	
N020	R3=15；	
N025	AA2:R4=12*SQRT(R1*R1-R3*R3)/20；	按椭圆方程计算 X 值
N030	R5=2*(R4+10)；	X、Z 的准确位置
N035	R6=R3-15；	
N040	G01　X=R5　Z=R6；	轮廓
N045	R3=R3-1；	
N050	IF　R3>=-13.2　GOTOB　AA2；	条件语句
N055	G01　Z-36.66；	加工 ϕ38mm 圆柱面
N060	G02　X40.6795　Z-41.6603　CR=10；	加工过渡圆弧
N065	G01　X48　Z-48；	加工锥面
N070	G00　X52；	退刀
N075	Z2；	
N080	X38；	
N085	RET；	返回主程序

（续）

顺序号	程　序	注　释
左端内孔子程序		
	L23. SPF；	镗孔子程序名
N005	G00　X33；	定位
N010	G01　Z0；	
N015	X30. 03　Z-1. 5；	倒角 $C1.5$
N020	Z-10；	加工 $\phi30$mm 内孔
N025	X24；	倒 $C1$ 角
N030	X22. 03　Z-11；	
N035	Z-25；	加工 $\phi22$mm 内孔
N040	X20；	
N045	RET；	返回主程序

项目实践

一、实践内容

编制图 6-7 所示零件的数控加工程序，并对零件进行加工。

二、实践步骤

1. 零件加工参考方案

1）装夹毛坯，伸出长度 70mm 左右。

2）车左端面，用 $\phi20$mm 麻花钻钻 $\phi20$mm 底孔。

3）粗、精车左端外轮廓。

4）粗、精镗内孔。

5）切 $\phi26$mm×8mm 内孔退刀槽。

6）车削 M24×2 内螺纹。

7）调头夹 $\phi36$mm 外圆，车右端面，保证总长，粗、精车右端基本外形轮廓。

8）加工 $\phi32$mm×8mm 螺纹退刀槽，并用切槽刀右刀尖倒出 M36×4 螺纹左端 $C2$ 倒角。

9）用宏程序指令车削椭圆曲面。

10）车 M36×4 外螺纹。

2. 确定刀具和切削用量并填写刀具卡和工序卡

3. 编制数控加工程序

4. 零件数控加工

5. 零件精度检测

零件检测及评分标准见表 6-16，刀具、量具、工具清单见表 6-17。

6. 对工件进行误差与质量分析并优化程序

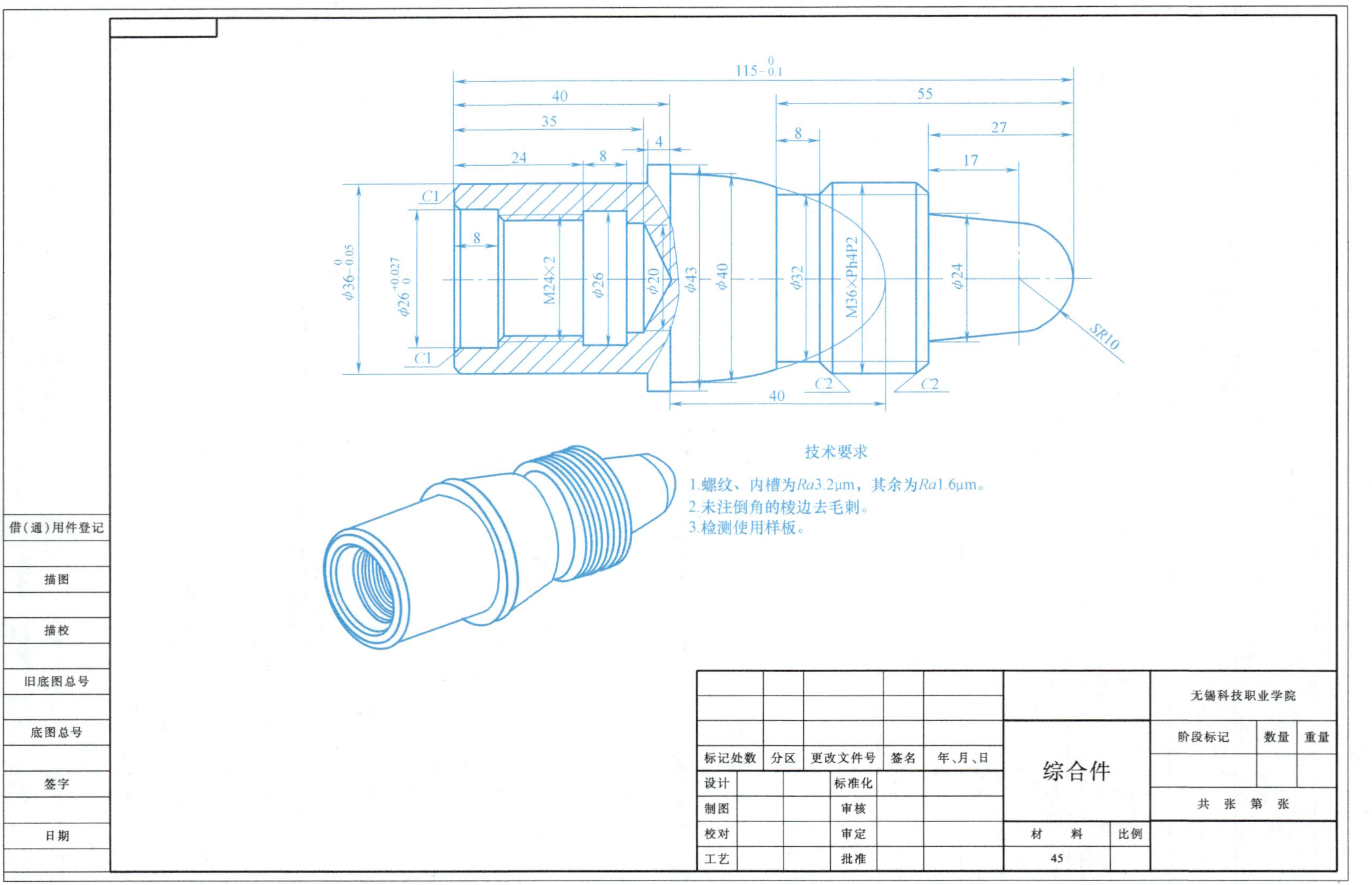
115 0 -0.1
40
35
24
8
4
55
8
27
17
C1
8
φ36 0 -0.05
φ26 +0.027 0
M24×2
φ26
φ20
φ43
φ40
φ32
M36×Ph4P2
φ24
SR10
C1
40
C2
C2
技术要求
1.螺纹、内槽为Ra3.2μm，其余为Ra1.6μm。
2.未注倒角的棱边去毛刺。
3.检测使用样板。
借（通）用件登记
描图
描校
旧底图总号
底图总号
签字
日期
标记处数
分区
更改文件号
签名
年、月、日
设计
标准化
制图
审核
校对
审定
工艺
批准
综合件
材料
比例
45
无锡科技职业学院
阶段标记
数量
重量
共 张 第 张

图 6-7 综合件实践图

表 6-16　零件检测及评分标准

准考证号				操作时间		总得分	
工件编号				系统类型			
考核项目		序号	考核内容与要求	配分	评分标准	检测结果	得分
工件加工评分（60%）	外轮廓	1	ϕ24mm、ϕ40mm、ϕ43mm	9	超差 0.01mm 扣 1 分		
		2	ϕ32mm×8mm	4	超差无分		
		3	SR10mm	4	不符要求无分		
		4	$\phi36_{-0.05}^{0}$mm	4	超差 0.01mm 扣 1 分		
		5	$115_{-0.1}^{0}$mm	4	超差 0.01mm 扣 1 分		
		6	M36×Ph4P2	5	超差无分		
	内轮廓	7	ϕ20mm	3	超差无分		
		8	ϕ26mm×8mm	3	超差无分		
		9	8mm×$\phi26_{0}^{+0.027}$mm	4	超差 0.01mm 扣 1 分		
		10	M24×2	5	超差无分		
	其他	11	一般尺寸及倒角	10	超差一处扣 1 分		
		12	按时完成无缺陷	5	缺陷一处扣 2 分，未按时完成全扣		
程序与工艺（30%）		13	工艺制订合理，选择刀具正确	10	每错一处扣 1 分		
		14	指令应用合理、正确	10	每错一处扣 1 分		
		15	程序格式正确、符合工艺要求	10	每错一处扣 1 分		
现场操作规范（10%）		16	刀具正确使用	2			
		17	量具正确使用	3			
		18	刃的正确使用	3			
		19	设备正确操作和维护保养	2			
		20	安全操作	倒扣	出现安全事故停止操作，酌情扣 5～30 分		

表 6-17　刀具、量具、工具清单

类别	名称	型号/规格	数量	备注
刀具	外圆粗车刀	90°外圆粗车刀	1	
	外圆精车刀	90°外圆精车刀	1	
	外螺纹车刀	60°外螺纹刀	1	
	内螺纹车刀	60°内螺纹刀	1	
	外切槽刀	宽 3mm	1	
	内切槽刀	宽 3mm	1	
	内孔车刀	ϕ20～35mm		
	中心钻	A3.15/10 GB/T 6078—1998	1	
	钻头	ϕ20mm	1	

6 PROJECT

（续）

类别	名称	型号/规格	数量	备注
量具	游标卡尺	0.02/0~125mm	1	
	深度卡尺	0.02/0~125mm	1	
	内径千分表	测量 ϕ20~30mm 孔	1	
	螺纹环规	M36×2	1 套	
	螺纹塞规	M24×2	1 套	
	螺纹千分尺	25~50mm	1	
工具	模式接套	与机床配套	1 套	
	钻夹头	与机床配套	1	
	回转顶尖		1	
	整形锉		1 套	
	橡胶锤		1 把	
	铜皮		若干	

三、非圆曲面零件加工的常见误差现象及原因

非圆曲面零件加工的常见误差现象及原因见表 6-18。

表 6-18　常见误差现象及原因

现象	产生原因	解决方法
内、外表面尺寸超差	1. 对刀数据不正确	调整或重新对刀
	2. 切削用量选择不当	合理选择切削用量
	3. 工件尺寸计算错误	正确计算工件尺寸
内、外表面有锥度	1. 车床主轴轴线偏斜	检查调整导轨和主轴的平行度
	2. 车床主轴间隙过大	调整车床主轴间隙
	3. 刀杆变形，产生让刀现象	增加刀杆刚度或减小背吃刀量
表面粗糙度较差	1. 刀具安装不合理	正确安装刀具
	2. 产生积屑瘤	合理选择切削速度
	3. 刀具磨损	刃磨刀具或更换刀具
	4. 切削液选择不合理	合理选择切削液
出现扎刀现象	1. 进给速度过大	减小进给速度
	2. 刀具角度选择不当	合理选择刀具
出现振动现象	1. 工件安装不正确	检查工件安装，保证装夹刚度
	2. 刀杆伸出过长	正确安装刀具
	3. 切削用量选择不当	合理选择切削用量
曲面不符合要求	1. 程序错误	正确编制程序
	2. 刀具角度选择不当	合理选择刀具
	3. 刀尖圆弧半径补偿不正确	检查程序和修改刀具补偿

（续）

现象	产生原因	解决方法
锥面不符合要求	1. 锥度不正确	检查程序或锥面加工刀具
	2. 刀尖圆弧半径补偿不正确	检查程序和修改刀具补偿
槽底出现振纹	1. 工件安装不正确	检查工件安装,保证装夹刚度
	2. 刀杆伸出过长	正确安装刀具
	3. 切削用量选择不当	合理选择切削用量
	4. 程序槽底停留时间过长	缩短槽底停留时间
槽底出现倾斜	1. 刀具刃磨不正确	正确刃磨刀具
	2. 刀具安装不正确	正确安装刀具
台阶出现倾斜	1. 程序错误	正确编制程序
	2. 刀具安装不正确	正确安装刀具
螺纹牙顶太平	1. 顶径尺寸过小	准确加工尺寸合适的顶径
	2. 螺纹深度不够	增加螺纹深度
	3. 牙型角偏小	正确选择刀具
螺纹牙顶太尖,出现刃口状或翻边现象	1. 顶径尺寸过大	准确加工尺寸合适的顶径
	2. 螺纹深度过深	减小螺纹深度
	3. 牙型角偏小	正确选择刀具
螺纹牙型半角不正确	1. 刀具牙型不正确	正确选择刀具
	2. 刀具安装不正确	正确安装刀具,调整刀具安装角度

项目自测题

一、选择题

1. FANUC 系统中关于变量描述不正确的是（　　）。

A. X#1　　B. #［#1+#2］　　C. O#1　　D. G01 X［#1+#2］

2. FANUC 系统中，选择一个不属于变量的选项（　　）。

A. #0　　B. #10　　C. #102　　D. #50

3. FANUC 系统中，如果#1＝5，#2＝2，则#［#1+#2-2］等价于（　　）。

A. #0　　B. #1　　C. #2　　D. #5

4. FANUC 系统中，下列函数表达正确的是（　　）。

A. COS（#3）　　B. SIN（#3）　　C. SIN#3　　D. SIN［#3］

5. FANUC 系统运算指令中，#*i*＝#*j*+#*k* 代表的意义是（　　）。

A. 导数　　B. 求极限　　C. 求和　　D. 求反余切

6. FANUC 系统运算指令中，#*i*＝#*j*OR#*k* 代表的意义是（　　）。

A. 逻辑对数　　B. 逻辑或　　C. 逻辑平均值　　D. 逻辑立方根

7. FANUC 系统运算符 GE 代表的意义是（　　）。

A. 小于　　B. 小于或等于　　C. 大于或等于　　D. 大于

8. FANUC 系统的比较运算过程中，“不等于”用下列符号中的（　　）表示。

A. ≠　　B. NE　　C. ! =　　D. <>

9. FANUC 系统运算指令中，“IF [#1 GT 10] GOTO2”语句代表的意义是（　　）。

A. 无条件转移　　B. 条件转移　　C. 循环语句　　D. 都不对

*10. SIEMENS 系统中，选择一个不属于参数的选项（　　）。

A. R0　　B. R10　　C. R104　　D. Ri

*11. SIEMENS 系统中，执行完 R1 = 3；R1 = R1 + 3”两段程序后，程序段计算值为（　　）。

A. 3　　B. 6.5　　C. 6　　D. 不确定

*12. SIEMENS 系统中，R30=R30+10，则 R30 的值为（　　）。

A. 10　　B. 60　　C. 不确定　　D. 赋值错误

*13. SIEMENS 系统中，下列函数表达有错误的为（　　）。

A. COS（R1）　　B. SIN（R1）　　C. SIN45　　D. SIN（45）

*14. SIEMENS 系统中，若 R10=a，R20=b，R30=c，则 $a+c$ 用变量表示为（　　）。

A. R10 * R30　　B. R10+R30　　C. R10-R30　　D. R10/R30

*15. SIEMENS 系统中，“不等于”用条件运算符表示为（　　）。

A. >　　B. <　　C. > =　　D. < >

*16. SIEMENS 系统中，表示向前跳转的是（　　）。

A. GOTOB　　B. GOTOF　　C. GOTO　　D. GOTO M30

*17. SIEMENS 系统中，下列语句错误的是（　　）。

A. GOTOF N30　　B. GOTOB 30　　C. GOTOF　AAA　　D. GOTOF　BBB

*18. SIEMENS 系统中，“IF R3<=R5 GOTOB AAA”语句的含义是（　　）。

A. 如果 R3 大于 R5，程序向后跳转到 AAA 程序段

B. 如果 R3 小于 R5，程序向后跳转到 AAA 程序段

C. 如果 R3 等于 R5，程序向后跳转到 AAA 程序段

D. 如果 R3 小于等于 R5，程序向后跳转到 AAA 程序段

二、判断题

1. 户宏程序最大的特点是可以使用变量。（　　）

2. 一个宏程序可被另一个宏程序调用，最多可调用四重。（　　）

3. 宏程序指令适合抛物线、椭圆、双曲线等非圆曲线的编程，但宏指令不能简化程序。（　　）

4. 赋值运算时，右边表达式可以是常数或变量，也可以是含四则混合运算的代数式（　　）

5. 三角函数运算中 90°30′可以表示为 90.5°。（　　）

6. 在参数计算时应遵循通常的数学运算法则，即先乘除后加减、括号优先的原则。（　　）

7. FANUC 系统中，既可以进行变量的初等函数运算，又可以进行变量的逻辑判断。 （ ）

8. FANUC 系统中，“#10=#20”表示 10 号变量与 20 号变量大小相等。 （ ）

9. FANUC 系统中，表达式“30.0+20.0= #100;”是一个正确的变量赋值表达式。 （ ）

10. FANUC 系统中，语句“WHILE［条件表达式］DO *m*”中的“*m*”表示循环执行 WHILE 与 END 之间程序段的次数。 （ ）

＊11. SIEMENS 系统数学运算中，符号“（）”可用于改变运算次序。 （ ）

＊12. SIEMENS 系统中，MARK、AA、BB2 等均可作为标记符。 （ ）

＊13. SIEMENS 系统中，程序段 AA1：G00X100 的格式是正确的。 （ ）

＊14. SIEMENS 系统中，如执行完两段程序 R1=20；R1=2 后，R1 值为 2。 （ ）

＊15. SIEMENS 系统中，如执行完两段程序 R1=20；R1=R1+2 后，R1 值为 22。 （ ）

三、简答题

1. 简述宏程序参数编程的使用范围。
2. 简述参数运算的先后顺序。
3. 分别用 FANUC 和 SIEMENS 系统表示 $X=b\sqrt{1-(Z-Z_1)^2/a^2}+X_1$。

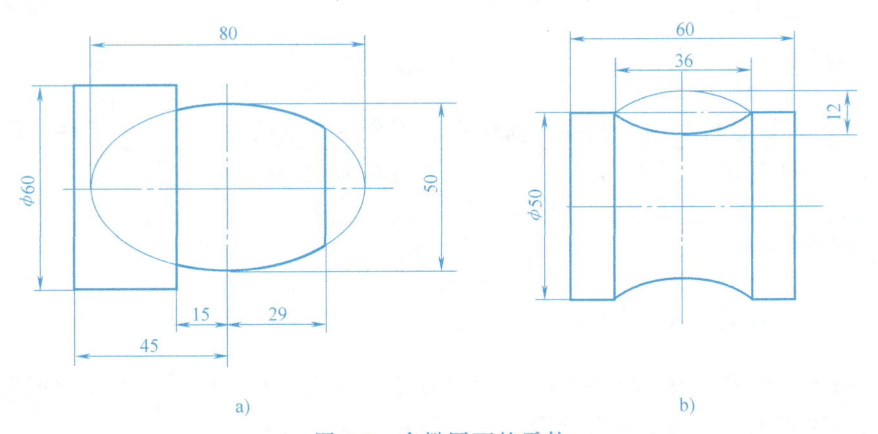

图 6-8 含椭圆面的零件

四、编程题

1. 图 6-8 所示为含椭圆面的零件，试分别用 FANUC 系统和 SIEMENS 系统指令格式编制加工程序。

2. 图 6-9 所示为含抛物线的零件，其曲线方程为 $Z=-X^2/8$，试分别用 FANUC 系统和 SIEMENS 系统指令格式编制加工程序。

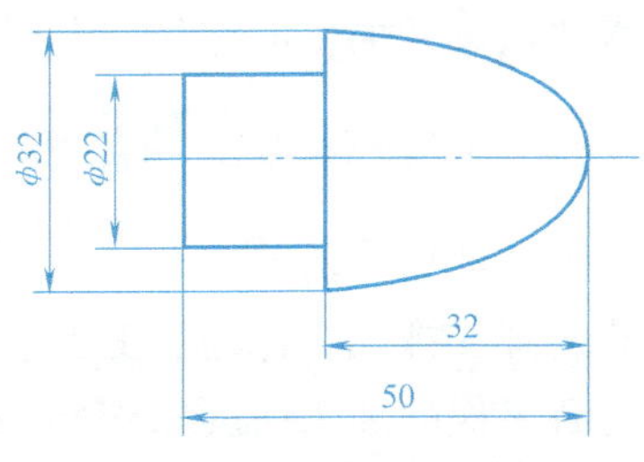

图 6-9 含抛物线的零件

项目七 配合零件的加工

加工配合零件时，除了保证零件的自身精度外，还要保证它们的配合精度。配合一般包括螺纹配合、锥度配合、平面配合、圆弧面配合等。

项目目标

1. 掌握配合零件的车削工艺和加工方法。
2. 掌握尺寸公差、几何公差和表面粗糙度的综合控制方法，保证配合精度。
3. 能按装配图的技术要求完成配合零件的加工与装配。
4. 培养数控车床的独立操作能力。
5. 正确使用各种车削检测量具，并能对配合零件进行质量分析。

项目任务

图 7-1 所示的配合件分别由圆锥心轴和锥套两个零件组成，要求加工零件，配合后满足装配图要求，零件毛坯尺寸为 ϕ45mm×135mm，材料为 45 钢。

相关知识

一、配合件加工的基本要求

配合件的尺寸要求：属于间隙配合的配合件中，孔类零件一般采用上极限偏差，轴类零件一般采用下极限偏差；属于过渡配合时，则根据尺寸公差要求加工。

配合件的顺序要求：加工时，对先加工的零件要按图样要求检测工件，保证零件的各项技术要求。后加工的零件一定要在工件不拆卸的情况下进行试配，保证配合技术要求。

二、配合件加工的基本方法

配合件加工的关键是工艺方案的制订、基准零件的选择以及切削过程中的配车和配研。

合理安排配合件的加工工艺，能保证配合件的加工精度和装配精度，而配合件的装配精度与各零件的加工精度密切相关，其中基准零件加工精度对配合精度的影响尤为突出。因此，在制订配合件的加工工艺时，应注意以下几点：

1）分析配合件的装配关系，确定基准零件，它是直接影响配合件装配后各零件相互位置精度的主要零件。

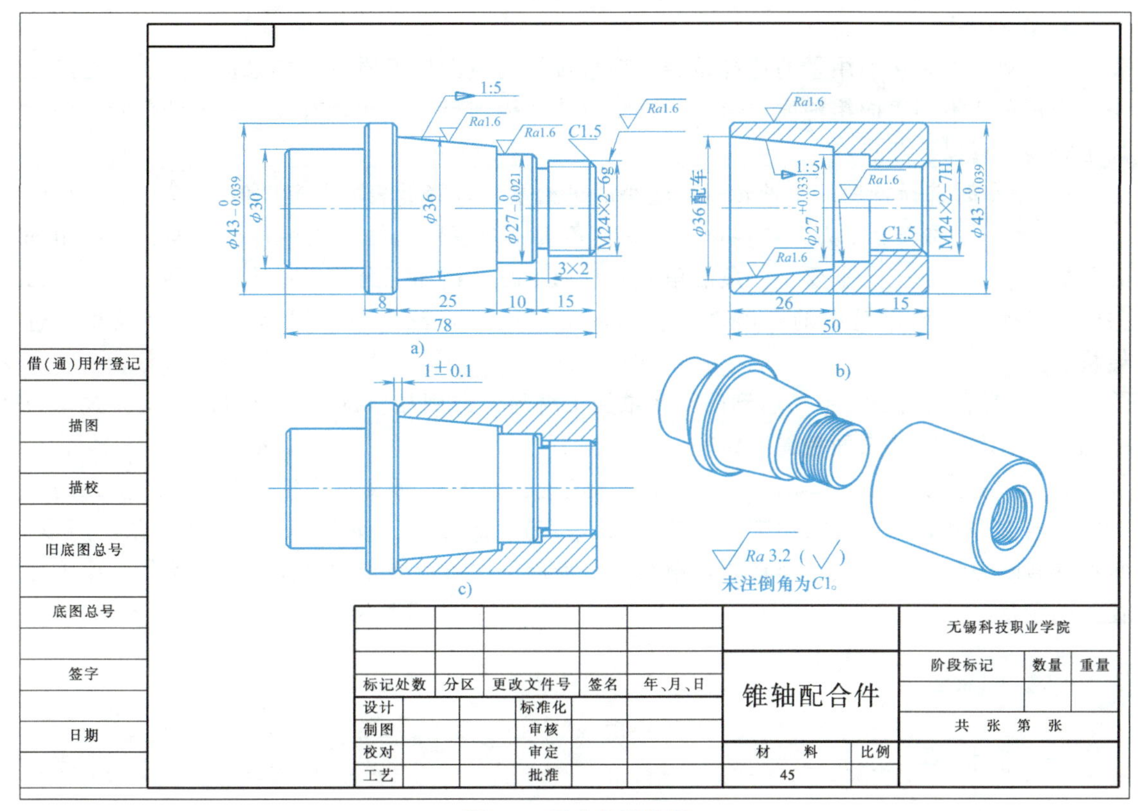

图 7-1　配合件零件图

a) 锥度心轴　b) 锥套　c) 装配图

2) 根据各零件的技术要求和结构特点、以及配合件的装配技术要求，分别拟订各零件的加工方法、各主要表面的加工次数（粗、半精、精加工的选择）和加工顺序等。通常应先加工基准表面，后加工其他表面。

3) 先加工基准零件，重点控制有配合精度的尺寸。然后根据装配关系的顺序，依次加工配合件中的其余零件。

4) 其余零件配合尺寸的加工，应按已加工的基准零件及其他零件的实测结果做相应调整，充分使用配车、配研等配合加工手段。

三、提高零件加工质量的措施

数控加工时，零件的表面粗糙度是重要的质量指标，只有在尺寸公差合格的同时，表面粗糙度达到图样要求，才能算合格零件。所以，要保证零件的表面质量，应该采取以下措施：

1. 工艺

数控车床所能达到的经济表面粗糙度值一般为 $Ra1.6 \sim 3.2\mu m$，如果超过了 $Ra1.6\mu m$，应该在工艺上采取更为经济的磨削方法或者其他精加工技术措施。

2. 刀具

要根据零件材料的牌号和切削性能正确选择刀具的类型、牌号和刀具的几何参数，特别是前角、后角和修光刃对提高表面加工质量很有作用。

3. 切削用量

零件精加工时切削用量的选择是否合理直接影响表面加工质量，如果精加工余量已经很小，当精车达不到表面粗糙度要求时，再采取技术措施精车一次就有尺寸超差的危险。因此加工时要注意以下几点：

1）精车时选择较高的主轴转速和较小的进给量，以降低表面粗糙度值。

2）对于硬质合金车刀，要根据刀具几何角度，合理留出精加工余量。例如，正前角的刀具加工时，精加工余量要小；负前角的刀具加工时，精加工余量要适当大一些。又如，刀尖圆弧半径对表面粗糙度的影响较大，精加工时应该有较小的刀尖圆弧半径和较小的进给量。

3）针对表面粗糙度不易达到的某些难加工材料，选用相应的带涂层刀片的机夹式车刀精加工，有利于降低表面粗糙度值。

4）车削螺纹时，除了保证螺纹的尺寸精度外，还要达到表面粗糙度要求。由于径向车螺纹时两侧刃和刀尖都参加切削，负荷较大，容易引起振动，使螺纹表面产生波纹。所以，每次的背吃刀量不宜太大，而且要逐渐减小，最后一次可以空走刀精车，以切除加工中弹性让刀的余量。

一、制订零件加工工艺

1. 图样分析

（1）装配分析　配合件如图7-1所示，锥度心轴和锥套之间要保证（1±0.10）mm的配合间隙，该尺寸在配合后用塞尺进行检查。决定该配合尺寸的关键技术是内、外圆锥的配合加工方法，建议先加工锥套，再以其为基准去配合加工锥度心轴。这两个零件的配合质量直接关系到装配图中的技术要求是否能实现。

（2）零件分析　锥度心轴是一个轴类零件，其上的圆柱面、圆锥面、螺纹都属配合表面，尺寸精度要求较高，表面粗糙度值均为 $Ra1.6\mu m$；锥套是一个套类零件，外轮廓较简单，内轮廓由内孔、内锥面、内螺纹构成，属装配表面，需保证其尺寸及几何精度要求。

2. 加工工艺分析

从零件的加工工艺性和装配图的技术要求两方面综合考虑，两个零件的加工顺序为：先加工锥套，再加工锥度心轴。

（1）锥度心轴的工艺性分析　该零件是一个轴类零件，圆柱面、圆锥面、螺纹都属配合表面，在加工中可以采用自定心卡盘装夹的方法安排工艺，加工完工件左端调头并找正后，再加工工件右端轮廓。

（2）锥套的工艺性分析　该零件是一个套类零件，外轮廓较简单，采用自定心卡盘装夹，需两次装夹完成。内轮廓由内孔、内锥面、内螺纹构成，属配合表面，需保证其尺寸和几何精度要求。该零件的加工难点是内腔加工，应尽量缩短内孔车刀刀杆长度以增加刀具刚性；在加工中选用切削用量时，进给量和背吃刀量适当选小些，以减小切削力。为提高加工效率，切削速度可适当取大些。

注意：加工时不拆下锥度心轴，用锥套与之试配并进行修整，保证各项配合精度。

3. 加工工艺文件

零件加工工序卡见表 7-1 和表 7-2，零件加工刀具参数见表 7-3。

表 7-1　锥套加工工序卡

工序号	1	工序内容		锥套内、外轮廓加工			
零件名称		零件图号		材料	夹具名称		使用设备
配合套件(锥套)		7-1b		45	自定心卡盘		CK6140
工步号	工步内容	刀具号	刀具名称	主轴转速 $n/(r/min)$	进给量 $f/(mm/r)$	背吃刀量 a_p/mm	备　注
1	车右端面	T0101	93°外圆车刀	500	0.2		手动
2	粗、精车外轮廓并倒角 $C1$	T0101	93°外圆车刀	粗：800 精：1200	粗：0.2 精：0.1	粗：1.5 精：0.2	游标卡尺测量
3	钻中心孔	T0505	A3.5mm 中心钻				手动
4	钻长度为 55mm 的孔	T0606	ϕ20mm 麻花钻				手动
5	粗、精车左端的 1∶5 锥孔	T0404	93°内孔车刀	粗：400 精：800	粗：0.15 精：0.08	粗：1.5	内径千分尺测量
6	切断，调头装夹，车端面，保证总长	T0202	切槽刀	600	0.05		手动
7	加工右端内螺纹底孔	T0404	93°内孔车刀	粗：500 精：1000	粗：0.2 精：0.1	粗：1.5 精：0.2	内径千分尺测量
8	车右端内螺纹	T0303	内螺纹刀	500	螺距 2mm		螺纹量规检测
编制		审核			批准		第　页共　页

表 7-2　锥度心轴数控加工工序卡

工序号	2	工序内容		锥度心轴			
零件名称		零件图号		材料	夹具名称		使用设备
配合套件(锥度心轴)		7-1a		45	自定心卡盘		CK6140
工步号	工步内容	刀具号	刀具名称	主轴转速 $n/(r/min)$	进给量 $f/(mm/r)$	背吃刀量 a_p/mm	备　注
1	装夹毛坯，伸出长度 40mm						手动
2	车端面	T0101	93°外圆车刀	500	0.2		手动
3	粗、精车左端外轮廓并倒角 $C1$	T0101	93°外圆车刀	粗：800 精：1000	粗：0.2 精：0.1	粗：1.5 精：0.2	游标卡尺测量
4	调头装夹，加工右端面，保证总长 78mm	T0101	93°外圆车刀	500	0.2		手动
5	粗、精车右端外轮廓	T0101	93°外圆车刀	粗：800 精：1000	粗：0.2 精：0.1	粗：1.5 精：0.2	游标卡尺测量
6	切退刀槽 3mm×2mm	T0202	切槽刀	300	0.05		游标卡尺测量
7	车 M24×2 外螺纹	T0303	外螺纹刀	500	螺距 2mm	0.5~0.15	螺纹量规检测
编制		审核			批准		第　页共　页

表 7-3 数控刀具卡

产品名称或代号		配合套件	零件名称		零件图号	7-1
序号	刀具号	刀具名称及规格	数量	加工表面	刀尖圆弧半径/mm	备注
1	T0101	93°外圆车刀	1	外轮廓	0.4	刀尖角 80°
2	T0202	切槽刀	1	螺纹退刀槽及切断	刀头宽 3	3mm×2mm
3	T0303	内螺纹刀	1	内螺纹		刀尖角 60°
4		外螺纹刀	1	外螺纹		刀尖角 60°
5	T0404	93°内孔车刀	1	内轮廓	0.4	刀尖角 55°
6	T0505	A3.5mm 中心钻	1	钻中心孔		手动
7	T0606	ϕ20mm 麻花钻	1	钻孔		手动
编制		审核	批准	年 月 日	共 页	第 页

二、编制数控加工程序

图 7-1 所示锥套的加工参考程序见表 7-4，锥度心轴的加工参考程序见表 7-5。

表 7-4 锥套的加工参考程序

顺序号	程序（FANUC 0i T 系统）	程序（SIEMENS 802S T 系统）
锥套外轮廓的加工程序		
N005	T0101 M03 S800;	T1D1;
N010	G00 X150 Z120	M03 S800;
N015	X47 Z2;	G00 X47 Z2;
N020	G71 U1.5 R1;	_CNAME="L01";
N025	G71 P30 Q45 U0.5 W0 F0.2;	R105=1 R106=0.3
N030	G00 X41 Z4;	R108=1.2 R109=0
N035	G01 Z0 F0.1;	R110=1.5 R111=0.2
N040	X43 Z-1;	R112=0.1
N045	Z-55;	LCYC95;
N050	G00 X50;	G00 X150 Z120;
N055	G00 X150 Z120;	M03 S1200;
N060	M03 S1200;	R105=5 R106=0;
N065	G00 X47 Z2;	LCYC95;
N070	G70 P30 Q45;	G00 X150 Z120;
N075	G00 X150 Z120;	T1D0;
		L01.SPF;
		G00 X41 Z4;
		G01 Z0 F0.1;
		X43 Z-1;
		Z-55;
		G00 X50;
		M02;

（续）

顺序号	程序（FANUC 0i T 系统）	程序（SIEMENS 802S T 系统）
锥套左端内孔的加工（1∶5 锥孔和 ϕ27mm 内孔）程序		
N005	M03　S400　T0404；	T4D1；
N010	G00　X20　Z3；	M03　S400；
N015	G71　U1　R0.5；	G00　X20　Z3；
N020	G71　P25　Q40　U-0.3　W0　F0.15；	_CNAME＝“L002”；
N025	G00　X36　Z0；	R105＝3　R106＝0.1
N030	G01　X31　Z-26　F0.08；	R108＝3　R109＝0
N035	X27；	R110＝2　R111＝0.15
N040	Z-35；	R112＝0.08；
N045	X25；	LCYC95；
N050	G00　Z200；	G00　Z200；
N055	X150；	X150；
N060	M03　S800；	M03　S800；
N065	G00　X20　Z3；	R105＝7　R106＝0；
N070	G70　P25　Q40；	LCYC95；
N075	G01　X25；	G00　Z200；
N080	G0　Z200；	X150；
N085		T4　D0；
		M05；
		M30；
		L002.SPF；
		G00　X36　Z0；
		G01　X31　Z-26　F0.08；
		X27；
		Z-35；
		X25；
		G00　Z200；
		M02；
锥套右端内螺纹底孔的加工程序		
N005	T0404　M03　S500；	T4D1；
N010	G00　X19　Z3；	M03　S500；
N015	G71　U1　R0.5；	G00　X19　Z100；
N020	G71　P25　Q35　U-0.3　W0　F0.2；	G01　Z2　F0.1；
N025	G01　X24　Z0；	_CNAME＝“L02”；
N030	X21　Z-1　F0.1；	R105＝3　R106＝0.3
N035	Z-15；	R108＝1.2　R109＝0
N040	X19；	R110＝1　R111＝0.2
N045	G00　Z200；	R112＝0.1；
N050	X150；	LCYC95；
N055	M03　S1000；	G00　Z200；
N060	X19　Z3；	X150；
N065	G70　P25　Q35；	M03　S1000；

（续）

顺序号	程序（FANUC 0i T 系统）	程序（SIEMENS 802S T 系统）
锥套右端内螺纹底孔的加工程序		
N070	G00 Z200；	X19 Z3；
N075	X150；	R105=7 R106=0；
		LCYC95；
		G00 Z200；
		X150；
		L02. SPF；
		G00 X19 Z3；
		G01 X21 Z-1 F0. 1；
		Z-15；
		X19；
		G00 Z200；
		M02；
锥套右端内螺纹的加工程序		
N080	T0303 M03 S500；	T3D1；
N085	G00 X19 Z3；	M03 S500；
N090	G92 X21. 4 Z-15 F2；	G00 X21 Z5；
N095	X22. 3；	R100=24 R101=0
N100	X22. 9；	R102=24 R103=-15
N105	X23. 5；	R104=2 R105=2
N110	X23. 9；	R106=0. 05 R109=2
N115	X24；	R110=2 R111=1. 3
N120	X24；	R112=0 R113=6 R114=1；
	G00 X19；	LCYC97；
	Z200；	G00 Z200；
	T0300；	T3D0；
	M05；	M05；
	M30；	M30；

表 7-5 锥度心轴的加工参考程序

顺序号	程序（FANUC0i T 系统）	程序（SIEMENS 802S T 系统）
锥度心轴左端外轮廓的加工程序		
N005	T0101；	T1D1；
N010	G00 X100 Z80；	G00 X100 Z80；
N020	M03 S800；	M03 S800；
N030	X47 Z2；	X47 Z2；
N040	G71 U1. 5 R1；	_CNAME="L03"；
N050	G71 P60 Q120 U0. 5 W0 F0. 2；	R105=1 R106=0. 3
N060	G00 X28；	R108=1. 5 R109=0
N070	G01 Z0；	R110=2 R111=0. 2
N080	G01 X30 Z-1；	R112=0. 1；

（续）

顺序号	程序（FANUC 0i T 系统）	程序（SIEMENS 802S T 系统）
锥度心轴左端外轮廓的加工程序		
N090	Z-20;	LCYC95;
N100	X41;	G00　X100　Z80;
N110	X43　Z-28;	M03　S1000;
N120	Z-32;	R105=5　R106=0;
N130	G00　X100　Z80;	LCYC95;
N140	M03　S1000;	G00　X100　Z80;
N150	X47　Z2;	T1D0;
N160	G70　P60　Q120　F0.1;	M05;
N170	G00　X100　Z80;	M02;
N180	M05;	L03.SPF;
N190	M30;	G00　X28;
		G01　Z0;
		G01　X30　Z-1;
		Z-20;
		X41;
		X43　Z-28;
		Z-32;
		G00　X50　Z80;
		M02;
锥度心轴右端外轮廓的加工程序		
N010	G00　X100　Z80;	G00　X100　Z80;
N020	M03　S800　T0101;	T1D1;
N030	X47　Z2;	M03　S800;
N040	G71　U1.5　R1;	X47　Z2;
N050	G71　P60　Q150　U0.5　W0　F0.2;	_CNAME="L04";
N060	G00　X21;	R105=1　R106=0.3
N070	G01　X23.8　Z-1.5　F0.1;	R108=1.5　R109=0
N080	Z-15;	R110=2　R111=0.2
N090	X25;	R112=0.1;
N100	X27　Z-16;	LCYC95;
N110	Z-25;	G00　X100　Z80;
N120	X31;	T1D0;
N130	X36　Z-50;	M03　S1000;
N140	X41;	R105=5　R106=0;
N150	X43　Z-52;	LCYC95;
N160	G00　X100　Z80;	G00　X100　Z80;
N170	M03　S1000;	L04.SPF;
N180	X47　Z2;	G00　X21;

（续）

顺序号	程序（FANUC 0i T 系统）	程序（SIEMENS 802S T 系统）
锥度心轴右端外轮廓的加工程序		
N190	G70 P60 Q150；	G01 X23.8 Z-1.5 F0.1；
N200	G00 X100 Z80；	Z-15；
	M05；	X25；
	M30；	X27 Z-16；
		Z-25；
		X31；
		X36 Z-50；
		X41；
		X43 Z-52；
		M02；
锥度心轴右端切槽的加工程序		
N210	T0202 M03 S300；	T2D1；
N220	G00 X26 Z2；	G00 X26 Z2；
N230	Z-15；	Z-15；
N240	G01 X20 F0.05；	G01 X20 F0.05；
N250	G00 X26；	G00 X26；
N260	Z150；	Z150；
锥度心轴右端车螺纹的加工程序		
N270	T0303 M03 S500；	T3D1；
N280	X26 Z4；	M03 S500；
N290	G92 X23.1 Z-13 F2；	G00 X100 Z80；
N300	X22.5；	G00 X26 Z4；
N310	X21.9；	R100=24 R101=0
N320	X21.5；	R102=24 R103=-13
N330	X21.4；	R104=2 R105=1
N340	X21.4；	R106=0.05 R109=2
N350	G00 X100 Z80；	R110=2 R111=1.3
N360	M05；	R112=0 R113=6
N370	M30；	R114=1；
		LCYC97；
		G00 X100 Z80；
		T3D0；
		M05；
		M30；

三、零件的数控加工

1）选择机床、数控系统并开机。

2）机床各轴回参考点。

3）装夹工件。依次把毛坯装入自定心卡盘，用划针盘和百分表找正。

4）装夹刀具并对刀。依次把外圆车刀、切槽刀、螺纹车刀、内孔车刀等按要求装入刀位。如果数控车床只有4个刀位，则加工时用到哪些刀具就装哪些刀具，用完后拆下。应注意更改程序和机床参数中的刀具刀位号。

数控机床对刀采用一般对刀和机外对刀仪对刀。加工较复杂的零件时，为提高加工效率，一般采用机外对刀仪对刀。机外对刀仪对刀的本质是测出假想刀尖点到刀具台基准之间*X*、*Z*方向的距离，即刀尖*X*、*Z*方向长度，将其输入到机床刀具补偿中，以便刀具装上机床即可使用。图7-2所示是一种比较典型的机外对刀仪。

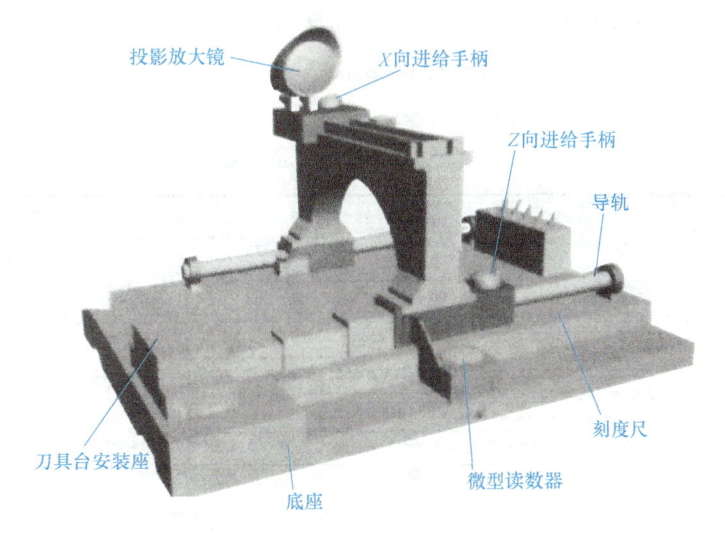

图7-2　机外对刀仪

操作步骤：将刀具随同刀座一起紧固在对刀刀具台上，对刀刀具台安装在刀具台安装座上，摇动*X*向和*Z*向进给手柄，使移动部件载着投影放大镜沿两个方向移动，直至假想刀尖点与放大镜中十字线交点重合为止。这时通过*X*和*Z*向微型读数器分别读出*X*和*Z*向的长度值，就是这把刀具的对刀长度。

5）输入加工程序并检查、调试。

6）手动移动刀具退至距离工件较远处。

7）空运行及仿真。每个程序正式运行前都应进行空运行及仿真，以检测程序是否正确。选择MEN或“AUTO”工作模式，打开对应程序进行空运行及仿真，观察程序运行情况及加工轨迹。

8）零件自动加工及精度控制方法。空运行结束后，采用自动方式加工零件，加工过程中控制相关尺寸精度。首件精度加工控制仍采用预先设置刀具磨损量，加工过程中通过试切和实测方法进行。首件加工合格后，直接运行程序即可保证零件尺寸精度。

打开程序，选择自动运行方式，调好进给倍率进行自动加工。加工过程中精度控制的具体方法如下：

① 外圆及台阶长度控制。当程序运行到粗加工循环结束，停机测量；根据测量结果设置精加工外圆车刀 X、Z 方向刀具磨损量，然后执行精加工程序；精加工程序执行结束后，再停机测量，根据测量结果修调刀具磨损量，接着执行外圆精加工程序，直至达到尺寸加工要求为止。

② 螺纹精度控制。自动加工前将螺纹车刀磨损量设置为 0.1~0.2mm，螺纹循环指令运行后，停机测量；根据测量结果，修调刀具磨损值，重新运行螺纹循环指令，直至符合尺寸要求为止。

为保证内、外螺纹配合精度，外螺纹加工采用螺纹环规检测，内螺纹加工时采用内螺纹配做。此外，为保证其他配合精度要求，将锥套旋在锥度心轴上加工锥套的右端轮廓面，易于控制配合总长及圆跳动误差等。

9）零件检测及评分。零件检测及评分标准见表 7-6。

10）对工件进行误差与质量分析并优化程序。

11）加工结束后对机床进行清理。

表 7-6　零件检测及评分标准

准考证号			操作时间		总得分	
工件编号			系统类型			
考核项目与配分	序号	考核内容与要求	配分	评分标准	检测结果	得分
锥度心轴（35%）	1	$\phi43_{-0.039}^{0}$mm	3	超差 0.01mm 扣 1 分		
	2	ϕ30mm、ϕ36mm	4	超差 0.01mm 扣 1 分		
	3	$\phi27_{-0.021}^{0}$mm	3	超差 0.01mm 扣 1 分		
	4	3mm×2mm	3	超差无分		
	5	M24×2-6g	3	超差无分		
	6	Ra1.6μm	6	不符合要求无分		
	7	锥度 1：5	3	超差 0.01mm 扣 1 分		
	8	一般尺寸及倒角	10	错一处扣 1 分		
锥套（26%）	9	$\phi43_{-0.039}^{0}$mm	3	超差 0.01mm 扣 1 分		
	10	ϕ36mm	3	超差 0.01mm 扣 1 分		
	11	M24×2-7H	3	超差无分		
	12	锥度 1：5	3	不符合要求无分		
	13	Ra1.6μm	6	不符合要求无分		
	14	一般尺寸及倒角	8	错一处扣 1 分		
配合（20%）	15	螺纹配合	10	超差酌情扣 3~10 分		
	16	锥度配合	10	超差酌情扣 3~10 分		

（续）

准考证号			操作时间		总得分	
工件编号			系统类型			
考核项目与配分	序号	考核内容与要求	配分	评分标准	检测结果	得分
程序与工艺（10%）	17	工件无缺陷	2	缺陷一处扣 2 分		
	18	工件按时完成	2	未按时完成全扣		
	19	工艺制订合理，选择刀具正确	2	每错一处扣 1 分		
	20	指令应用得合理、正确	2	每错一处扣 1 分		
	21	程序格式正确，符合工艺要求	2	每错一处扣 1 分		
现场操作规范（9%）	22	刀具的正确使用	2			
	23	量具的正确使用	3			
	24	刃的正确使用	3			
	25	设备的正确操作和维护保养	1			
安全文明生产（倒扣分）	26	安全操作	倒扣	出现安全事故停止操作，酌情扣 5~30 分		
	27	机床整理	倒扣			

项目实践

一、实践内容

完成图 7-3 所示的配合件的数控加工程序的编制，并对零件进行加工。

二、实践步骤

该配合件的零件结构特征有外圆、外螺纹、外槽、内孔、内螺纹、内槽，主要考核点为内外螺纹的配合。

1. 零件 1 的数控加工参考方案

1）夹右端外圆，平端面，钻中心孔，再用直径 ϕ18mm 的钻头钻孔，孔深 35mm。

2）左端外轮廓粗、精加工，加工至直径 ϕ52mm 外圆。

3）加工 2mm×$4^{+0.03}_{0}$mm 两处外槽，至尺寸要求。

4）粗、精加工内孔至加工精度要求。

5）调头，夹直径 ϕ46mm 的外圆，打表找正，平端面，控制总长。

6）粗、精车螺纹外圆和锥面等外轮廓至加工精度要求。

7）车螺纹退刀槽。

8）车螺纹，加工至螺纹通规通、止规止。

2. 零件 2 的数控加工参考方案

1）夹外圆左端，平端面，钻中心孔，再用 ϕ22mm 的钻头钻通孔。

2）粗加工 ϕ52mm 外圆，精加工至尺寸要求。

3）调头夹 ϕ52mm 外圆，平端面，控制总长。

4）车外锥至加工精度。

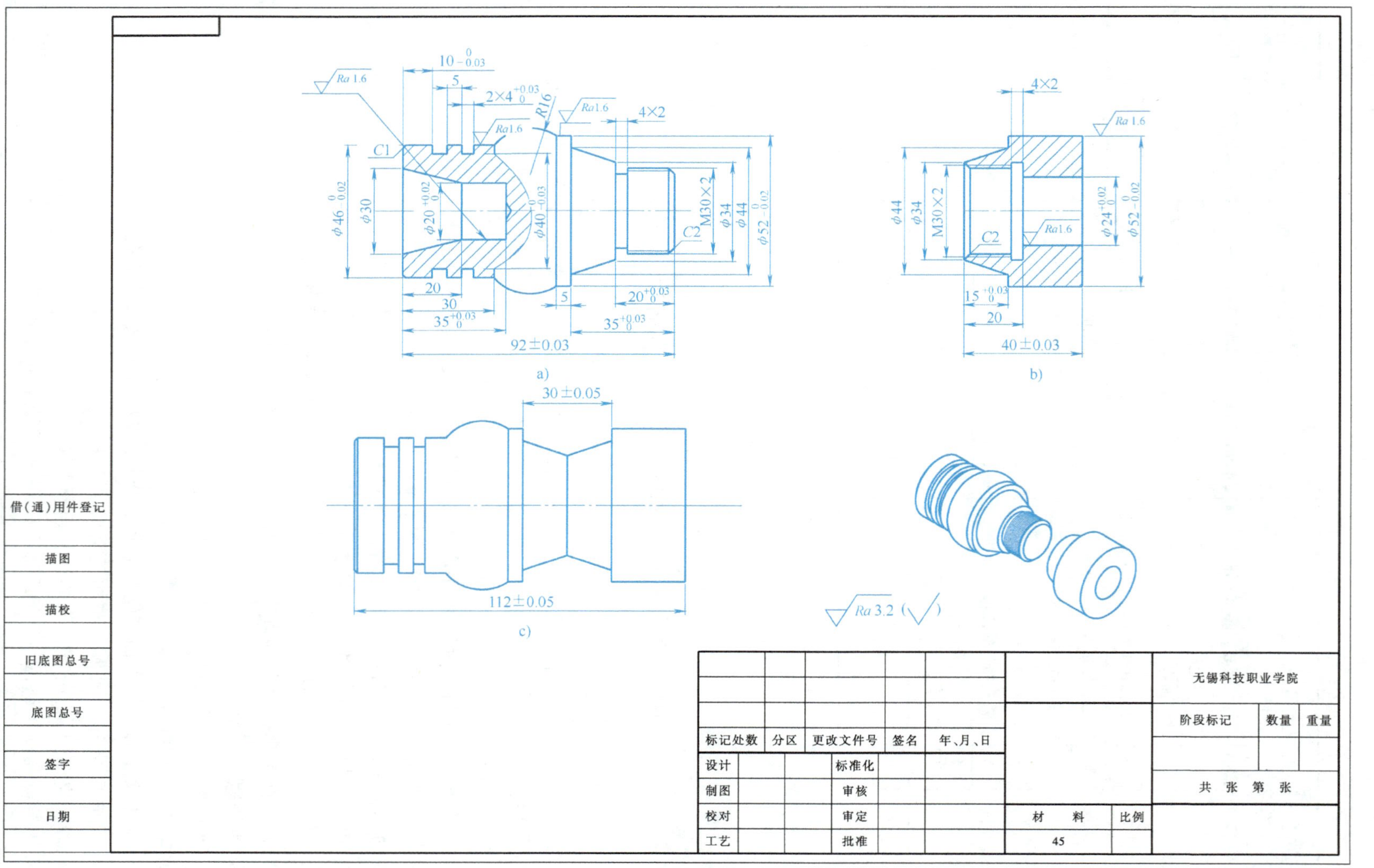

图 7-3 配合件

a）零件1 b）零件2 c）配合图

5）粗加工内孔，精加工内孔至精度要求。

6）车内螺纹退刀槽。

7）车内螺纹，加工至螺纹通规通，止规止。

3. 确定刀具和切削用量，填写刀具卡

4. 编制数控加工程序

5. 零件数控加工

6. 零件精度检测

零件检测及评分标准见表7-7，刀具、量具、工具清单见表7-8。

7. 对工件进行误差与质量分析并优化程序

表7-7　零件检测及评分标准

准考证号			操作时间		总得分	
工件编号			系统类型			
考核项目与配分	序号	考核内容与要求	配分	评分标准	检测结果	得分
零件1（49%）	1	$\phi46_{-0.02}^{0}$mm	3	超差0.01mm扣1分		
	2	$\phi40_{-0.03}^{0}$mm	3	超差0.01mm扣1分		
	3	$\phi52_{-0.02}^{0}$mm	3	超差0.01mm扣1分		
	4	M30×2	3	超差无分		
	5	$\phi20_{0}^{+0.02}$mm	3	超差0.01mm扣1分		
	6	$10_{-0.03}^{0}$mm	3	超差0.01mm扣1分		
	7	2mm×$4_{0}^{+0.03}$mm	3	超差0.01mm扣1分		
	8	$35_{0}^{+0.03}$mm（2处）	4	超差0.01mm扣1分		
	9	$20_{0}^{+0.03}$mm	3	超差0.01mm扣1分		
	10	R16mm	3	不符合要求无分		
	11	4mm×2mm	3	超差0.01mm扣1分		
	12	（92±0.03）mm	3	超差0.01mm扣1分		
	13	一般尺寸及倒角	8	错一处扣1分		
	14	Ra1.6μm	2	不符合要求无分		
	15	Ra3.2μm	2	不符合要求无分		
零件2（25%）	16	$\phi52_{-0.02}^{0}$mm	3	超差0.01mm扣1分		
	17	$\phi24_{0}^{+0.02}$mm	3	超差0.01mm扣1分		
	18	M30×2	3	超差无分		
	19	$15_{0}^{+0.03}$mm	3	超差0.01mm扣1分		
	20	（40±0.03）mm	3	超差0.01mm扣1分		
	21	4mm×2mm	3	超差0.01mm扣1分		
	22	Ra1.6μm	2	不符合要求无分		
	23	Ra3.2μm	2	不符合要求无分		
	24	一般尺寸及倒角	3	错一处扣1分		
配合（8%）	25	（30±0.05）mm	4	超差0.01mm扣1分		
	26	（112±0.05）mm	4	超差0.01mm扣1分		

（续）

准考证号			操作时间		总得分	
工件编号			系统类型			
考核项目与配分	序号	考核内容与要求	配分	评分标准	检测结果	得分
程序与工艺（10%）	27	工件无缺陷	2	缺陷一处扣2分		
	28	工件按时完成	2	未按时完成全扣		
	29	工艺制订合理，选择刀具正确	2	每错一处扣1分		
	30	指令应用合理、正确	2	每错一处扣1分		
	31	程序格式正确，符合工艺要求	2	每错一处扣1分		
现场操作规范（8%）	32	刀具的正确使用	1			
	33	量具的正确使用	3			
	34	刃的正确使用	3			
	35	设备正确操作和维护保养	1			
安全文明生产（倒扣分）	36	安全操作	倒扣	出现安全事故停止操作，酌情扣5~30分		
	37	机床整理	倒扣			

表7-8　刀具、量具、工具清单

类别	名称	型号/规格	数量	备注
刀具	外圆粗车刀	93°外圆粗车刀	2	
	外圆精车刀	93°外圆精车刀	2	
	外螺纹车刀	60°外螺纹刀	1	
	内螺纹车刀	60°内螺纹刀	1	
	外切槽刀	宽2mm	1	
	内切槽刀	宽4mm	1	
	内孔车刀	ϕ20~35mm		
	中心钻	A3.15/10 GB/T 6078—1998	1	
	钻头	ϕ18mm	1	
量具	游标卡尺	0.02/0~125mm	1	
	深度卡尺	0.02/0~125mm	1	
	内径千分尺	20~25mm	1	
	螺纹环规	M30×2	1套	
	螺纹塞规	M30×2	1套	
	螺纹千分尺	25~50mm	1	
工具	模式接套	与机床配套	1套	
	钻夹头	与机床配套	1	
	回转顶尖		1	
	整形锉		1套	
	橡胶锤		1把	
	铜皮		若干	

8. 操作注意事项

1）对刀不准确，会使加工余量不足，造成废品。所以加工前，外圆精车刀、螺纹车刀刀具磨损中 X 轴可预设一定数值作为尺寸控制余量，一般为0.1~0.3mm。

2）FANUC系统空运行后，需要重新回机床参考点。

3）安装切槽刀应使刀头垂直于工件轴线，否则易产生副后刀面干涉而损坏刀具；螺纹刀刀头也应严格垂直于工件轴线，否则螺纹牙型会歪斜。

4）用螺纹环规检测螺纹精度时以“通规通，止规止”为合格。

5）使用机外对刀仪对刀应谨慎，避免造成设备损坏，使用完毕后，随时将其取下。

三、配合件加工的常见误差现象及原因

本项目为配合件的加工，其基本项目的加工误差现象和原因不再赘述，主要分析配合件常见的误差现象和原因，见表 7-9。

表 7-9　配合件常见的误差现象和原因

现象	产生原因	解决方法
圆柱面不能配合	1. 内孔尺寸偏小	检查程序或内孔刀具
	2. 外圆尺寸偏大	检查程序或外圆刀具
圆柱面配合间隙过大	1. 内孔尺寸偏大	检查程序或内孔刀具
	2. 外圆尺寸偏小	检查程序或外圆刀具
锥面不能配合或配合间隙不正确	1. 锥度不正确	检查程序或锥面加工刀具
	2. 螺纹尺寸不正确	检查程序或螺纹刀具
	3. 锥面和螺纹不同轴	锥面和螺纹在同一次装夹中完成加工

项目自测题

如图 7-4 所示为配合类零件，零件材料为 45 钢。要求按项目一中的工艺文件格式填写其数控加工刀具卡和数控加工工序卡，并用 FANUC 系统和 SIEMENS 系统指令编写数控加工程序。

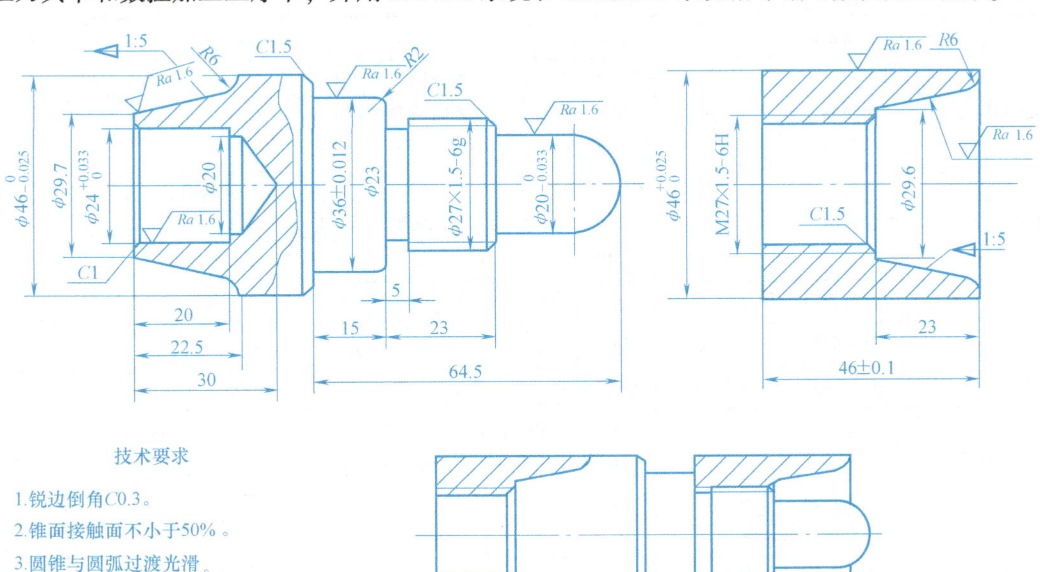

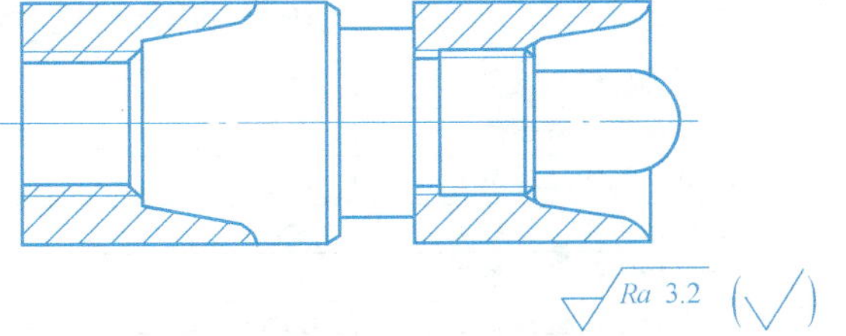

图 7-4　配合件零件和装配示意图

附 录

附录A　G、M代码

FANUC 0i 系统和 SIEMENS 802S 系统的常用 G、M 代码见表 A-1～表 A-4。

表 A-1　FANUC 0i 系统 G 代码

<table>
<tr><th>代码</th><th>组号</th><th>意　义</th><th>格式</th></tr>
<tr><td>G00</td><td rowspan="4">01</td><td>快速点定位</td><td>G00　X(U)__　Z(W)__;</td></tr>
<tr><td>G01</td><td>直线插补</td><td>G01　X(U)__　Z(W)__　F__;</td></tr>
<tr><td>G02</td><td>顺时针圆弧插补</td><td rowspan="2">{G02
G03}　X(U)__　Z(W)__　{I__　K__
R__}　F__;</td></tr>
<tr><td>G03</td><td>逆时针圆弧插补</td></tr>
<tr><td>G04</td><td>00</td><td>暂停(ms,s)</td><td>G04　P__　(X__);</td></tr>
<tr><td>G18</td><td></td><td>选择 XZ 平面</td><td>G18</td></tr>
<tr><td>G20</td><td rowspan="2">06</td><td>英制输入</td><td>G20</td></tr>
<tr><td>G21</td><td>米制输入</td><td>G21</td></tr>
<tr><td>G28</td><td rowspan="2">00</td><td>返回参考点</td><td>G28　X(U)__;(X 向回参考点)
G28　Z(W)__;(Z 向回参考点)
G28　X(U)__　Z(W)__;(第一参考点返回)</td></tr>
<tr><td>G30</td><td>返回第二参考点</td><td>G30　P2　X(U)__　Z(W)__;(第二参考点返回,P2 可省略)
G30　P3　X(U)__　Z(W)__;(第三参考点返回)
G30　P4　X(U)__　Z(W)__;(第四参考点返回)</td></tr>
<tr><td>G40</td><td rowspan="3">07</td><td>取消刀具半径补偿</td><td rowspan="3">{G41
G42
G40}　{G01
G00}　X(U)__　Z(W)__　F__;</td></tr>
<tr><td>G41</td><td>刀尖圆弧半径左补偿</td></tr>
<tr><td>G42</td><td>刀尖圆弧半径右补偿</td></tr>
<tr><td>G50</td><td rowspan="3">00</td><td>坐标系设定或最大主轴转速设定</td><td>坐标系设定：G50　X__　Z__;
最大主轴转速设定：G50　S__;</td></tr>
<tr><td>G52</td><td>局部坐标系设定</td><td>G52　X__　Z__;</td></tr>
<tr><td>G53</td><td>机床坐标系选择</td><td>G53　X__　Z__;</td></tr>
<tr><td>G54</td><td rowspan="6">14</td><td>选择工作坐标系 1</td><td>G54</td></tr>
<tr><td>G55</td><td>选择工作坐标系 2</td><td>G55</td></tr>
<tr><td>G56</td><td>选择工作坐标系 3</td><td>G56</td></tr>
<tr><td>G57</td><td>选择工作坐标系 4</td><td>G57</td></tr>
<tr><td>G58</td><td>选择工作坐标系 5</td><td>G58</td></tr>
<tr><td>G59</td><td>选择工作坐标系 6</td><td>G59</td></tr>
</table>

（续）

代码	组号	意　　义	格式
G65	00	宏程序调用	G65
G70	00	精车循环	G70　P(ns)　Q(nf)；
G71		内、外圆粗车切削循环	G71　U(Δd)　R(e)； G71　P(ns)　Q(nf)　U(Δu)　W(Δw)　F(f)　S(s)　T(t)；
G72		端面粗车切削循环	G72　W(Δd)　R(e)； G72　P(ns)　Q(nf)　U(Δu)　W(Δw)　F(f)　S(s)　T(t)；
G73		成形粗车切削循环	G73　U(i)　W(k)　R(d)； G73　P(ns)　Q(nf)　U(Δu)　W(Δw)　F(f)　S(s)　T(t)；
G74		钻孔循环	G74　R(e)； G74　X(U)__　Z(W)__　P(Δi)　Q(Δk)　R(Δd)　F__；
G75		切槽循环	G75　R(e)； G75　X(U)__　Z(W)__　P(Δi)　Q(Δk)　R(Δd)　F(f)；
G76		复合螺纹切削循环	G76　P(m)(r)(α)　Q(Δd_{min})　R(d)； G76　X(U)__　Z(W)__　R(i)　P(k)　Q(Δd)　F(f)；
G90	01	内(外)圆车削循环	G90　X(U)__　Z(W)__　R__　F__；
G92		单一螺纹切削循环	G92　X(U)__　Z(W)__　R__　F__；
G94		端面切削循环	G94　X(U)__　Z(W)__　R__　F__；
G96	02	恒线速控制	G96　S__；
G97		恒线速取消	G97　S__；

表 A-2　FANUC 0i 系统 M 代码

代码	意　　义	格　　式	代码	意　　义	格　　式
M00	程序停止	M00	M07	2 号切削液开	M07
M01	计划停止	M01	M08	1 号切削液开	M08
M02	程序停止	M02	M09	切削液关	M09
M03	主轴顺时针旋转	M03	M30	程序停止并返回开始处	M30
M04	主轴逆时针旋转	M04	M98	调用子程序	M98　P__
M05	主轴旋转停止	M05	M99	返回子程序	M99
M06	换刀	M06　T__			

表 A-3　SIEMENS 802S 系统 G 代码

代号	组号	意　　义	格　　式
G00	01	点位控制	G00　X__　Z__；
G01		直线插补	G01　X__　Z__　F__；
G02		顺时针圆弧插补	G02/G03　X__　Z__　I__　K__；说明：用圆心和终点编程
G03		逆时针圆弧插补	G02/G03　X__　Z__　CR=；说明:用半径和终点编程

APPENDIX

（续）

代号	组号	意　义	格　式
G04	02	暂停时间(s 或 r)	G04 F __ 或 G04 S __;
G05	01	中间点圆弧插补	G05 X __ Z __ IX= __ JKZ= __ F __;
G17	06	选择 *XY* 平面	G17
G18		选择 *XZ* 平面	G18
G19		选择 *YZ* 平面	G19
G25	03	主轴转速下限	G25 S __;
G26		主轴转速上限	G26 S __;
G33	01	恒螺距螺纹切削	G33 Z __ K __;
G40	07	取消刀具半径补偿	G40
G41		刀尖圆弧半径左补偿	G41
G42		刀尖圆弧半径右补偿	G42
G500	08	取消可设定零点偏置	G500
G54		第一可设定零点偏置	G54
G55		第二可设定零点偏置	G55
G56		第三可设定零点偏置	G56
G57		第四可设定零点偏置	G57
G60	10	准确定位	
G64		连续路径方式	G64
G70	13	英制尺寸	G70
G71		米制尺寸	G71
G74		返回参考点	G74 X __ Z __;
G75		返回固定点	G75 X __ Z __;
G90	14	绝对编程	G90
G91		增量编程	G91
G94	15	进给率(mm/min)	G94
G95		主轴进给率(mm/r)	G95
G96		主轴转速限制	G96 S __ LIMS= ;
G97		恒定切削速度取消	G97
G158	03	可编程坐标平移	G158 X __ Z __;
GOTOB		向后跳转	例：GOTOB MARKE1;
GOTOF		向前跳转	例：GOTOF MARKE2;
LCYC95		毛坯切削循环	R105= R106= R108= R109= R110= R111= R112= ; LCYC95;
LCYC82		钻削/沉孔钻削循环	R101= R102= R103= R104= R105= LCYC82;

（续）

代号	组号	意　　义	格　　式
LCYC83		深孔钻削循环	R101=　R102=　R103=　R104=　R105=　R107= R108=　R109=　R110=　R111=　R127=　; LCYC83;
LCYC85		镗孔钻削循环	R101=　R102=　R103=　R104=　R105=　R107= R108=　; LCYC85;
LCYC93		切槽循环	R100=　R101=　R105=　R106=　R107=　R108= R114=　R115=　R116=　R117=　R118=　R119=　; LCYC93;

表 A-4　SIEMENS 802S 系统 M 代码

代号	意　　义	格　　式	代号	意　　义	格　　式
M00	程序停止	M00	M06	换刀	M06　T__
M01	计划停止	M01	M07	2 号切削液开	M07
M02	程序停止	M02	M08	1 号切削液开	M08
M03	主轴顺时针旋转	M03	M09	切削液关	M09
M04	主轴逆时针旋转	M04	M30	程序停止并返回开始处	M30
M05	主轴旋转停止	M05			

附录 B　数控车工国家职业技能标准

一、职业概况

1. 职业名称

数控车床操作工。

2. 职业定义

从事编制数控加工程序并操作数控车床进行零件车削加工的人员。

3. 职业等级

本职业共设四个等级，分别为：中级（国家职业资格四级）、高级（国家职业资格三级）、技师（国家职业资格二级）、高级技师（国家职业资格一级）。

4. 职业环境

室内、常温。

5. 职业能力特征

具有较强的计算能力和空间感，形体知觉及色觉正常，手指、手臂灵活，动作协调。

6. 基本文化程度

高中毕业（或同等学力）。

7. 培训要求

（1）培训期限　全日制职业学校教育，根据其培养目标和教学计划确定。晋级培训期限：中级不少于400标准学时；高级不少于300标准学时；技师不少于200标准学时；高级技师不少于200标准学时。

（2）培训教师　培训中、高级人员的教师应取得本职业技师及以上职业资格证书或相关专业中级及以上专业技术职称任职资格；培训技师的教师应取得本职业高级技师职业资格证书或相关专业高级专业技术职称任职资格；培训高级技师的教师应取得本职业高级技师职业资格证书2年以上或取得相关专业高级专业技术职称任职资格2年以上。

（3）培训场地设备　满足教学要求的标准教室、计算机机房及配套的软件、数控车床及必要的刀具、夹具、量具和辅助设备等。

8. 鉴定要求

（1）适用对象　从事或准备从事本职业的人员。

（2）申报条件

——中级（具备以下条件之一者）：

1）经本职业中级正规培训达规定标准学时数，并取得结业证书。

2）连续从事本职业工作5年以上。

3）取得经劳动保障行政部门审核认定的，以中级技能为培养目标的中等以上职业学校本职业（或相关专业）毕业证书。

4）取得相关职业中级职业资格证书后，连续从事本职业2年以上。

——高级（具备以下条件之一者）：

1）取得本职业中级职业资格证书后，连续从事本职业工作2年以上，经本职业高级正规培训，达到规定标准学时数，并取得结业证书。

2）取得本职业中级职业资格证书后，连续从事本职业工作4年以上。

3）取得劳动保障行政部门审核认定的，以高级技能为培养目标的职业学校本职业（或相关专业）毕业证书。

4）大专以上本专业或相关专业毕业生，经本职业高级正规培训，达到规定标准学时数，并取得结业证书。

——技师（具备以下条件之一者）：

1）取得本职业高级职业资格证书后，连续从事本职业工作4年以上，经本职业技师正规培训达规定标准学时数，并取得结业证书。

2）取得本职业高级职业资格证书的职业学校本职业（专业）毕业生，连续从事本职业工作2年以上，经本职业技师正规培训达规定标准学时数，并取得结业证书。

3）取得本职业高级职业资格证书的本科以上（含本科）本专业或相关专业的毕业生，连续从事本职业工作2年以上，经本职业技师正规培训达规定标准学时数，并取得结业证书。

——高级技师：

取得本职业技师职业资格证书后，连续从事本职业工作4年以上，经本职业高级技师正规培训达规定标准学时数，并取得结业证书。

（3）鉴定方式　分为理论知识考试和技能操作考核。理论知识考试采用闭卷方式，技能操作（含软件应用）考核采用现场实际操作和计算机软件操作方式。理论知识考试和技能操作（含软件应用）考核均实行百分制，成绩皆达60分及以上者为合格。技师和高级技师还需进行综合评审。

（4）考评人员与考生配比　理论知识考试考评人员与考生配比为1∶15，每个标准教室不少于2名相应级别的考评员；技能操作（含软件应用）考核考评员与考生配比为1∶2，且不少于3名相应级别的考评员；综合评审委员不少于5人。

（5）鉴定时间　理论知识考试为120分钟，技能操作考核中实操时间为：中级、高级不少于240分钟，技师和高级技师不少于300分钟，技能操作考核中软件应用考试时间为不超过120分钟，技师和高级技师的综合评审时间不少于45分钟。

（6）鉴定场所设备　理论知识考试在标准教室里进行，软件应用考试在计算机机房进行，技能操作考核在配备必要的数控车床及必要的刀具、夹具、量具和辅助设备的场所进行。

二、基本要求

1. 职业道德

（1）职业道德基本知识

（2）职业守则

1）遵守国家法律、法规和有关规定。

2）具有高度的责任心，爱岗敬业、团结合作。

3）严格执行相关标准、工作程序与规范、工艺文件和安全操作规程。

4）学习新知识新技能、勇于开拓和创新。

5）爱护设备、系统及工具、夹具、量具。

6）着装整洁，符合规定；保持工作环境清洁有序，文明生产。

2. 基础知识

（1）基础理论知识

1）机械制图。

2）工程材料及金属热处理知识。

3）机电控制知识。

4）计算机基础知识。

5）专业英语基础。

（2）机械加工基础知识

1）机械原理。

2）常用设备知识（分类、用途、基本结构及维护保养方法）。

3）常用金属切削刀具知识。

4）典型零件加工工艺。

5）设备润滑和切削液的使用方法。

6）工具、夹具、量具的使用与维护知识。

7）普通车床、钳工基本操作知识。

（3）安全文明生产与环境保护知识

1）安全操作与劳动保护知识。

2）文明生产知识。

3）环境保护知识。

（4）质量管理知识

1）企业的质量方针。

2）岗位质量要求。

3）岗位质量保证措施与责任。

（5）相关法律、法规知识

1）劳动法的相关知识。

2）环境保护法的相关知识。

3）知识产权保护法的相关知识。

三、工作要求

本标准对中级、高级、技师和高级技师的技能要求（见表B-1~表B-4）依次递进，高级别涵盖低级别的要求。

表B-1　中级技能要求

职业功能	工作内容	技能要求	相关知识
一、加工准备	（一）读图与绘图	1. 能读懂中等复杂程度的零件图（如：曲轴） 2. 能绘制简单的轴、盘类零件图 3. 能读懂进给机构、主轴系统的装配图	1. 复杂零件的表达方法 2. 简单零件图的画法 3. 零件三视图、局部视图和剖视图的画法 4. 装配图的画法
	（二）制订加工工艺	1. 能读懂复杂零件的数控车床加工工艺文件 2. 能编制简单零件（轴、盘）的数控加工工艺文件	数控车床加工工艺文件的制订
	（三）零件定位与装夹	能使用通用夹具（如自定心卡盘、单动卡盘）进行零件装夹与定位	1. 数控车床常用夹具的使用方法 2. 零件定位、装夹的原理和方法
	（四）刀具准备	1. 能够根据数控加工工艺文件选择、安装和调整数控车床常用刀具 2. 能够刃磨常用车削刀具	1. 金属切削与刀具磨损知识 2. 数控车床常用刀具的种类、结构和特点 3. 数控车床、零件材料、加工精度和工作效率对刀具的要求
二、数控编程	（一）手工编程	1. 能编制由直线、圆弧组成的二维轮廓数控加工程序 2. 能编制螺纹加工程序 3. 能够运用固定循环、子程序进行零件的加工程序编制	1. 数控编程知识 2. 直线插补和圆弧插补的原理 3. 坐标点的计算方法
	（二）计算机辅助编程	1. 能够使用计算机绘图设计软件绘制简单零件图（轴、盘、套） 2. 能够利用计算机绘图软件计算节点	计算机绘图软件（二维）的使用方法
三、数控车床操作	（一）操作面板	1. 能够按照操作规程起动及停止机床 2. 能使用操作面板上的常用功能键（如回零、手动、MDI、修调等）	1. 熟悉数控车床操作说明书 2. 数控车床操作面板的使用方法
	（二）程序输入与编辑	1. 能够通过各种途径（如DNC、网络等）输入加工程序 2. 能够通过操作面板编辑加工程序	1. 数控加工程序的输入方法 2. 数控加工程序的编辑方法 3. 网络知识

（续）

职业功能	工作内容	技能要求	相关知识
三、数控车床操作	（三）对刀	1. 能进行对刀并确定相关坐标系 2. 能设置刀具参数	1. 对刀的方法 2. 坐标系的知识 3. 刀具偏置补偿、半径补偿与刀具参数的输入方法
	（四）程序调试与运行	能够对程序进行校验、单步执行、空运行，并完成零件试切	程序调试的方法
四、零件加工	（一）轮廓加工	1. 能进行轴、套类零件加工，并达到以下要求 1）尺寸公差等级：IT6 2）几何公差等级：IT8 3）表面粗糙度：$Ra1.6\mu m$ 2. 能进行盘类、支架类零件加工，并达到以下要求 1）轴径公差等级：IT6 2）孔径公差等级：IT7 3）几何公差等级：IT8 4）表面粗糙度：$Ra1.6\mu m$	1. 内外径的车削加工方法、测量方法 2. 几何公差的测量方法 3. 表面粗糙度的测量方法
	（二）螺纹加工	能进行单线等螺距的普通三角螺纹、锥螺纹的加工，并达到以下要求 1）尺寸公差等级：IT6~IT7 2）几何公差等级：IT8 3）表面粗糙度：$Ra1.6\mu m$	1. 常用螺纹的车削加工方法 2. 螺纹加工中的参数计算
	（三）槽类加工	能进行内径槽、外径槽和端面槽的加工，并达到以下要求 1）尺寸公差等级：IT8 2）几何公差等级：IT8 3）表面粗糙度：$Ra3.2\mu m$	内、外径槽和端面槽的加工方法
	（四）孔加工	能进行孔加工，并达到以下要求 1）尺寸公差等级：IT7 2）几何公差等级：IT8 3）表面粗糙度：$Ra3.2\mu m$	孔的加工方法
	（五）零件精度检验	能够进行零件的长度、内外径、螺纹、角度精度检验	1. 通用量具的使用方法 2. 零件精度检验及测量方法
五、数控车床维护与精度检验	（一）数控车床日常维护	能够根据说明书完成数控车床的定期及不定期维护保养，包括：机械、电、气、液压、数控系统检查和日常保养等	1. 数控车床说明书 2. 数控车床日常保养方法 3. 数控车床操作规程 4. 数控系统（进口与国产数控系统）使用说明书

（续）

职业功能	工作内容	技能要求	相关知识
五、数控车床维护与精度检验	（二）数控车床故障诊断	1. 能读懂数控系统的报警信息 2. 能发现数控车床的一般故障	1. 数控系统的报警信息 2. 机床的故障诊断方法
	（三）机床精度检查	能够检查数控车床的常规几何精度	数控车床常规几何精度的检查方法

表 B-2 高级技能要求

职业功能	工作内容	技能要求	相关知识
一、加工准备	（一）读图与绘图	1. 能够读懂中等复杂程度的装配图（如：刀架） 2. 能够根据装配图拆画零件图 3. 能够测绘零件	1. 根据装配图拆画零件图的方法 2. 零件的测绘方法
	（二）制订加工工艺	能编制复杂零件的数控车床加工工艺文件	复杂零件数控加工工艺文件的制订
	（三）零件定位与装夹	1. 能选择和使用数控车床组合夹具和专用夹具 2. 能分析并计算车床夹具的定位误差 3. 能够设计与自制装夹辅具（如心轴、轴套、定位件等）	1. 数控车床组合夹具和专用夹具的使用、调整方法 2. 专用夹具的使用方法 3. 夹具定位误差的分析与计算方法
	（四）刀具准备	1. 能够选择各种刀具及刀具附件 2. 能够根据难加工材料的特点，选择刀具的材料、结构和几何参数 3. 能够刃磨特殊车削刀具	1. 专用刀具的种类、用途、特点和刃磨方法 2. 切削难加工材料时的刀具材料和几何参数的确定方法
二、数控编程	（一）手工编程	能运用变量编程编制含有公式曲线的零件数控加工程序	1. 固定循环和子程序的编程方法 2. 变量编程的规则和方法
	（二）计算机辅助编程	能用计算机绘图软件绘制装配图	计算机绘图软件的使用方法
	（三）数控加工仿真	能利用数控加工仿真软件实施加工过程仿真以及加工代码检查、干涉检查、工时估算	数控加工仿真软件的使用方法
三、零件加工	（一）轮廓加工	能进行细长、薄壁零件加工，并达到以下要求 1）轴径公差等级：IT6 2）孔径公差等级：IT7 3）几何公差等级：IT8 4）表面粗糙度：$Ra1.6\mu m$	细长、薄壁零件加工的特点及装夹、车削方法

（续）

职业功能	工作内容	技能要求	相关知识
三、零件加工	（二）螺纹加工	1. 能进行单线和多线等螺距的T形螺纹、锥螺纹加工，并达到以下要求 1）尺寸公差等级：IT6 2）几何公差等级：IT8 3）表面粗糙度：$Ra1.6\mu m$ 2. 能进行变螺距螺纹的加工，并达到以下要求 1）尺寸公差等级：IT6 2）几何公差等级：IT7 3）表面粗糙度：$Ra1.6\mu m$	1. T形螺纹、锥螺纹加工中的参数计算 2. 变螺距螺纹的车削加工方法
	（三）孔加工	能进行深孔加工，并达到以下要求 1）尺寸公差等级：IT6 2）几何公差等级：IT8 3）表面粗糙度：$Ra1.6\mu m$	深孔的加工方法
	（四）配合件加工	能按装配图上的技术要求对套件进行零件加工和组装，配合公差等级达到IT7	套件的加工方法
	（五）零件精度检验	1. 能够在加工过程中使用百（千）分表等进行在线测量，并进行加工技术参数的调整 2. 能够进行多线螺纹的检验 3. 能进行加工误差分析	1. 百（千）分表的使用方法 2. 多线螺纹的精度检验方法 3. 误差分析的方法
四、数控车床维护与精度检验	（一）数控车床日常维护	1. 能判断数控车床的一般机械故障 2. 能完成数控车床的定期维护保养	1. 数控车床机械故障和排除方法 2. 数控车床液压原理和常用液压元件
	（二）机床精度检验	1. 能够进行机床几何精度检验 2. 能够进行机床切削精度检验	1. 机床几何精度检验内容及方法 2. 机床切削精度检验内容及方法

表 B-3　技师技能要求

职业功能	工作内容	技能要求	相关知识
一、加工准备	（一）读图与绘图	1. 能绘制工装装配图 2. 能读懂常用数控车床的机械结构图及装配图	1. 工装装配图的画法 2. 常用数控车床的机械原理图及装配图的画法
	（二）制订加工工艺	1. 能编制高难度、高精密、特殊材料零件的数控加工多工种工艺文件 2. 能对零件的数控加工工艺进行合理性分析，并提出改进建议 3. 能推广应用新知识、新技术、新工艺、新材料	1. 零件的多工种工艺分析方法 2. 数控加工工艺方案合理性的分析方法及改进措施 3. 特殊材料的加工方法 4. 新知识、新技术、新工艺、新材料
	（三）零件定位与装夹	能设计与制作零件的专用夹具	专用夹具的设计与制造方法

（续）

职业功能	工作内容	技能要求	相关知识
一、加工准备	（四）刀具准备	1. 能够依据切削条件和刀具条件估算刀具的使用寿命 2. 根据刀具寿命计算并设置相关参数 3. 能推广应用新刀具	1. 切削刀具的选用原则 2. 延长刀具寿命的方法 3. 刀具新材料、新技术 4. 刀具使用寿命的参数设定方法
二、数控编程	（一）手工编程	能够编制车削中心、车铣中心的三轴及三轴以上（含旋转轴）的加工程序	编制车削中心、车铣中心加工程序的方法
	（二）计算机辅助编程	1. 能用计算机辅助设计/制造软件进行车削零件的造型和生成加工轨迹 2. 能够根据不同的数控系统进行后置处理并生成加工代码	1. 三维造型和编辑 2. 计算机辅助设计/制造软件（三维）的使用方法
	（三）数控加工仿真	能够利用数控加工仿真软件分析和优化数控加工工艺	数控加工仿真软件的使用方法
三、零件加工	（一）轮廓加工	1. 能编制数控加工程序车削多拐曲轴达到以下要求 1）直径公差等级：IT6 2）表面粗糙度：$Ra1.6\mu m$ 2. 能编制数控加工程序对适合在车削中心加工的带有车削、铣削等工序的复杂零件进行加工	1. 多拐曲轴车削加工的基本知识 2. 车削加工中心加工复杂零件的车削方法
	（二）配合件加工	能进行两件以上（含两件）具有多处尺寸链配合的零件加工与配合	多尺寸链配合的零件加工方法
	（三）零件精度检验	能根据测量结果对加工误差进行分析并提出改进措施	1. 精密零件的精度检验方法 2. 检具设计知识
四、数控车床维护与精度检验	（一）数控车床维护	1. 能够分析和排除液压和机械故障 2. 能借助字典阅读数控设备的主要外文信息	1. 数控车床常见故障诊断及排除方法 2. 数控车床专业外文知识
	（二）机床精度检验	能够进行机床定位精度、重复定位精度的检验	机床定位精度检验、重复定位精度检验的内容及方法
五、培训与管理	（一）操作指导	能指导本职业中级、高级进行实际操作	操作指导书的编制方法
	（二）理论培训	1. 能对本职业中级、高级和技师进行理论培训 2. 能系统地讲授各种切削刀具的特点和使用方法	1. 培训教材的编写方法 2. 切削刀具的特点和使用方法
	（三）质量管理	能在本职工作中认真贯彻各项质量标准	相关质量标准

（续）

职业功能	工作内容	技能要求	相关知识
五、培训与管理	（四）生产管理	能协助部门领导进行生产计划、调度及人员的管理	生产管理基本知识
	（五）技术改造与创新	能够进行加工工艺、夹具、刀具的改进	数控加工工艺综合知识

表 B-4　高级技师技能要求

职业功能	工作内容	技能要求	相关知识
一、工艺分析与设计	（一）读图与绘图	1. 能绘制复杂工装装配图 2. 能读懂常用数控车床的电气、液压原理图	1. 复杂工装设计方法 2. 常用数控车床电气、液压原理图的画法
	（二）制订加工工艺	1. 能对高难度、高精密零件的数控加工工艺方案进行优化并实施 2. 能编制多轴车削中心的数控加工工艺文件 3. 能够对零件加工工艺提出改进建议	1. 复杂、精密零件加工工艺的系统知识 2. 车削中心、车铣中心加工工艺文件编制方法
	（三）零件定位与装夹	能对现有的数控车床夹具进行误差分析并提出改进建议	误差分析方法
	（四）刀具准备	能根据零件要求设计刀具，并提出制造方法	刀具的设计与制造知识
二、零件加工	（一）异形零件加工	能解决高难度(如十字座类、连杆类、叉架类等异形零件)零件车削加工的技术问题、并制订工艺措施	高难度零件的加工方法
	（二）零件精度检验	能够制订高难度零件加工过程中的精度检验方案	在机械加工全过程中影响质量的因素及提高质量的措施
三、数控车床维护与精度检验	（一）数控车床维护	1. 能借助字典看懂数控设备的主要外文技术资料 2. 能够针对机床运行现状合理调整数控系统相关参数 3. 能根据数控系统报警信息判断数控车床故障	1. 数控车床专业外文知识 2. 数控系统报警信息
	（二）机床精度检验	能够进行机床定位精度、重复定位精度的检验	机床定位精度和重复定位精度的检验方法
	（三）数控设备网络化	能够借助网络设备和软件系统实现数控设备的网络化管理	数控设备网络接口及相关技术

（续）

职业功能	工作内容	技能要求	相关知识
四、培训与管理	（一）操作指导	能指导本职业中级、高级和技师进行实际操作	操作理论教学指导书的编写方法
	（二）理论培训	能对本职业中级、高级和技师进行理论培训	教学计划与大纲的编制方法
	（三）质量管理	能应用全面质量管理知识，实现操作过程的质量分析与控制	质量分析与控制方法
	（四）技术改造与创新	能够组织实施技术改造和创新，并撰写相应的论文	科技论文撰写方法

四、比重表（见表B-5和表B-6）

表B-5　各项目理论知识比重

项目		中级	高级	技师	高级技师
基本要求	职业道德	5%	5%	5%	5%
	基础知识	20%	20%	15%	15%
相关知识	加工准备	15%	15%	30%	—
	数控编程	20%	20%	10%	—
	数控车床操作	5%	5%	—	—
	零件加工	30%	30%	20%	15%
	数控车床维护与精度检验	5%	5%	10%	10%
	培训与管理	—	—	10%	15%
	工艺分析与设计	—	—	—	40%
合计		100%	100%	100%	100%

表B-6　各项目技能操作比重

项目		中级	高级	技师	高级技师
技能要求	加工准备	10%	10%	20%	—
	数控编程	20%	20%	30%	—
	数控车床操作	5%	5%	—	—
	零件加工	60%	60%	40%	45%
	数控车床维护与精度检验	5%	5%	5%	10%
	培训与管理	—	—	5%	10%
	工艺分析与设计	—	—	—	35%
合计		100%	100%	100%	100%

附录C　数控车工职业技能鉴定样题

第一部分　数控车工职业技能鉴定中级理论考试样题

注意事项

1. 请按要求在试卷的标封处填写您的姓名、准考证号和所在单位的名称。
2. 请仔细阅读各种题目的回答要求，在规定的位置填写您的答案。
3. 不要在试卷上乱写乱画，不要在标封区填写无关的内容。
4. 考试时间：120分钟。

一、单项选择题（选择一个正确的答案，将相应的字母填入题内的括号中。每题1分，满分20分。）

1. 加工（　　）零件，宜采用数控车削加工设备。

A. 大批量　　B. 多品种中小批量　　C. 单件

2. 通常数控系统除了直线插补外，还有（　　）。

A. 正弦插补　　B. 圆弧插补　　C. 抛物线插补

3. FANUC系统中自动机床原点返回指令是（　　）。

A. G26　　B. G27　　C. G28　　D. G29

4. 车床上，刀尖圆弧只有在加工（　　）时才产生加工误差。

A. 端面　　B. 圆柱　　C. 圆弧

5. 确定数控车床坐标轴时，一般应先确定（　　）。

A. X轴　　B. Y轴　　C. Z轴

6. G00指令与下列的（　　）指令不是同一组的。

A. G01　　B. G02和G03　　C. G04

7. “G02　X20　Y20　R-10　F100”；所加工的一般是（　　）。

A. 整圆　　B. 夹角≤180°的圆弧

C. 夹角>180°的圆弧　　D. 夹角<90°的圆弧

8. 数控车床中，转速功能字S一般指定转速的单位为（　　）

A. mm/r　　B. r/mm　　C. mm/min　　D. r/min

9. 下列G指令中（　　）是非模态指令。

A. G00　　B. G01　　C. G04

10. ISO标准规定绝对编程方式的指令为（　　）。

A. G90　　B. G91　　C. G92　　D. G98

11. 程序段“G92　X52　Z-100　I3.5　F3”的含义是车削（　　）。

A. 外螺纹　　B. 锥螺纹　　C. 内螺纹　　D. 三角螺纹

12. 在“G72　P(ns)　Q(nf)　U(Δu)　W(Δw)　S500”程序格式中，（　　）表示精加工路径的最后一个程序段顺序号。

A. Δw　　B. nf　　C. Δu　　D. ns

13. 数控车床有不同的运动形式，需要考虑工件与刀具相对运动关系及坐标系方向，编写程序时，采用（　　）的原则编写程序。

A. 刀具固定不动，工件移动　　B. 工件固定不动，刀具移动

C. 由机床运动方式定　　D. A 或 B

14. 对刀确定的基准点是（　　）。

A. 刀位点心　　B. 对刀点　　C. 换刀点　　D. 加工原点

15. 数控车床中的 G41/G42 指令是对（　　）进行补偿。

A. 刀具的几何长度　　B. 刀具的刀尖圆弧半径

C. 刀具的半径　　D. 刀具的角度

16. 机床上的卡盘、中心架等属于（　　）夹具。

A. 通用　　B. 专用　　C. 组合

17. 以下（　　）不是进行零件数控加工的前提条件。

A. 已经返回参考点　　B. 待加工零件的程序已经装入数控系统

C. 空运行　　D. 已经设定了必要的补偿值

18. 在尺寸符号 ϕ50F8 中，用于限制公差带位置的代号是（　　）。

A. F8　　B. 8　　C. F　　D. 50

19. 百分表的分度值是（　　）mm。

A. 0.1　　B. 0.01　　C. 0.001　　D. 1

20. 数控机床（　　）时模式选择开关应放在 MDI。

A. 快速进给　　B. 手动数据输入　　C. 回零　　D. 手动进给

二、判断题（将判断结果填入括号中。正确的填“√”，错误的填“×”。每题 1 分，满分 20 分。）

1. （　　）固定循环是预先给定一系列操作，用来控制机床的位移或主轴运转。

2. （　　）数控车床的刀具补偿功能有刀尖圆弧半径补偿与刀具位置补偿。

3. （　　）刀具补偿寄存器内只允许存入正值。

4. （　　）数控机床的机床坐标原点和机床参考点是重合的。

5. （　　）外圆粗车循环方式适合于去除棒料毛坯较大余量的切削。

6. （　　）同组模态 G 代码可以放在一个程序段中，而且与顺序无关。

7. （　　）编制数控加工程序时一般以机床坐标系作为编程的坐标系。

8. （　　）由于数控车床主轴转速较高，所以多采用液压高速动力卡盘。

9. （　　）数控车床的转塔刀架径向刀具多用于外圆的加工。

10. （　　）数控车床的内孔车刀通过定位环安装在转塔刀架的转塔刀盘上。

11. （　　）对于数控加工的零件，零件图上应以同一基准引注尺寸，这种尺寸标注便于编程。

12. （　　）在 FANUC 系统中，G90 指令可以进行外圆及内孔车削循环。

13. （　　）FANUC 系统中，M99 指令是子程序结束指令。

14. （　　）程序段“G75　X20.0　P5.0　F0.15”中，“X20.0”的含义是沟槽直径。

15. （　　）用心轴装夹车削套类工件，如果心轴本身同轴度超差，车出的工件会产生

尺寸精度误差。

16.（　　）数控车床液压系统中的液压泵是靠密封工作腔压力变化进行工作的。

17.（　　）用转动小滑板法车圆锥时产生锥度（角度）误差的原因是小滑板转动角度计算错误。

18.（　　）数控车床与普通车床用的可转位车刀，其基本结构、功能特点都是不相同的。

19.（　　）选择数控车床用的刀片时，钢和不锈钢属于同一工件材料组。

20.（　　）机械回零操作时，必须原点指示灯亮才算完成。

三、填空题（将正确答案填入空白处。每空 1 分，满分 20 分。）

1. 标准中规定____________运动方向为 Z 坐标方向，$+Z$ 为刀具____________工件的方向。数控车床 X 坐标轴一般是水平的，与工件安装面__________，且垂直于 Z 坐标轴。

2. 粗加工时，应选择较________的背吃刀量、较________进给量和________的切削速度。

3. 具有刀尖圆弧半径补偿功能的数控车床，刀具补偿分为________、________和________三个步骤，G40 指令是实现________________。

4. 编程时可将重复出现的程序编成____________________________，使用时可以由______________________多次重复调用。子程序调用指令“M98 L504 P12”的含义为____________________________。

5. 需要多次自动循环的螺纹加工，应选择________________指令。三针测量法测量螺纹一般用于测量螺纹的________________。

6. 使用________________指令可使刀具作短时间的无进给光整加工，常用于车槽、镗孔、锪孔等场合，以降低表面粗糙度值。

7. 在执行机床辅助功能 M00 和 M30 时，都能使________________停止运行，不同点是：执行 M30 指令后，数控系统处于________________；而执行 M00 指令后，若重新按________________，则继续执行加工程序。

8. 用户宏程序最大的特点是________________。

四、简答题（每题 4 分，满分 16 分。）

1. 数控车床回参考点的目的及注意事项是什么？
2. 数控车床常用刀具、夹具有哪些类型？
3. 何谓对刀点？对刀点的选取对编程有何影响？
4. 车削加工螺纹乱扣的原因有哪些？

五、综合题（满分 24 分。）

如图 C-1 所示零件，材料为 45 钢，毛坯直径为 $\phi 50$mm。

1. 在图中标出加工的工件坐标系。
2. 列出所用加工刀具和加工顺序。
3. 编制出椭圆部分的加工程序。
4. 用毛坯切削循环编制右端加工程序。
5. 如加工中出现电动机过载报警，试分析原因，提出解决问题的方法。

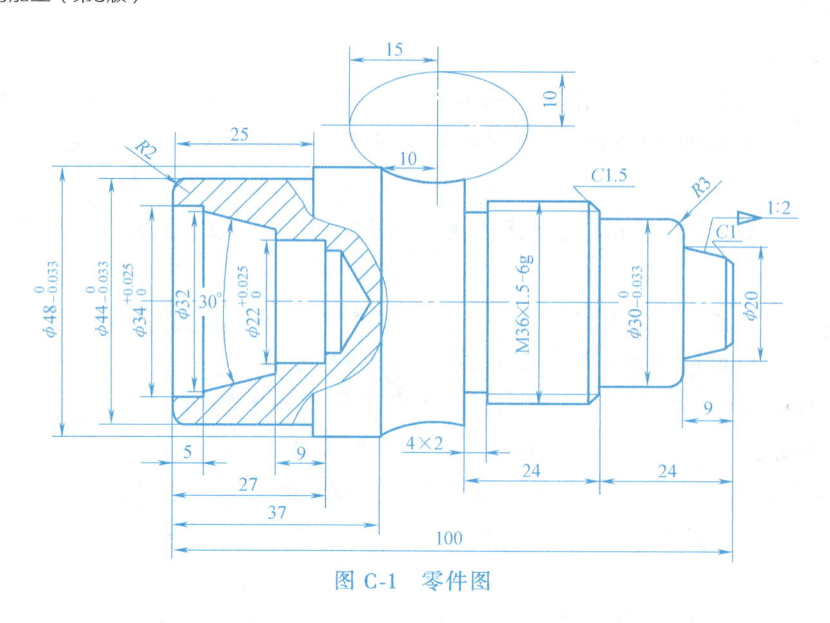

图 C-1　零件图

第二部分　数控车工职业技能鉴定中级操作技能样题

注 意 事 项

1. 考核时间：编程（包括工艺）60 分钟，实操 120 分钟。
2. 操作技能考核时要遵守考场纪律，服从考评员的指挥，以保证考核安全、顺利进行。
3. 考核要求：

（1）填写数控加工工序卡。

（2）填写数控加工刀具卡。

（3）编写数控加工程序。

（4）加工零件（见图 C-2）不准用砂布及锉刀等修饰表面。

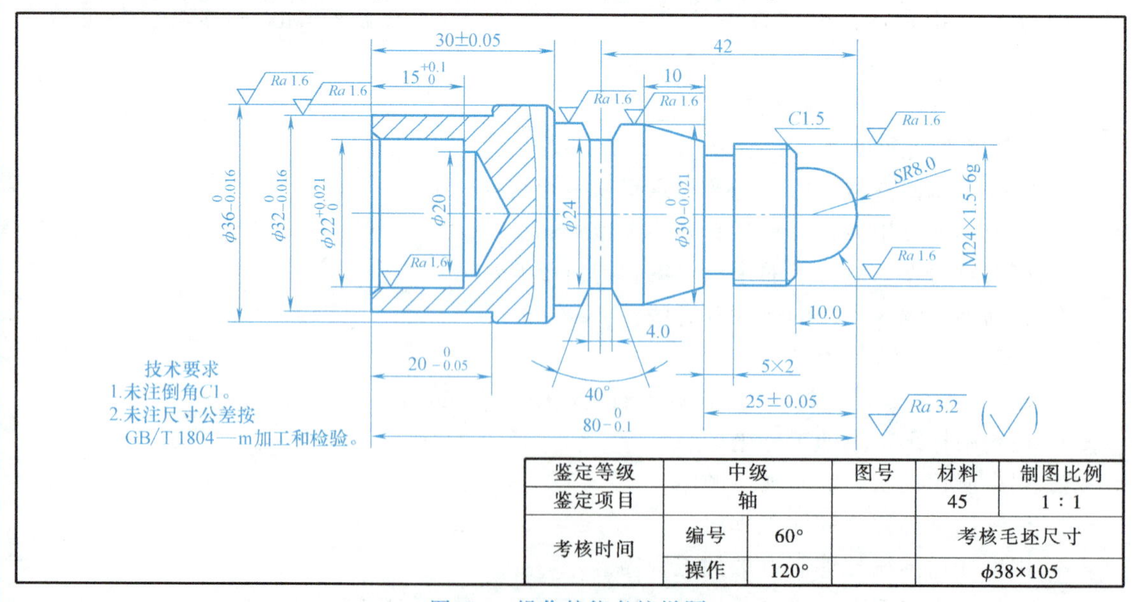

鉴定等级	中级		图号	材料	制图比例
鉴定项目	轴			45	1∶1
考核时间	编号	60°		考核毛坯尺寸	
	操作	120°		φ38×105	

图 C-2　操作技能考核样题

考核结果由考评员填写在表 C-1 上。

表 C-1　数控车工中级技能考核评分表

考件编号：______姓名：__________准考证号：_______________单位：_______________

开始时间		结束时间		操作时间		总得分	

考核项目		序号	考核内容与要求	配分	评分标准	检测结果	得分
工件加工评分（60%）	外圆及内孔	1	$\phi36_{-0.016}^{0}$mm　*Ra*1.6μm	4/1	超差 0.01mm 扣 1 分，降级无分		
		2	$\phi32_{-0.016}^{0}$mm　*Ra*1.6μm	4/1	超差 0.01mm 扣 1 分，降级无分		
		3	$\phi30_{-0.021}^{0}$mm　*Ra*1.6μm	4/1	超差 0.01mm 扣 1 分，降级无分		
		4	$\phi22_{0}^{+0.021}$mm　*Ra*1.6μm	4/1	超差 0.01mm 扣 1 分，降级无分		
	成形面	5	*SR*8mm　*Ra*1.6μm	4/1	超差、降级无分		
	外螺纹	6	M24×1.5-6g 大径	2	超差无分		
		7	M24×1.5-6g　中径	2	超差无分		
		8	M24×1.5-6g　两侧 *Ra*3.2μm	2	降级无分		
		9	M24×1.5-6g　牙型角	2	不符合要求无分		
	沟槽	10	5mm×2mm　*Ra*3.2μm	4/1	超差、降级无分		
		11	4mm、40°、ϕ24mm　*Ra*3.2μm	4/1			
	长度	12	25mm±0.05mm	2	超差、降级无分		
		13	30mm±0.05mm	2	超差无分		
		14	$15_{0}^{+0.1}$mm	3	超差无分		
		15	$20_{-0.05}^{0}$mm	3	超差无分		
		16	$80_{-0.1}^{0}$mm	3	超差无分		
	倒角	17	4 处	4	不符合要求无分		
程序与工艺（30%）		18	工艺制订合理、选择刀具正确	10	每错一处扣 1 分		
		19	指令应用合理、正确	10	每错一处扣 1 分		
		20	程序格式正确、符合工艺要求	10	每错一处扣 1 分		
现场操作规范（10%）		21	刀具的正确使用	2			
		22	量具的正确使用	3			
		23	刃的正确使用	3			
		24	设备正确操作和维护保养	2			
		25	安全操作	倒扣	出现安全事故停止操作，酌情扣 5~30 分		

评分人：　　　　　　年　　月　　日　　　　　　核分人：　　　　　　年　　月　　日

附录 D　数控车工职业技能鉴定表 D-1~表 D-10 操作技能样题

样题 1~样题 10 如图 D-1~图 D-10 所示，其评分标准见表 D-1~表 D-10。

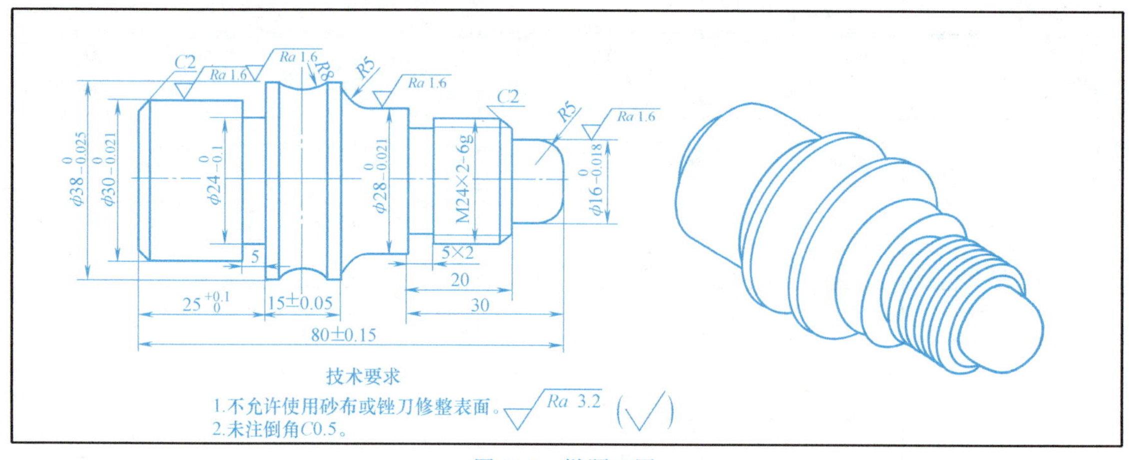

图 D-1　样题 1 图

表 D-1　样题 1 评分标准

准考证号			操作时间		总得分		
工件编号			系统类型				
考核项目		序号	考核内容与要求	配分	评分标准	检测结果	得分
工件加工评分（60%）	外圆	1	$\phi38_{-0.025}^{0}$mm　$Ra1.6\mu m$	4/1	超差 0.01mm 扣 1 分，降级无分		
		2	$\phi30_{-0.021}^{0}$mm　$Ra1.6\mu m$	4/1	超差 0.01mm 扣 1 分，降级无分		
		3	$\phi24_{-0.1}^{0}$mm　$Ra3.2\mu m$	4/1	超差 0.01mm 扣 1 分，降级无分		
		4	$\phi28_{-0.021}^{0}$mm　$Ra1.6\mu m$	4/1	超差 0.01mm 扣 1 分，降级无分		
		5	$\phi16_{-0.018}^{0}$mm　$Ra1.6\mu m$	4/1	超差 0.01mm 扣 1 分，降级无分		
	圆弧	6	$R8$mm　$Ra3.2\mu m$	4/1	超差、降级无分		
		7	$R5$mm（2 处）　$Ra3.2\mu m$	4/1	超差、降级无分		
	螺纹	8	M24×2 6g　大径	2	超差无分		
		9	M24×2 6g　中径	2	超差无分		
		10	M24×2 6g　两侧 $Ra3.2\mu m$	2	降级无分		
		11	M24×2 6g　牙型角	2	不符合要求无分		
	沟槽	12	5mm×2mm　两侧 $Ra3.2\mu m$	2/2	超差、降级无分		
	长度	13	80mm±0.15mm　两侧 $Ra3.2\mu m$	2/2	超差、降级无分		
		14	$25_{0}^{+0.1}$mm	2	超差无分		
		15	15mm±0.05mm	2	超差无分		
		16	30mm、20mm、5mm	3	超差无分		
	倒角	17	C2（2 处）	2	不符合要求无分		

（续）

准考证号		操作时间		总得分		
工件编号		系统类型				
考核项目	序号	考核内容与要求	配分	评分标准	检测结果	得分
程序与工艺（30%）	18	工艺制订合理、选择刀具正确	10	每错一处扣 1 分		
	19	指令应用合理、正确	10	每错一处扣 1 分		
	20	程序格式正确、符合工艺要求	10	每错一处扣 1 分		
现场操作规范（10%）	21	刀具的正确使用	2			
	22	量具的正确使用	3			
	23	刃的正确使用	3			
	24	设备正确操作和维护保养	2			
	25	安全操作	倒扣	出现安全事故停止操作，酌情扣 5~30 分		

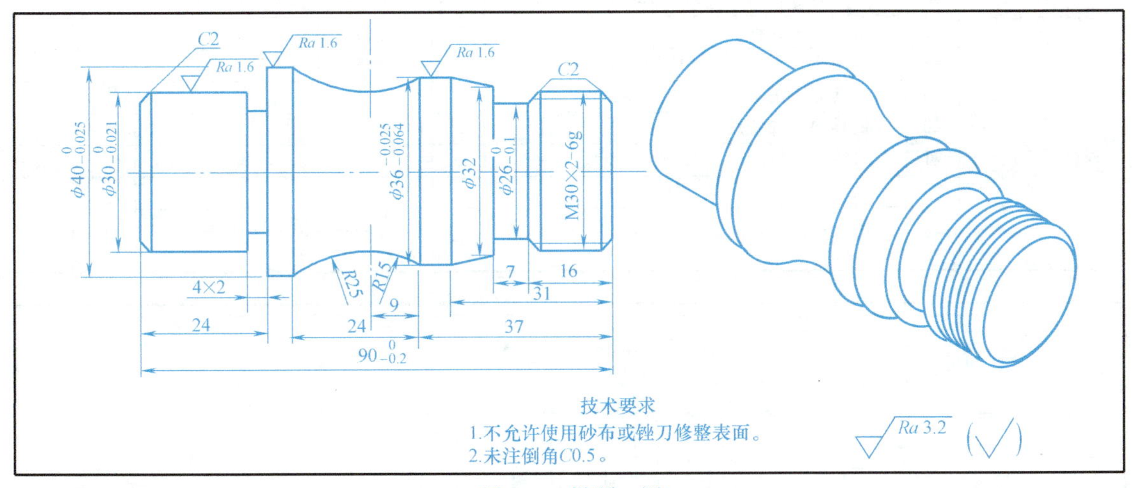

图 D-2　样题 2 图

表 D-2　样题 2 评分标准

准考证号			操作时间		总得分		
工件编号			系统类型				
考核项目		序号	考核内容与要求	配分	评分标准	检测结果	得分
工件加工评分（60%）	外圆	1	$\phi40^{\ 0}_{-0.025}$mm　$Ra1.6\mu m$	4/1	超差 0.01mm 扣 1 分，降级无分		
		2	$\phi30^{\ 0}_{-0.021}$mm　$Ra1.6\mu m$	4/1	超差 0.01mm 扣 1 分，降级无分		
		3	$\phi36^{-0.025}_{-0.064}$mm　$Ra1.6\mu m$	4/1	超差 0.01mm 扣 1 分，降级无分		
		4	$\phi32$mm	2	不符合要求无分		
		5	$\phi26^{\ 0}_{-0..1}$mm　$Ra3.2\mu m$	4/1	超差 0.01mm 扣 1 分，降级无分		

APPENDIX

（续）

准考证号		操作时间		总得分	
工件编号		系统类型			

考核项目		序号	考核内容与要求	配分	评分标准	检测结果	得分
工件加工评分（60%）	圆弧	6	R15mm、R25mm　Ra3.2μm	4/1	超差、降级无分		
	螺纹	7	M30×2-6g　大径	4	超差无分		
		8	M30×2-6g　中径	3	超差无分		
		9	M30×2-6g　两侧 Ra3.2μm	3	降级无分		
		10	M30×2-6g　牙型角	3	不符合要求无分		
	退刀槽	11	4mm×2mm	2	超差无分		
	长度	12	$90^{0}_{-0.2}$mm	3	超差无分		
		13	24mm、37mm、31mm、7mm、16mm	10	超差无分		
	圆锥	14	Ra1.6μm	2	降级无分		
	倒角	15	C2（三处）	3	超差无分		
程序与工艺（30%）		16	工艺制订合理、选择刀具正确	10	每错一处扣1分		
		17	指令应用合理、正确	10	每错一处扣1分		
		18	程序格式正确、符合工艺要求	10	每错一处扣1分		
现场操作规范（10%）		19	刀具的正确使用	2			
		20	量具的正确使用	3			
		21	刃的正确使用	3			
		22	设备正确操作和维护保养	2			
		23	安全操作	倒扣	出现安全事故停止操作，酌情扣5~30分		

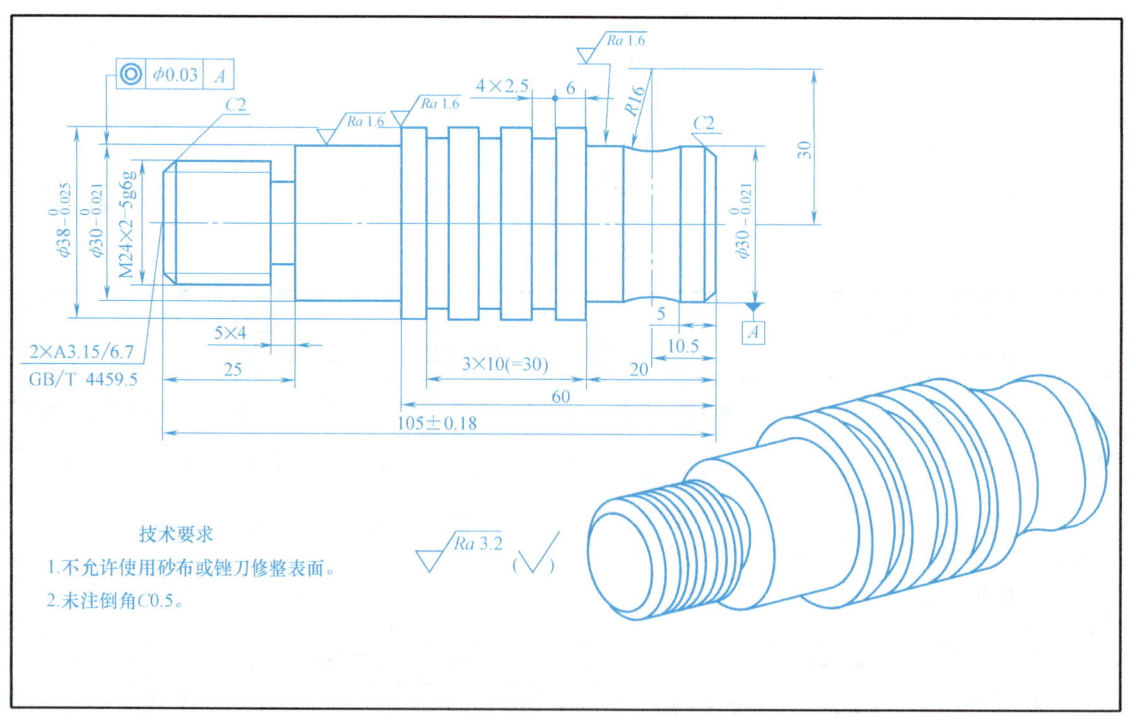

图 D-3　样题 3 图

表 D-3 样题 3 评分标准

准考证号		操作时间		总得分	
工件编号		系统类型			

考核项目		序号	考核内容与要求	配分	评分标准	检测结果	得分
工件加工评分（60%）	外圆	1	$\phi38_{-0.025}^{0}$mm　$Ra1.6\mu m$	4/1	超差 0.01mm 扣 1 分，降级无分		
		2	$\phi30_{-0.021}^{0}$mm　$Ra1.6\mu m$	4/1	超差 0.01mm 扣 1 分，降级无分		
		3	$\phi30_{-0.021}^{0}$mm　$Ra1.6\mu m$	4/1	超差 0.01mm 扣 1 分，降级无分		
	圆弧	4	$R16$mm　$Ra3.2\mu m$	4/1	超差、降级无分		
	螺纹	5	M24×2-5g6g 大径	3	超差无分		
		6	M24×2-5g6g 中径	2	超差无分		
		7	M24×2-5g6g 两侧 $Ra3.2\mu m$	2	降级无分		
		8	M24×2-5g6g　牙型角	2	不符合要求无分		
	沟槽	9	5mm×4mm　两侧 $Ra3.2\mu m$	2/1	超差、降级无分		
		10	4mm×2.5mm（三处）两侧 $Ra3.2\mu m$	6/2	超差、降级无分		
		11	3×10mm（=30mm）	2	超差无分		
		12	6mm	2	超差无分		
	长度	13	105mm±0.18mm	2	超差、降级无分		
		14	60mm	2	超差无分		
		15	25mm	2	超差无分		
		16	20mm	2	超差无分		
		17	10.5mm	2	超差无分		
		18	5mm	2	超差无分		
	同轴度	19	0.03mm	2	超差无分		
	倒角	20	C2（两处）	2	不符合要求无分		
程序与工艺（30%）		21	工艺制订合理、选择刀具正确	10	每错一处扣 1 分		
		22	指令应用合理、正确	10	每错一处扣 1 分		
		23	程序格式正确、符合工艺要求	10	每错一处扣 1 分		
现场操作规范（10%）		24	刀具的正确使用	2			
		25	量具的正确使用	3			
		26	刃的正确使用	3			
		27	设备正确操作和维护保养	2			
		28	安全操作	倒扣	出现安全事故停止操作，酌情扣 5~30 分		

APPENDIX

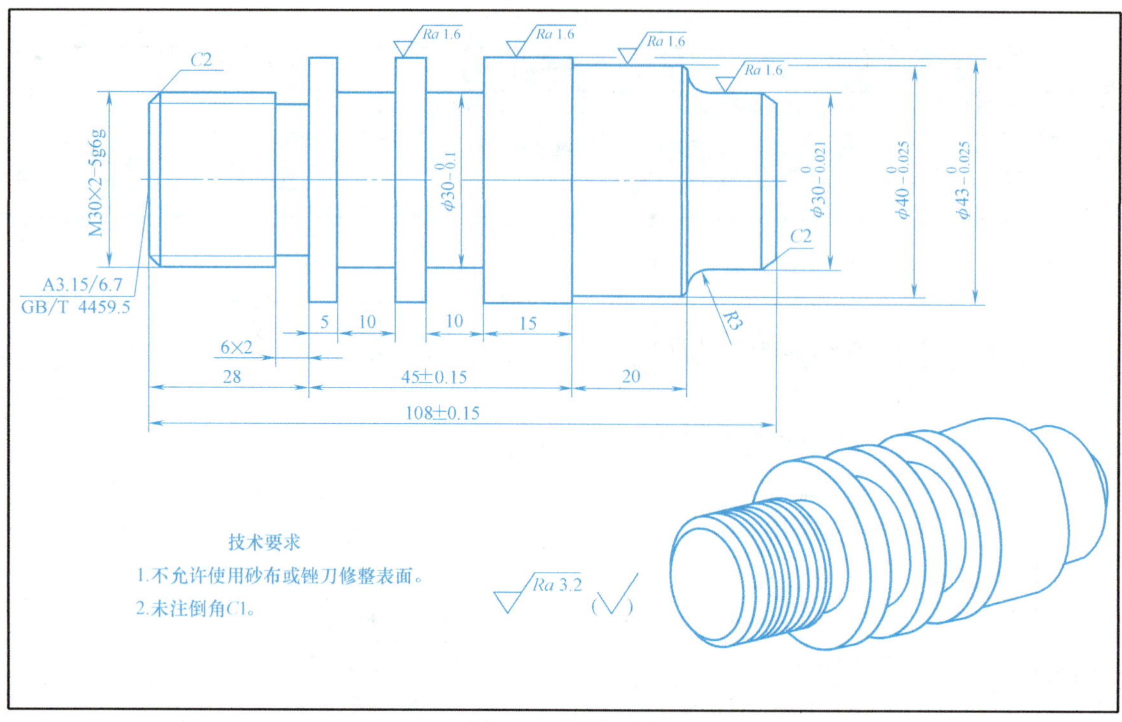

图 D-4　样题 4 图

表 D-4　样题 4 评分标准

准考证号			操作时间		总得分		
工件编号			系统类型				
考核项目		序号	考核内容与要求	配分	评分标准	检测结果	得分
工件加工评分（60%）	外圆	1	$\phi43^{\ 0}_{-0.025}$mm　Ra1.6μm	4/1	超差 0.01mm 扣 1 分,降级无分		
		2	$\phi40^{\ 0}_{-0.025}$mm　Ra1.6μm	4/1	超差 0.01mm 扣 1 分,降级无分		
		3	$\phi30^{\ 0}_{-0.021}$mm　Ra1.6μm	4/1	超差 0.01mm 扣 1 分,降级无分		
	圆弧	4	R3mm　Ra3.2μm	4/1	超差、降级无分		
	螺纹	5	M30×2-5g6g 大径	3	超差无分		
		6	M30×2-5g6g 中径	2	超差无分		
		7	M30×2-5g6g　两侧 Ra3.2μm	2	降级无分		
		8	M30×2-5g6g 牙型角	2	不符合要求无分		
	沟槽	9	6mm×2mm　两侧 Ra3.2μm	2/1	超差、降级无分		
		10	10mm(2 处)两侧 Ra3.2μm	4/1	超差、降级无分		
		11	5mm(2 处)	2	超差无分		
		12	2×$\phi30^{\ 0}_{-0.1}$mm　Ra3.2μm	4/1	超差、降级无分		
	长度	13	108mm±0.15mm	3	超差、降级无分		
		14	45mm±0.15mm	3	超差无分		
		15	28mm	2	超差无分		
		16	20mm	2	超差无分		
	中心孔	17	A3.15/6.7	2	不符合要求无分		
	倒角	18	C2(2 处)	2	不符合要求无分		
		19	C1	2	不符合要求无分		

（续）

准考证号		操作时间		总得分	
工件编号		系统类型			

考核项目	序号	考核内容与要求	配分	评分标准	检测结果	得分
程序与工艺（30%）	20	工艺制订合理、选择刀具正确	10	每错一处扣 1 分		
	21	指令应用合理、正确	10	每错一处扣 1 分		
	22	程序格式正确、符合工艺要求	10	每错一处扣 1 分		
现场操作规范（10%）	23	刀具的正确使用	2			
	24	量具的正确使用	3			
	25	刃的正确使用	3			
	26	设备正确操作和维护保养	2			
	27	安全操作	倒扣	出现安全事故停止操作，酌情扣 5~30 分		

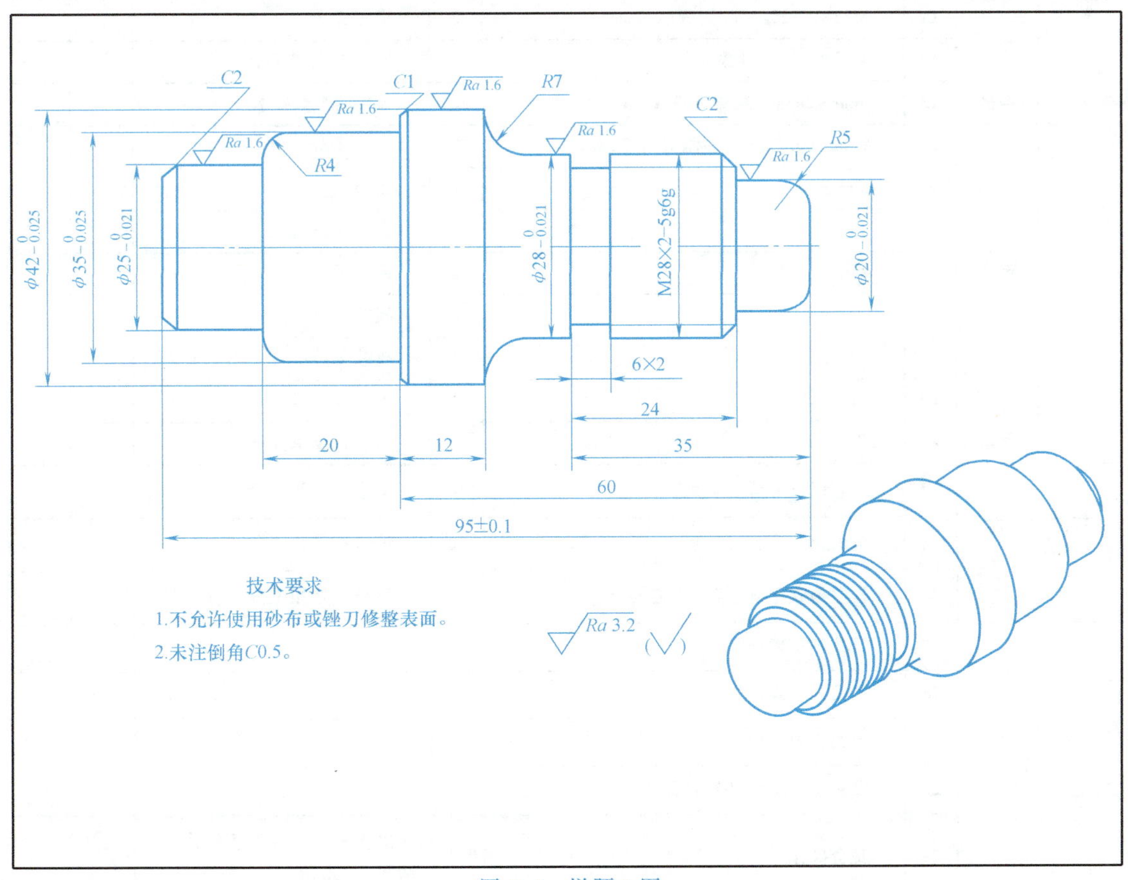

图 D-5　样题 5 图

APPENDIX

表 D-5　样题 5 评分标准

准考证号		操作时间		总得分	
工件编号		系统类型			

考核项目		序号	考核内容与要求	配分	评分标准	检测结果	得分
工件加工评分（60%）	外圆	1	$\phi42_{-0.025}^{0}$mm　$Ra1.6\mu m$	4/1	超差 0.01mm 扣 1 分，降级无分		
		2	$\phi35_{-0.025}^{0}$mm　$Ra1.6\mu m$	4/1	超差 0.01mm 扣 1 分，降级无分		
		3	$\phi28_{-0.021}^{0}$mm　$Ra1.6\mu m$	4/1	超差、降级无分		
		4	$\phi25_{-0.021}^{0}$mm　$Ra1.6\mu m$	4/1	超差、降级无分		
		5	$\phi20_{-0.021}^{0}$mm　$Ra1.6\mu m$	4/1	超差、降级无分		
	圆弧	6	$R7$mm　$Ra3.2\mu m$	3/1	超差、降级无分		
		7	$R5$mm　$Ra3.2\mu m$	3/1	超差、降级无分		
		8	$R4$mm　$Ra3.2\mu m$	3/1	超差、降级无分		
	螺纹	9	M28×2-5g6g 大径	2	超差无分		
		10	M28×2-5g6g 中径	2	超差无分		
		11	M28×2-5g6g　两侧 $Ra3.2\mu m$	2	降级无分		
		12	M28×2-5g6g 牙型角	2	不符合要求无分		
	沟槽	13	6mm×2mm　两侧 $Ra3.2\mu m$	2/2	超差、降级无分		
	长度	14	95mm±0.1mm　两侧 $Ra3.2\mu m$	3	超差无分		
		15	60mm	2	超差无分		
		16	35mm	2	超差无分		
		17	24mm	2	超差无分		
		18	20mm	2	超差无分		
		19	12mm	2	超差无分		
		20	$C2$（2 处）	2	不符合要求无分		
	倒角	21	$C1$	1	不符合要求无分		
程序与工艺（30%）		22	工艺制订合理、选择刀具正确	10	每错一处扣 1 分		
		23	指令应用合理、正确	10	每错一处扣 1 分		
		24	程序格式正确、符合工艺要求	10	每错一处扣 1 分		
现场操作规范（10%）		25	刀具的正确使用	2			
		26	量具的正确使用	3			
		27	刃的正确使用	3			
		28	设备正确操作和维护保养	2			
		29	安全操作	倒扣	出现安全事故停止操作，酌情扣 5~30 分		

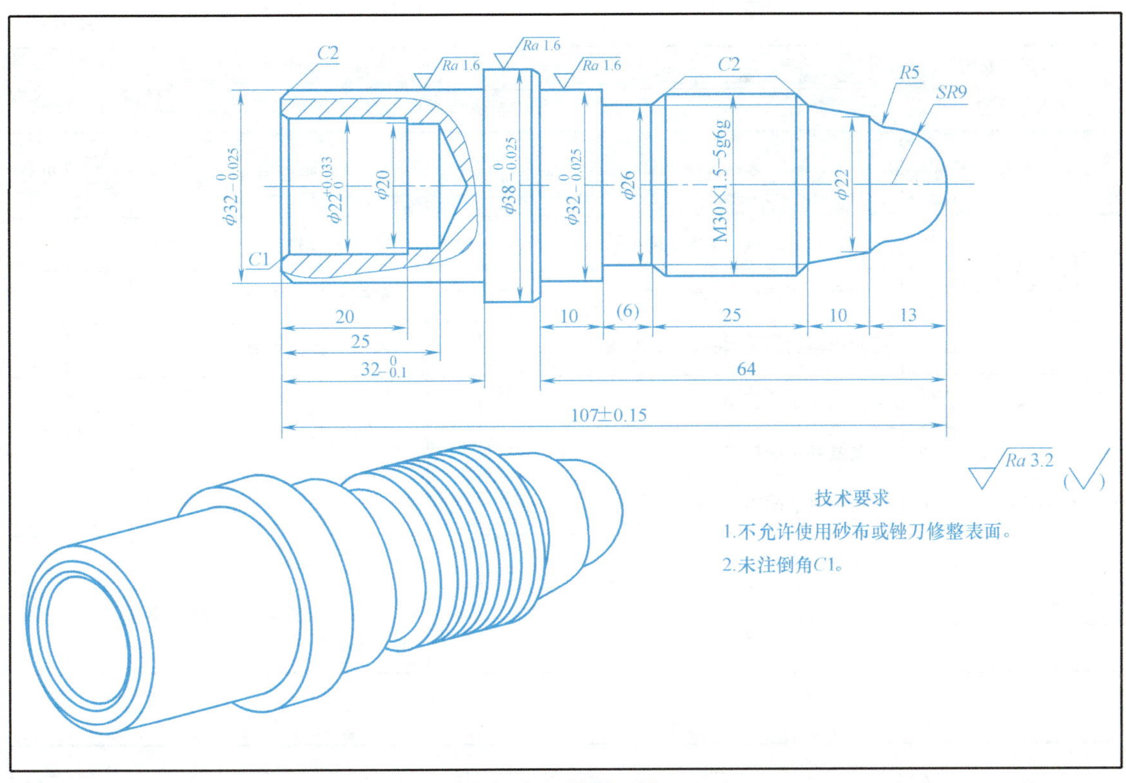

图 D-6 样题 6 图

表 D-6 样题 6 评分标准

准考证号		操作时间		总得分	
工件编号		系统类型			

考核项目		序号	考核内容与要求	配分	评分标准	检测结果	得分
工件加工评分（60%）	外圆	1	$\phi 38_{-0.025}^{0}$mm Ra1.6μm	4/1	超差 0.01mm 扣 1 分，降级无分		
		2	$\phi 32_{-0.025}^{0}$mm（两处）Ra1.6μm	4/1	超差 0.01mm 扣 1 分，降级无分		
	内孔	3	$\phi 22_{0}^{+0.033}$mm Ra3.2μm	4/1	超差 0.01mm 扣 1 分，降级无分		
	圆弧	4	SR9mm Ra3.2μm	4/1	超差、降级无分		
		5	R5mm Ra3.2μm	4/1	超差、降级无分		
	螺纹	6	M30×1.5-5g6g 大径	3	超差无分		
		7	M30×1.5-5g6g 中径	3	超差无分		
		8	M30×1.5-5g6g 两侧 Ra3.2μm	3	降级无分		
		9	M30×1.5-5g6g 牙型角	3	不符合要求无分		
	沟槽	10	φ26mm×6mm 两侧 Ra3.2μm	3/2	超差、降级无分		
	倒角	11	C1、C2（三处）	8	不符合要求无分		
	长度	12	$32_{-0.1}^{0}$mm	2	超差无分		
		13	107mm±0.15mm	3	超差无分		
		14	其他一般尺寸	10	超差无分		

APPENDIX

（续）

准考证号		操作时间		总得分	
工件编号		系统类型			

考核项目	序号	考核内容与要求	配分	评分标准	检测结果	得分
程序与工艺（30%）	15	工艺制订合理、选择刀具正确	10	每错一处扣1分		
	16	指令应用合理、正确	10	每错一处扣1分		
	17	程序格式正确、符合工艺要求	10	每错一处扣1分		
现场操作规范（10%）	18	刀具的正确使用	2			
	19	量具的正确使用	3			
	20	刃的正确使用	3			
	21	设备正确操作和维护保养	2			
	22	安全操作	倒扣	出现安全事故停止操作，酌情扣5~30分		

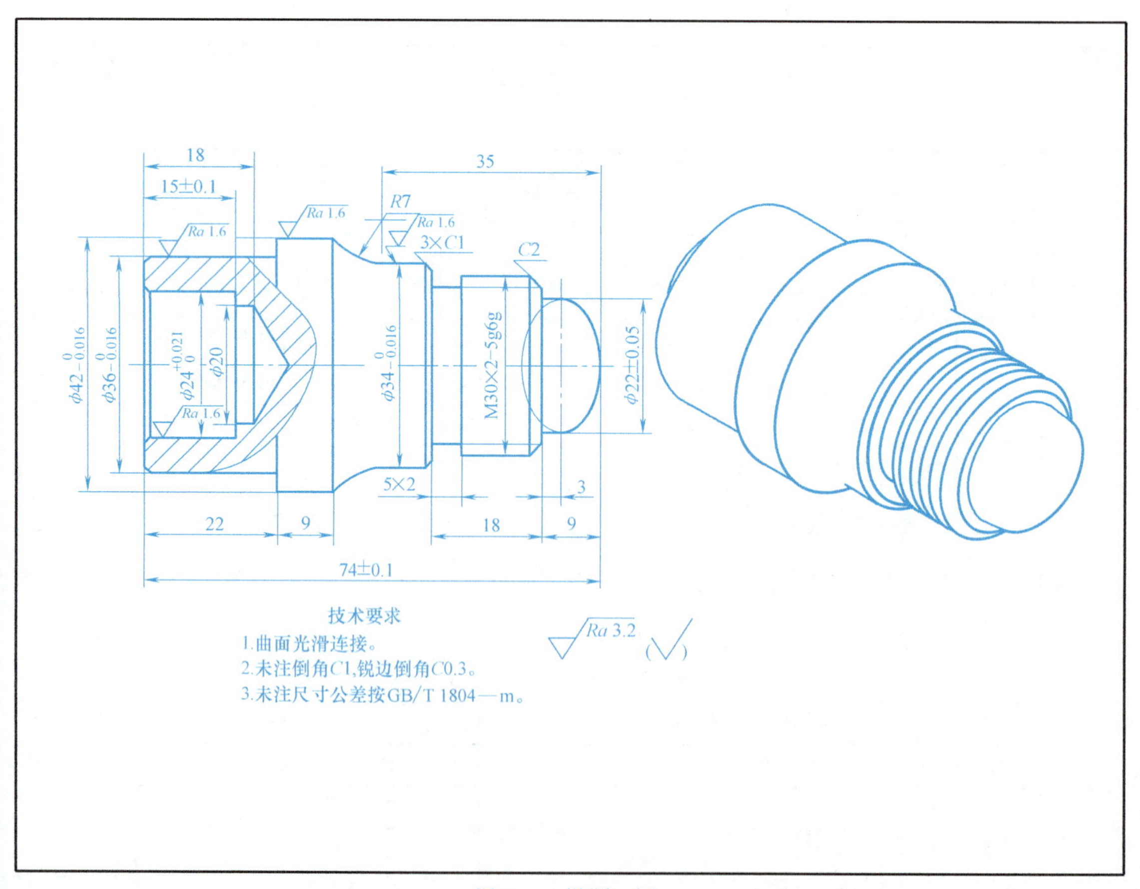

图 D-7　样题7图

表 D-7　样题 7 评分标准

准考证号				操作时间		总得分	
工件编号				系统类型			
考核项目		序号	考核内容与要求	配分	评分标准	检测结果	得分
工件加工评分（60%）	外轮廓	1	$\phi36_{-0.016}^{0}$mm　$Ra1.6\mu m$	4/1	超差 0.01mm 扣 1 分，降级无分		
		2	$\phi42_{-0.016}^{0}$mm　$Ra1.6\mu m$	4/1	超差 0.01mm 扣 1 分，降级无分		
		3	$\phi34_{-0.016}^{0}$mm　$Ra1.6\mu m$	4/1	超差 0.01mm 扣 1 分，降级无分		
		4	ϕ26mm	3	超差无分		
		5	M30×2-5g6g	5	超差 0.01mm 扣 1 分		
		6	ϕ22mm±0.05mm	3	超差 0.01mm 扣 1 分		
		7	R7mm	3	不符合要求无分		
		8	5mm×2mm	3	超差无分		
		9	74mm±0.1mm	3	超差 0.01mm 扣 1 分		
		10	22mm、9mm、18mm、9mm	6	超差无分		
	内轮廓	11	$\phi24_{0}^{+0.021}$mm　$Ra1.6\mu m$	4/1	超差 0.01mm 扣 1 分，降级无分		
		12	18mm、ϕ20mm	3	超差无分		
		13	15mm±0.1mm	3	超差无分		
	其他	14	$C1$ 倒角（三处）、$C2$	8	不符合要求无分		
程序与工艺（30%）		15	工艺制订合理、选择刀具正确	10	每错一处扣 1 分		
		16	指令应用合理、正确	10	每错一处扣 1 分		
		17	程序格式正确、符合工艺要求	10	每错一处扣 1 分		
现场操作规范（10%）		18	刀具的正确使用	2			
		19	量具的正确使用	3			
		20	刃的正确使用	3			
		21	设备正确操作和维护保养	2			
		22	安全操作	倒扣	出现安全事故停止操作，酌情扣 5~30 分		

APPENDIX

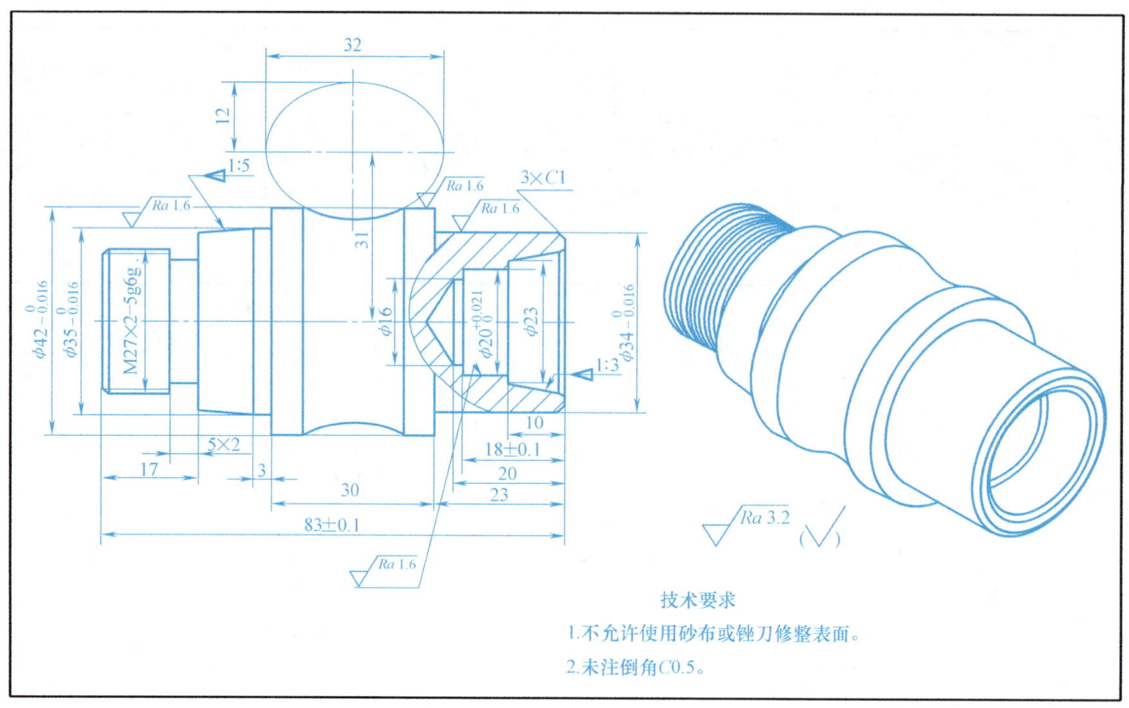

图 D-8　样题 8 图

表 D-8　样题 8 评分标准

准考证号				操作时间		总得分	
工件编号				系统类型			
考核项目		序号	考核内容与要求	配分	评分标准	检测结果	得分
工件加工评分（60%）	外轮廓	1	$\phi34^{0}_{-0.016}$mm　$Ra1.6\mu m$	4/1	超差 0.01mm 扣 1 分，降级无分		
		2	$\phi42^{0}_{-0.016}$mm　$Ra1.6\mu m$	4/1	超差 0.01mm 扣 1 分，降级无分		
		3	$\phi35^{0}_{-0.016}$mm　$Ra1.6\mu m$	4/1	超差 0.01mm 扣 1 分，降级无分		
		4	锥度 1∶5	3	超差无分		
		5	M27×2-5g6g	5	超差 0.01mm 扣 1 分		
		6	椭圆弧	4	超差无分		
		7	83mm±0.1mm	3	超差 0.01mm 扣 1 分		
		8	5mm×2mm	2	超差无分		
		9	17mm、3mm、30mm、23mm（长度）	8	超差无分		
	内轮廓	10	$\phi20^{+0.021}_{0}$mm　$Ra1.6\mu m$	4/1	超差 0.01mm 扣 1 分，降级无分		
		11	锥度 1∶3	3	超差无分		
		12	φ23mm	2	超差无分		
		13	18mm±0.1mm	3	超差 0.01mm 扣 1 分		
		14	10mm	2	超差无分		
	其他	15	C1 倒角（三处）	5	不符合要求无分		

（续）

准考证号		操作时间		总得分		
工件编号		系统类型				
考核项目	序号	考核内容与要求	配分	评分标准	检测结果	得分
程序与工艺（30%）	16	工艺制订合理、选择刀具正确	10	每错一处扣1分		
	17	指令应用合理、正确	10	每错一处扣1分		
	18	程序格式正确、符合工艺要求	10	每错一处扣1分		
现场操作规范（10%）	19	刀具的正确使用	2			
	20	量具的正确使用	3			
	21	刃的正确使用	3			
	22	设备正确操作和维护保养	2			
	23	安全操作	倒扣	出现安全事故停止操作，酌情扣5~30分		

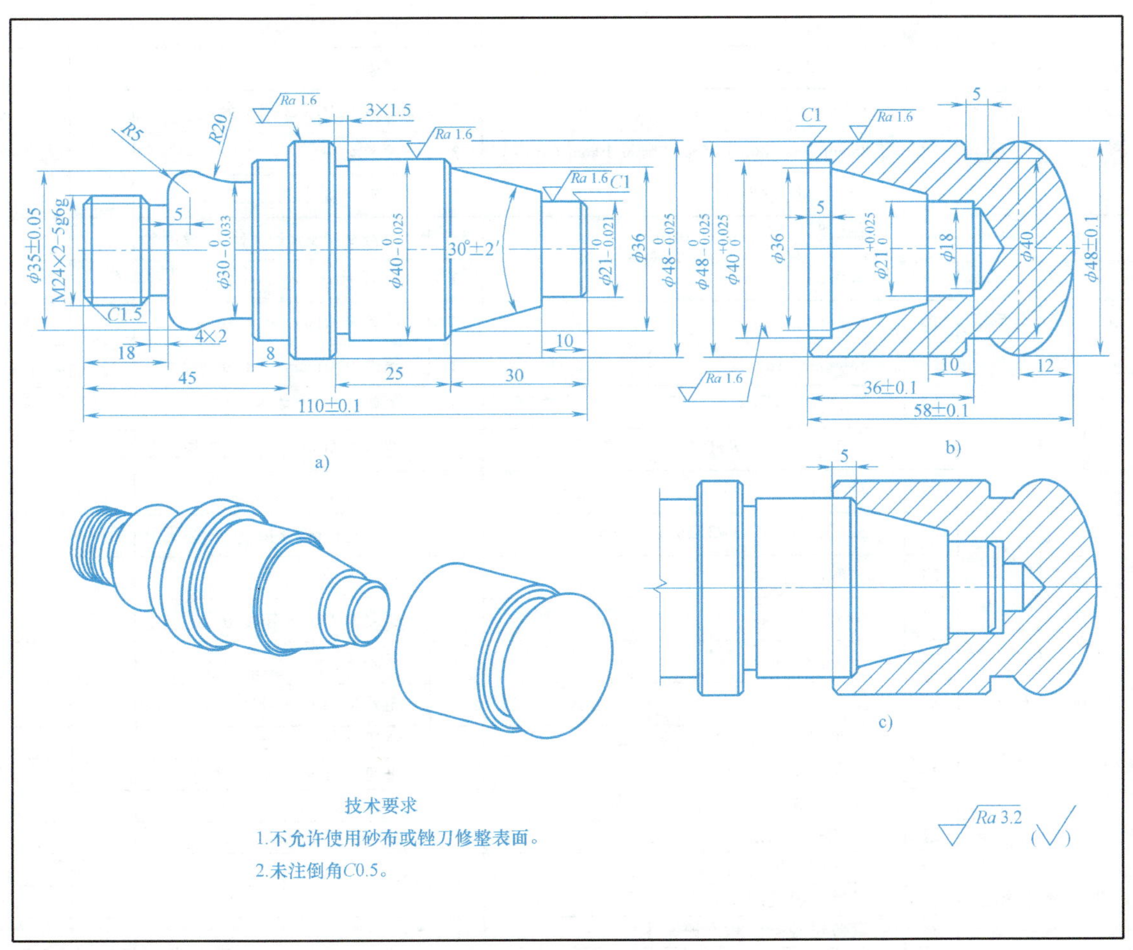

图 D-9　样题9图

a）轴　b）套　c）装配图

表 D-9　样题 9 评分标准

准考证号			操作时间		总得分		
工件编号			系统类型				
考核项目		序号	考核内容与要求	配分	评分标准	检测结果	得分
轴（44%）	外轮廓	1	$\phi48_{-0.025}^{0}$mm　$Ra1.6\mu m$	3/1	超差 0.01mm 扣 1 分，降级无分		
		2	$\phi40_{-0.025}^{0}$mm　$Ra1.6\mu m$	3/1	超差 0.01mm 扣 1 分，降级无分		
		3	$\phi21_{-0.021}^{0}$mm　$Ra1.6\mu m$	3/1	超差 0.01mm 扣 1 分，降级无分		
		4	$\phi36$mm	2	超差无分		
		5	30°±2′	2	超差无分		
		6	3mm×1.5mm	2	超差无分		
		7	M24×2-5g6g	3	超差 0.01mm 扣 1 分		
		8	$\phi35$mm±0.05mm	3	超差 0.01mm 扣 1 分		
		9	$\phi30_{-0.033}^{0}$mm　$Ra3.2\mu m$	3/1	超差 0.01mm 扣 1 分，降级无分		
		10	$\phi40$mm	2	超差无分		
		11	$R5$mm、$R20$mm	2	不符合要求无分		
		12	4mm×2mm	2	超差无分		
		13	110mm±0.1mm	3	超差 0.01mm 扣 1 分		
		14	45mm、8mm、18mm、25mm、30mm、10mm（长度）	3	超差无分		
		15	$C1$（三处）、$C1.5$	4	不符合要求无分		
套（28%）	外轮廓	16	$\phi48_{-0.025}^{0}$mm　$Ra1.6\mu m$	3/1	超差 0.01mm 扣 1 分，降级无分		
		17	$\phi40$mm	2	超差无分		
		18	$\phi48$mm±0.1mm	3	超差 0.01mm 扣 1 分		
		19	58mm±0.1mm	2	超差 0.01mm 扣 1 分		
		20	5mm、12mm、$C1$	2	不符合要求无分		
	内轮廓	21	$\phi40_{0}^{+0.025}$mm　$Ra1.6\mu m$	3/1	超差 0.01mm 扣 1 分，降级无分		
		22	$\phi36$mm	2	超差无分		
		23	$\phi21_{0}^{+0.025}$mm　$Ra3.2\mu m$	3/1	超差 0.01mm 扣 1 分、降级无分		
		24	$\phi18$mm	2	超差无分		
		25	36mm±0.1mm	2	超差 0.01mm 扣 1 分		
		26	5mm、10mm	1	超差无分		
配合（8%）		27	配合	8	超差酌情扣 3~8 分		
程序与工艺（10%）		28	工艺制订合理、选择刀具正确	3	每错一处扣 1 分		
		29	指令应用合理、正确	3	每错一处扣 1 分		
		30	程序格式正确、符合工艺要求	4	每错一处扣 1 分		
现场操作规范（10%）		31	刀具的正确使用	2			
		32	量具的正确使用	3			
		33	刃的正确使用	3			
		34	设备正确操作和维护保养	2			
		35	安全操作	倒扣	出现安全事故停止操作，酌情扣 5~30 分		

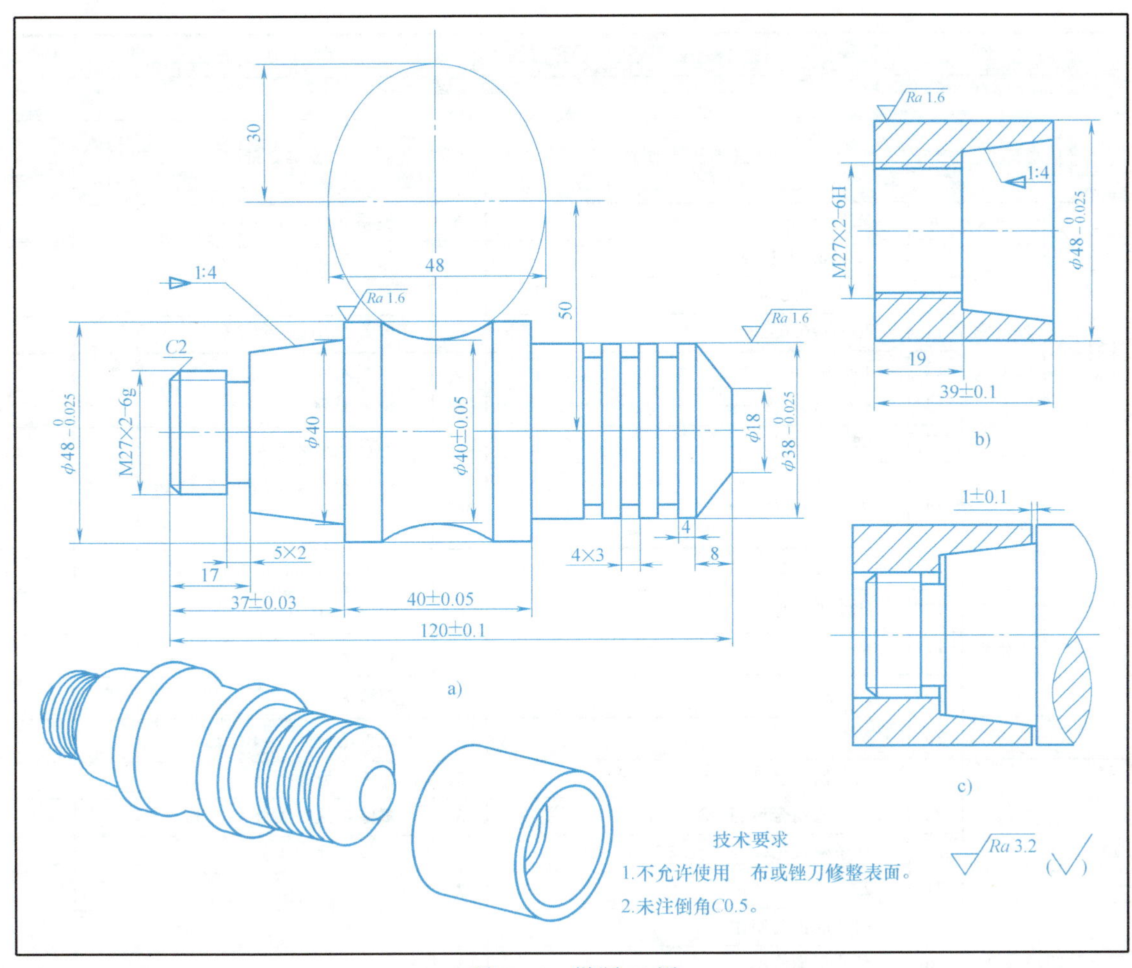

图 D-10 样题 10 图

a) 轴 b) 套 c) 装配图

表 D-10 样题 10 评分标准

准考证号				操作时间		总得分	
工件编号				系统类型			
考核项目		序号	考核内容与要求	配分	评分标准	检测结果	得分
轴（51%）	外轮廓	1	$\phi48_{-0.025}^{0}$mm $Ra1.6\mu m$	4/1	超差 0.01mm 扣 1 分，降级无分		
		2	$\phi38_{-0.025}^{0}$mm $Ra1.6\mu m$	4/1	超差 0.01mm 扣 1 分，降级无分		
		3	φ18mm	2	超差 0.01mm 扣 1 分		
		4	φ40mm±0.05mm	3	超差 0.01mm 扣 1 分		
		5	φ40mm	2	超差 0.01mm 扣 1 分		
		6	锥度 1 : 4	3	超差无分		
		7	5mm×2mm	2	超差无分		

（续）

准考证号			操作时间		总得分			
工件编号			系统类型					
考核项目		序号	考核内容与要求	配分	评分标准	检测结果	得分	
轴（51%）	外轮廓	8	M27×2-6g	6	超差 0.01mm 扣 1 分			
		9	120mm±0.1mm	3	超差 0.01mm 扣 1 分			
		10	37mm±0.03mm	3	超差 0.01mm 扣 1 分			
		11	40mm±0.05mm	3	超差 0.01mm 扣 1 分			
		12	4mm×3mm	6	超差无分			
		13	8mm、4mm、17mm	6	超差无分			
		14	*C*2	2	不符合要求无分			
套（19%）	外轮廓	15	$\phi48_{-0.025}^{0}$mm　*Ra*1.6μm	4/1	超差 0.01mm 扣 1 分，降级无分			
		16	39mm±0.1mm	3	超差 0.01mm 扣 1 分			
	内轮廓	17	M27×2-6H	6	超差 0.01mm 扣 1 分			
		18	锥度 1∶4	3	超差无分			
		19	19mm	2	超差无分			
配合（10%）		20	配合	10	超差酌情扣 3~10 分			
程序与工艺（10%）		21	工艺制订合理、选择刀具正确	3	每错一处扣 1 分			
		22	指令应用合理、正确	3	每错一处扣 1 分			
		23	程序格式正确、符合工艺要求	4	每错一处扣 1 分			
现场操作规范（10%）		24	刀具的正确使用	2				
		25	量具的正确使用	3				
		26	刃的正确使用	3				
		27	设备正确操作和维护保养	2				
		28	安全操作	倒扣	出现安全事故停止操作，酌情扣 5~30 分			

附录 E　车削常用切削用量

表 E-1　车削常用切削速度　　（单位：m/min）

工件材料		铸铁		钢及其合金		铝及其合金		铜及其合金	
刀具材料		高速钢	硬质合金	高速钢	硬质合金	高速钢	硬质合金	高速钢	硬质合金
车削		—	60~100	15~25	60~110	15~200	300~450	60~100	150~200
扩	通孔	10~15	30~40	10~20	35~60	30~40	—	30~40	—
	沉孔	8~12	25~30	8~11	30~50	20~30	—	20~30	—
镗	粗镗	20~25	35~50	15~30	50~70	80~150	100~200	80~150	100~200
	精镗	30~40	60~80	40~50	90~120	150~300	200~400	150~200	200~300
铣	粗铣	10~20	40~60	15~25	50~80	150~200	350~500	100~150	300~400
	精铣	20~30	60~120	20~40	80~150	200~300	500~800	150~250	400~500

（续）

工件材料	铸铁		钢及其合金		铝及其合金		铜及其合金	
刀具材料	高速钢	硬质合金	高速钢	硬质合金	高速钢	硬质合金	高速钢	硬质合金
铰孔	6~10	30~50	6~20	20~50	50~75	200~250	20~50	60~100
攻螺纹	2.5~5	—	1.5~5	—	5~15	—	5~15	—
钻孔	15~25	—	10~20	—	50~70	—	20~50	—

表 E-2　硬质金属外圆车刀切削速度　（单位：m/min）

工 件 材 料	热处理状态	a_p=0.3~2mm	a_p=2~6mm	a_p=6~10mm
		f=0.08~0.3mm/r	f=0.3~0.6mm/r	f=0.6~1mm/r
低碳钢、易切钢	热轧	140~180	100~120	70~90
中碳钢	热轧	130~160	90~110	60~80
	调质	100~130	70~90	50~70
合金结构钢	热轧	100~130	70~90	50~70
	调质	80~110	50~70	40~60
工具钢	退火	90~120	60~80	50~70
灰铸铁	<190HBW	90~120	60~80	50~70
	190~225HBW	80~110	50~70	40~60
高锰钢（w_{Mn}=13%）			10~20	
铜及铜合金		200~250	120~180	90~120
铝及铝合金		300~600	200~400	150~200
铸铝合金（w_{Si}=13%）		100~180	80~150	60~100

注：切削钢及灰铸铁时刀具寿命约为60min。

表 E-3　硬质合金车刀粗车外圆及端面的进给量　（单位：mm/r）

工 件 材 料	车刀刀杆尺寸 $\frac{B}{mm}\times\frac{H}{mm}$	工件直径 d_w/mm	背吃刀量 a_p/mm ≤3	>3~5	>5~8	>8~12	>12
碳素结构钢、合金结构钢及耐热钢	16×25	20	0.3~0.4	—	—	—	—
		40	0.4~0.5	0.3~0.4	—	—	—
		60	0.5~0.7	0.4~0.6	0.3~0.5	—	—
		100	0.6~0.9	0.5~0.7	0.5~0.6	0.4~0.5	—
		400	0.8~1.2	0.7~1.0	0.6~0.8	0.5~0.6	—
	20×30 25×25	20	0.3~0.4	—	—	—	—
		40	0.4~0.5	0.3~0.4	—	—	—
		60	0.5~0.7	0.5~0.7	0.4~0.6	—	—
		100	0.8~1.0	0.7~0.9	0.5~0.7	0.4~0.7	—
		400	1.2~1.4	1.0~1.2	0.8~1.0	0.6~0.9	0.4~0.6
铸铁及铜合金	16×25	20	0.4~0.5	—	—	—	—
		60	0.5~0.8	0.5~0.8	0.4~0.6	—	—
		100	0.8~1.2	0.7~1.0	0.6~0.8	0.5~0.7	—
		400	1.0~1.4	1.0~1.2	0.8~1.0	0.6~0.8	—
	20×30 25×25	20	0.4~0.5	—	—	—	—
		40	0.5~0.9	0.5~0.8	0.4~0.7	—	—
		100	0.9~1.3	0.8~1.2	0.7~1.0	0.5~0.8	—
		400	1.2~1.8	1.2~1.6	1.0~1.3	0.9~1.1	0.7~0.9

注：1. 加工断续表面及有冲击的工件时，表内进给量应乘系数 k=0.75~0.85。

2. 在无外皮加工时，表内进给量应乘系数 k=1.1。

3. 加工耐热钢及其合金时，进给量不大于1mm/r。

4. 加工淬硬钢时，进给量应减小。当钢的硬度为44~56HRC时，乘系数 k=0.8；当钢的硬度为57~62HRC时，乘系数 k=0.5。

表 E-4　按表面粗糙度选择车削进给量的参考值

工件材料	表面粗糙度 Ra/μm	切削速度范围 v_c/(m/min)	刀尖圆弧半径 r_ε/mm		
			0.5	1.0	2.0
			进给量 f/(mm/r)		
铸铁、青铜、铝合金	>5~10	不限	0.25~0.40	0.40~0.50	0.50~0.60
	>2.5~5		0.15~0.25	0.25~0.40	0.40~0.60
	>1.25~2.5		0.10~0.15	0.15~0.20	0.20~0.35
碳钢及铝合金	>5~10	<50	0.30~0.50	0.45~0.60	0.55~0.70
		>50	0.40~0.55	0.55~0.65	0.65~0.70
	>2.5~5	<50	0.18~0.25	0.25~0.30	0.30~0.40
		>50	0.25~0.30	0.30~0.35	0.30~0.50
	>1.25~2.5	<50	0.10	0.11~0.15	0.15~0.22
		50~100	0.11~0.16	0.16~0.25	0.25~0.35
		>100	0.16~0.20	0.20~0.25	0.25~0.35

注：r_ε=0.5mm，用于 12mm×12mm 以下刀杆；r_ε=1mm，用于 30mm×30mm 以下刀杆；r_ε=2mm，用于 30mm×45mm 及以上刀杆。

附录 F　标准公差

表 F-1　标准公差数值（摘自 GB/T 1800.1—2009）

公称尺寸		标准公差等级														
		IT4	IT5	IT6	IT7	IT8	IT9	IT10	IT11	IT12	IT13	IT14	IT15	IT16	IT17	IT18
大于	到	μm								mm						
—	3	3	4	6	10	14	25	40	60	0.10	0.14	0.25	0.40	0.60	1.0	1.4
3	6	4	5	8	12	18	30	48	75	0.12	0.18	0.30	0.48	0.75	1.2	1.8
6	10	4	6	9	15	22	36	58	90	0.15	0.22	0.36	0.58	0.90	1.5	2.2
10	18	5	8	11	18	27	43	70	110	0.18	0.27	0.43	0.70	1.10	1.8	2.7
18	30	6	9	13	21	33	52	84	130	0.21	0.33	0.52	0.84	1.30	2.1	3.3
30	50	7	11	16	25	39	62	100	160	0.25	0.39	0.62	1.00	1.60	2.5	3.9
50	80	8	13	19	30	46	74	120	190	0.30	0.46	0.74	1.20	1.90	3.0	4.6
80	120	10	15	22	35	54	87	140	220	0.35	0.54	0.87	1.40	2.20	3.5	5.4
120	180	12	18	25	40	63	100	160	250	0.40	0.63	1.00	1.60	2.50	4.0	6.3
180	250	14	20	29	46	72	115	185	290	0.46	0.72	1.15	1.85	2.90	4.6	7.2
250	315	16	23	32	52	81	130	210	320	0.52	0.81	1.30	2.10	3.20	5.2	8.1
315	400	18	25	36	57	89	140	230	360	0.57	0.89	1.40	2.30	3.60	5.7	8.9
400	500	20	27	40	63	97	155	250	400	0.63	0.97	1.55	2.50	4.00	6.3	9.7

注：公称尺寸小于或等于 1mm 时，无 IT14~IT18。

参考文献

[1] 周虹. 数控机床操作工职业技能鉴定指导 [M]. 北京：人民邮电出版社，2009.

[2] 沈建峰，金玉峰，等. 数控编程 200 例 [M]. 北京：中国电力出版社，2008.

[3] 解海滨，等. 数控加工技术实训 [M]. 北京：机械工业出版社，2008.

[4] 霍苏萍，等. 数控车削加工工艺编程与操作 [M]. 北京：人民邮电出版社，2009.

[5] 徐冬元，朱和军，等. 数控加工工艺与编程实例 [M]. 北京：电子工业出版社，2007.

[6] 吴明友. 数控车床（华中数控）考工实训教程 [M]. 北京：化学工业出版社，2006.

[7] 赵长旭，等. 数控加工工艺课程设计指导书. [M]. 西安：西安电子科技大学出版社，2007.

[8] 杨建明，等. 数控加工工艺与编程 [M]. 北京：北京理工大学出版社，2007.

[9] 赵松涛，等. 数控编程与操作 [M]. 西安：西安电子科技大学出版社，2006.

[10] 冯志刚，等. 数控宏程序编程方法、技巧与实例. [M]. 北京：机械工业出版社，2007.

[11] 任国兴，等. 数控车床加工工艺与编程操作 [M]. 北京：机械工业出版社，2007.

[12] 顾京，等. 数控加工编程及操作 [M]. 北京：高等教育出版社，2008.

[13] 朱岱力. 数控加工实训教程. [M]. 西安：西安电子科技大学出版社，2006.

[14] 袁锋，等. 数控车床培训教程 [M]. 北京：机械工业出版社，2006.

[15] 刘长伟，等. 数控加工工艺 [M]. 西安：西安电子科技大学出版社，2007.

[16] 谢晓虹，等. 数控车削编程与加工技术 [M]. 北京：电子工业出版社，2008.

[17] 施玉飞，等. SIEMENS 数控系统编程指令详解及综合实例 [M]. 北京：化学工业出版社，2008.

[18] 郝继红，甄雪松，等. 数控车削加工技术 [M]. 北京：北京航空航天大学出版社，2008.

[19] 张丽华，马立克，等. 数控编程与加工技术 [M]. 大连：大连理工大学出版社，2007.

[20] 廖慧勇，等. 数控加工实训教程 [M]. 成都：西南交通大学出版社，2007.

[21] 朱明松，等. 数控车床编程与操作项目教程 [M]. 北京：机械工业出版社，2008.

[22] 王兵，等. 数控车床加工工艺与编程操作 [M]. 北京：机械工业出版社，2009.

[23] 周晓宏，等. 数控车床技术与技能训练（提高篇）[M]. 北京：中国电力出版社，2009.

[24] 倪春杰，等. 数控车床技能鉴定培训教程 [M]. 北京：化学工业出版社，2008.

[25] 宋建武，杨丽，等. 典型零件数控车床编程方法解析 [M]. 北京：机械工业出版社，2012.

[26] 马金平，等. 数控车床编程与操作项目教程 [M]. 北京：机械工业出版社，2012.

[27] 吕斌杰，高长银，赵汶，等. 数控车床（FANUC SIEMENS 系统）编程实例 [M]. 北京：化学工业出版社，2011.

[28] 苏源，等. 数控车床加工工艺与编程（西门子系统）[M]. 北京：机械工业出版社，2012.

[29] 侯克勤，等. FANUC 数控车床编程及实训精讲 [M]. 西安：西安交通大学出版社，2011.

[30] 朱明松，等. 数控车床编程与操作练习册 [M]. 北京：机械工业出版社，2011.

[31] 刘昭琴，温智灵，等. 机械零件数控车床加工实训 [M]. 北京：北京理工大学出版社，2013.

[32] 杜军，等. SIEMENS 数控系统与参数编程——编程技巧与实例精讲 [M]. 北京：化学工业出版社，2013.

[33] 耿国卿，等. 数控车削编程与加工 [M]. 北京：清华大学出版社，2011.

[34] 杨海琴，等. SIEMENS 数控车床编程及实训精讲 [M]. 西安：西安交通大学出版社，2010.

[35] 李红波，等. 数控车工（中级）[M]. 北京：机械工业出版社，2011.

[36] 刘昭琴，等. 机械零件数控车削加工 [M]. 北京：北京理工大学出版社，2011.

[37] 韩英树，等. 车工工艺及加工技能 [M]. 北京：化学工业出版社，2011.